U0396291

平原水系结构与连通变化对洪涝与水环境影响

许有鹏　等著

东南大学出版社
SOUTHEAST UNIVERSITY PRESS
·南京·

内 容 提 要

本书针对平原河网地区快速城市化下水系衰减、功能退化以及由此导致的洪涝与水环境问题，以我国高度城镇化长三角地区为例，采用多学科综合研究方法，探讨了城市化背景下平原河网地区河流水系结构和连通变化的特征与规律，剖析了河流水系演变对河网调蓄与流域洪涝的影响以及对河流自净与水环境的影响机制，进而探寻了区域水系结构连通性改善的途径与对策。其意在于为我国东部地区城市化下保护河流水系、减轻洪涝威胁、改善河流水环境等方面的研究提供科学参考，并推动该研究领域深入发展。

本书可为我国城市化下水系变化及其保护研究提供参考，也可供地理、水利、生态环境等相关领域的科学研究人员、工程技术人员、管理决策人员及本科大专院校与科研院所师生使用和参考。

图书在版编目(CIP)数据

平原水系结构与连通变化对洪涝与水环境影响 / 许有鹏等著. — 南京 ：东南大学出版社，2024.3

ISBN 978-7-5766-1350-6

Ⅰ. ①平… Ⅱ.①许… Ⅲ.①平原－水系－影响－水灾－研究 ②平原－水系－影响－水环境－研究 Ⅳ.①P641

中国国家版本馆 CIP 数据核字(2024)第 045040 号

责任编辑：张慧芳 责任校对：韩小亮 封面设计：顾晓阳 责任印制：周荣虎

平原水系结构与连通变化对洪涝与水环境影响

Pingyuan Shuixi Jiegou Yu Liantong Bianhua Dui Honglao Yu Shuihuanjing Yingxiang

著 者	许有鹏 等
出版发行	东南大学出版社
出 版 人	白云飞
社 址	南京市四牌楼 2 号(邮编：210096 电话：025 - 83793330)
网 址	http://www.seupress.com
电子邮箱	press@seupress.com
经 销	全国各地新华书店
印 刷	苏州市古得堡数码印刷有限公司
开 本	700 mm×1000 mm 1/16
印 张	16
字 数	300 千字
版 次	2024 年 3 月第 1 版
印 次	2024 年 3 月第 1 次印刷
书 号	ISBN 978 - 7 - 5766 - 1350 - 6
定 价	198.00 元

本社图书若有印装质量问题，请直接与营销部联系，电话：025 - 83791830。

前　言

　　河流水系作为地质构造与河水运动综合作用的产物,其形成与发展有着自身的演化规律。古往今来,河流对人类文明的发展至关重要,为人类生产与生活提供多种功能支持,尤其在防洪排涝、水质净化、供水灌溉、航运交通、休憩娱乐等方面发挥着重大作用,为推动人类社会发展做出了重要贡献。然而,人类为满足其自身发展需求,对河流水系进行了诸多改造,导致河流系统部分功能丧失,在一定程度上限制了人类的生存与发展。

　　平原区河流水系大多地处流域下游或河流三角洲地区,是整个流域河流系统的一个重要组成部分。由于平原区地势低平,地形起伏小,加上受外部潮汐影响,其水系往往表现为河网密布、水系纵横,河流稳定性差,易受洪涝淹没威胁,使得该区河流具有独特的水系形态结构与连通特点及其演变规律。同时,平原河网区往往是人类活动最为频繁、社会经济最为发达的区域。快速城镇化致使流域下垫面剧烈改变,区域不透水面积剧增,河道水系淤塞萎缩且河流连通性下降,湖荡滞洪能力骤减,区域内产汇流规律显著变化。由此导致该地区出现了洪涝灾害频繁发生,饮用水源受到威胁,河道生境遭受破坏等一系列的洪涝灾害和水质恶化问题。

　　长江三角洲地区是我国经济最为发达、城镇(市)化水平最高、人类活动最为剧烈的区域之一,已成为由大、中、小城市(镇)组成的世界第六大城市群,并形成了自然与人工交织的水系格局。同时,该地区水文循环过程已受到广泛分布于各城镇圩垸的抽水泵站与河湖港汊的闸坝系统的深刻影响,有悖于该地区水文循环的自然规律,亦不利于区域可持续发展。因此,有必要从不同角度探讨水系结构与连通变化及其对洪涝与水环境的影响,从而梳理平原区水系演变特征,改善水系连通状况,恢复良性的水文循环系统及其功能。

　　本书立足于城市化下较为复杂的平原河网区,基于河流地貌学、水文地理学、景观生态学和空间统计学等多学科分析方法,借助 RS 与 GIS 空间分析以及水文模拟技术,主要从城市化背景下平原区河流水系结构与连通变化,及其对水文过程、流域洪涝调蓄与水环境的影响等方面开展了较为详细的介绍与分析。

　　全书共分为 8 章。其中,开篇主要回顾了当前水系结构与连通变化研究进展,明确了深入探讨水系结构与连通变化及其水文效应的必要性与迫切性;第 2 章主要梳理了城市发展与河流水系演变过程,介绍了长三角平原区城市化与水系现状及其演变历程;第 3 章探讨了平原河网区河流水系格局(结构)演变规律,分析了平原河网区河流结构特征以及对城市化的响应程度;第 4 章分析了平原河网水系连通变化特征及其影响因素;第5章探讨了城市化与水系变化背景下平原河网降雨、河网水位等水文特征变化;第6章探讨了平原区水系变化对调蓄能力与洪涝的影响;第7章则主要探讨了水系变化下河流水环境变化特征以及河流健康状况;第8章则基于城市化背景下防洪及水环境安全目标,探讨了城市化背景下平原河网水系结构与连通的阈值区间,明确了水系改善与防洪减灾的途径和对策措施。

本书通过河流水系格局与连通性演化、水文过程与调蓄能力变化、流域洪涝与水环境的变化分析,致力于探讨城市化背景下平原河网区河流水系结构和连通变化的特征与规律,剖析河流水系演变对河网调蓄与流域洪涝的影响以及对河流自净与水环境的影响机制。其旨在为我国东部地区城市化下保护河流水系、减轻洪涝威胁、改善河流水环境等方面的研究提供科学参考,并推动其深入发展。

本书依托于国家自然科学基金"流域水系结构与连通变化对洪涝与水环境影响"(41371046),"城镇化对长江下游地区产汇流影响机制与洪涝防控研究"(41771032),长江水科学联合基金"长江中下游大型城市洪涝灾害成因与防洪对策"(U2240203),国家重点研发项目课题"长三角地区城镇化对水文过程与水安全影响研究"(2016YFC0401502)及专题"高度城镇化对长江下游产汇流机制的影响"(2018YFC1508201-02)等研究成果,同时本书也是近年来科研团队多位博士、硕士研究成果的凝结与体现。

本书由许有鹏负责了书中各章节内容的研究分析,并确定了全书章节安排,本书各章主要编写人员如下:第1章由林芝欣、许有鹏、于志慧等人编写;第2章由林芝欣、罗爽、王柳艳等人编写;第3章由林芝欣、韩龙飞、罗爽等人编写;第4章由陆苗、邓晓军、许有鹏等人编写;第5章由王强、袁甲、王跃峰等人编写;第6章由高斌、王跃峰、杨柳、邓晓军等人编写;第7章由于志慧、高斌、邓晓军、王思远等人编写;第8章由王强、陆苗、杨柳等人编写。最后由许有鹏、于志慧、林芝欣、王强、高斌、陆苗、罗爽审校定稿。同时感谢徐光来、季晓敏、徐羽、吴雷、项捷、马爽爽等多位老师和研究生先后参与本书各章节数据收集、研讨分析等其他研究工作。此外,本书还得到了刘国纬教授、王腊春教授、张兴奇副教授、杨龙教授等众多同行的支持和帮助,长三角有关流域单位和人员在资料收集、野外实验以及流域考察等方面也给予了大力支持和帮助,在此一并致谢!

本书以长江三角洲地区为典型研究区域,虽然在城市化下对水系结构与连通变化方面进行了一些分析,但是由于影响平原区水结构与连通变化的因素错综复杂,该区洪涝与水环境影响因素众多,涉及自然、人文、社会经济以及水利工程等多方面。同时,不同地区存在区域性差异,城市化下平原区河流水系变化规律与利用保护等问题有待深入研究。由于作者水平与时间所限,本书目前只是初步探讨,许多方面还有待进一步深入分析与完善,书中难免存在一些不妥之处,敬请读者批评指正。

目　录

1 概述

河流水系是水流运动的主要通道,是流域水循环过程的一个重要载体,在人类生产活动中发挥了重要作用。而处于流域下游地势平坦的平原区的河流,往往呈现出水系纵横、河网密布等特征,其发育程度主要受上游来水与泥沙特性以及下游潮汐水位综合影响,经长时间不断演化形成了该区所特有的水系结构与河流连通格局。同时该地区也是人类活动最为剧烈的地区,城市化的快速发展对河流水系造成了较大的冲击,改变了原有水系结构与连通布局,导致降雨径流水文过程的变异,并引发一系列洪涝与水环境问题。

1.1 城市化与河流水系

自古以来,城市的起源、兴盛与湮没都与河网水系的演化与变迁关系密切。尤其是大江大河中下游地区拥有众多区位优势,水源充足,地势平坦,气候温和,孕育了人类文明,推动了城市的发展。我国东部长江三角洲地区也正是在平原河网区的基础上一步步发展成为人口、经济高度集聚的长三角城市群。河网水系构建了城市的骨架与血脉,同时河网水系发育也遭受到人类活动的剧烈干扰,城市的发展持续影响着河网水系格局演化及其调蓄能力发展。为减少洪涝等灾害的发生,我国平原河网区大力兴建水利设施,河道大面积渠化,河网大范围主干化,河流水系的形态格局因此发生了巨大变化,高度城镇化与河网水系之间的关系错综复杂,在现阶段乃至未来将受到更多关注。

城镇化(也称为城市化)是人类社会发展的必要进程,一般分为人口城镇化、土地城镇化及经济城镇化。其中,对区域下垫面变化影响最大的土地城镇化,是对下垫面环境影响最直接的变化因素。随着经济的发展,城镇及其工矿企业规模不断壮大,土地利用的方式发生了最深刻、最剧烈的变化,从透水性较好的农耕用地转变为透水性较差的城镇用地。其中,河湖水系作为我国平原河网区典型的地域景观,对人们的生产生活具有重要作用。然而随着土地利用变化对河网数量与形态的改变,高强度的人类活动干扰对长江三角洲地区河流形态、水系结构和功能的影响日益突出,其主要表现在以下方面:

原有的河道水系被人工排水渠道、管道所替代,湖泊与河网水面积大幅度减少,河网水系密度锐减、河流长度缩短,众多低等级河网消失,使得水系结构趋于简单。河流水系被纵横交错的道路所分割,"断头河"现象频现,水系内河网连通不畅;河道淤积严重,河湖蓄水容量不断减小,河网与湖泊调蓄能力锐减。一些城镇为防御洪涝,环城修建大小圩垸,形成相对封闭的水系单元,使得整个区域内水循环路径杂乱无序,严重降低了区域蓄泄功能,使该地区的地理环境不堪重负,出现并快速积累了一系列水利与生态环境问题。洪涝灾害损失逐年增加,小雨大灾已成常态;水环境严重恶化,河道水质下降,居民饮用水受到了威胁;河湖水生态关键物种锐减甚至消失,陆地生态群落遭到破坏,景观斑块化趋势凸显。上述这些问题,现已成为平原河网区可持续发展的严重阻碍。

　　基于城镇化与河流水系的复杂性、城镇化地区防洪减灾的迫切性及必要性,本书针对复杂的平原河网区分析了城镇化背景下水系结构与河湖连通变化的关系及其对洪涝与水环境的影响,主要涉及城市发展与河流水系演变、平原河网区河流水系格局演变规律、平原河网区城市化下水文特征变化及规律、平原河网区水文过程变化的驱动机理、水系变化下调蓄能力与洪涝变化、水系演变与水环境变化,以及水系保护与防洪减灾。其研究成果将为水资源调控提供河湖连通与水系格局的基础支撑,为防洪减灾提供较合理的排泄途径与通道,为水生态保护提供合理的河湖连通与水循环途径。

1.2　河网水系变化研究

1.2.1　河网水系演变研究

　　一个流域的河流(网)水系是地质构造与河水运动综合作用的结果,地质构造决定了流域内河流大的格局,而河水运动则是水系形成与演化的主要动力。在某种程度上,水系形态也可看作是侵蚀与堆积作用的产物,河流系统变化最直接的影响因素是水与沙的输入和输出。Glock(1932)首先提出水系的形成是由大到小的理论,他认为水系的发育顺序是:首先出现干流,然后再出现支流,接着便出现更小的支流,最后形成致密的水系。水系的发育可以划分为两个阶段:扩充阶段和调整阶段。扩充阶段又可分为初成时期、延长时期和繁荣时期。水系进入繁荣时期后,河流便相互袭夺或相互吞并,小支流便逐渐减少。戴维斯认为在幼年期的地面,最初在洼陷处出现纵向河流,随着时间的推移,原生洼地受顺向水系作用,逐渐出现支流。Horton提出了从海中升起的地面上的水系发育过程:河流可以在径流长度大于冲刷的临界长度地区发展,相邻河流间存在竞争,发生较早或具有较长径流长度的河流在切割的过程中会吞并自己的竞争者(沈玉昌等,1986)。

　　巴普罗夫对于水系形成的看法与上述有很大不同,他认为水系发育过程由小到大,由支流到干流。他在分析平原地区水系发育过程时,根据"河流是地表径流和地下径流集中的结果"的原理,认为河流是由坡面的纹沟,到细沟,到冲沟逐渐发展起来的,当冲沟切入地下含水层时,沟床便经常保持有流动的水,形成了最初的支流,然后再由小支流汇合成大支流,大支流汇合成干流。维尔斯基认为分水岭的地形年龄要比流域内其他地区年龄大很多,分水岭坡面上一些侵蚀沟可能要早于河流的年龄,因此水系发育的过程是由小到大。梅舍梁科夫证明,俄罗斯欧洲部分河流的年龄,上游比下游大得多。从上述资料看,水系的形成是非常复杂的,不同的情况可能有不同的形成方式(沈玉昌等,1986)。Schumm 等(1973)认为水系形成与气候、地质构造、冲淤平衡和土地利用方式改变有关。

国内对于河流水系演变的研究,主要利用历史文献记载、历史地图,采用历史地理学溯源法、历史地图解读等方法对地质时期和历史时期的河网水系演变进行定性描述(褚绍唐,1980;王昕等,2008)。魏嵩山(1979)分析认为太湖流域在整个历史时期内大致沿着三江(吴淞江、东江、娄江)→湖泊→水网化的方向发展。王昕等(2008)认为吴淞江水系演变的自然规律是其淤塞的主要原因,未来太湖流域的水环境整治、水利工程等建设必须遵循海平面作用下的地貌演变规律。张诗阳等(2017)通过历史地理分析方法解读了不同时期宁绍平原河网水系的形成及演变规律,指出宁绍平原河网水系发展的根本原因在于人、地、水三者之间关系的动态变化,具体影响因素包括人口增长带来的用地、农业、水利、交通等需求以及自然、社会环境的变化。

早先从河流地貌学以及河流水沙动力学角度出发,研究长江、黄河等大江大河的中下游河流水系变化(沈玉昌等,1986;许炯心,2007)。近年来随着城市化的快速发展,众多河流水系相继消失,河道人工渠化严重,且河网形态结构发生不同程度的改变,由此而引发的洪涝干旱、水质恶化等问题日趋严重。与此相应,人们对河流变化规律研究的重视程度也日益增强,并开始从防洪、排涝以及水生态环境保护的角度对河流水系变化开展研究分析(董增川,2004;徐光来,2012)。河网形态是河流网络中干流及支流的组合形式,目前其国内相关研究主要集中在东部河网密集、快速城市化地区,如长江三角洲地区和珠江三角洲地区。

1.2.2 河网水系结构研究

河流水系是人类赖以生存的自然生态环境的重要组成部分,其结构变化过程与人类社会的发展息息相关。同时,河流水系结构研究是了解流域地形地貌及河流水系形态特征的重要理论基础,水系结构变化对流域的水文过程、流域调蓄能力、城市景观格局等具有重要影响。作为自然地理学的重要研究内容之一,深刻理解水系结构变化以及定量描述水系结构特征也一直是河流地貌学和水文地理学的基础科学问题,对其具有重要的指导意义。

1945 年,霍顿(Horton)提出了河流的级序分类系统,该方法经斯特拉勒

(Strahler)修正后,被广泛应用于河流结构研究中(Schuller et al.,2001)。目前,对人类活动影响下的水系结构的定量评价,仍多采用与河流地貌学相关的指标(杨凯等,2004;刘怀湘等,2007),而分形也常用于表征河流结构特征(冯平等,1997)。同时,在研究数据手段上也逐渐由以地图为主转向 3S 技术,为水系变化研究带来了深刻的技术影响。

尽管河网水系是大自然的产物,但其演化过程却与人类活动密切相关。自1956 年"人类活动在地表变化中的作用"国际研讨会召开以来,人类活动对河网水系的影响被作为一个广泛而明确的科学问题提出并进行研究(Gregory,2006)。20世纪 70 年代以来,有关城市河道演化的研究呈现快速的指数化增长。然而,对城市河流退化的关注和河流管理修复的探索最终掀起 2000 年以来该领域的研究热潮。2006 年召开的第 37 届国际地貌学大会以"人类在改变河流系统中的作用"为主题开展了讨论,对 50 年来的研究成果进行了总结,并对未来人类活动如何改变河流系统进行了预测(James et al.,2006)。全球范围内的相关研究表明,城市化进程往往会使得河网水系的形态参数发生适应性变化(Chin,2006)。

国内的相关研究始于 20 世纪中后期,起初主要是从河流地貌学的角度探讨长江和黄河等大江大河的水系演化(明庆忠等,2013),以及江河地貌系统对人类活动的响应(许炯心,2007)。近年来,随着城市化进程的加快,流域面临的洪涝灾害与水环境污染的形势越来越严峻。为此,国内部分学者也开始分析快速城市化背景下河网水系格局的演化特征与规律及其生态环境效应。研究表明,城市化等人类活动对河网水系格局的影响主要体现在数量、形态和结构等方面,而这些影响会因河流水系等级等自然属性以及城市化水平等社会属性不同而异(赵军等,2011)。

近年来在高度城镇化背景下,不透水面积增加造成河网水系衰减、破碎化,河道渠化等方面问题(Belletti et al.,2020),其中,河流水系中末级河道遭受影响最为深刻,水系数量锐减,在发达国家部分地区甚至开始出现了"城市河流沙漠区域"(Napieralski et al.,2016)。随着我国城镇化的快速发展,学者们开始关注城镇用地的迅速扩张以及河网水系的萎缩,城镇化与河流水系关系逐步受到重视(韩龙飞等,2015;蒋祺和郑伯红,2019)。在现有研究中,既有学者以市、县等行政区、水利分区为单元进行水系特征的变化分析,又有学者采用格网化尺度进行城镇化发展与河流水系演变的空间异质性分析(吴雷等,2018)。张凤等(2020)基于分形理论刻画了城镇体系和水系时空演化特征及其关系,证实了两者具有不同的时空演化方向,并探究了水系结构退化的影响因素。而城市群(都市圈)的出现使河网水系演变更为复杂,河网变化与其驱动因子之间的动态变化关系值得进一步探讨。

在城镇化与河流水系的相互作用中,当高强度的人类活动打破了河流原本的稳定状态后,河道的侵蚀沉积过程也会发生相应的改变,城镇化地区河流一般会经历反应阶段、张弛阶段、平衡阶段等变化过程,目前已在美国、加拿大、澳大利亚等国家部分发达地区得到验证(Chin,2006)。在我国城镇化水平较高的平原河网区,自然型→井型→干流型河流结构是一种可能的演变趋势(袁雯等,2007)。杨柳等(2019)亦发现苏州的高度城镇化与其水系已由"自然发展"转变到"拮抗与磨合"阶段,将有可能过渡到"高水平协调"阶段。因此,需要进一步探索城市发展和水系的非线性关系,探求我国城镇化特色道路下水网的适应性发展,为城市可持续发展提供依据。

1.2.3 河网水系连通研究

河网水系连通在很大程度上受到水系结构特征的影响。最初人们关注水系连通,主要关注干支流水系内水流运动的通畅程度,河流地貌中主要分析干支流水系物理连通的完整性。随着河网水系结构研究的不断深入(杨凯等,2004;邓晓军等,2016),生态学、水文学及地貌学等不同领域的学者开始关注和重视河网水系连通问题(夏军等,2012)。水系连通是区域供水、防洪和生态安全的重要基础,在优化水资源配置、改善水生态环境和洪水防控调度等方面发挥了重要的作用。2011年我国中央水利工作会议明确推出了河湖水系连通治水新方略,提出要"实现江河湖库水系连通,全面提高水资源调控水平和供水保障能力"(陈雷,2012)。2013年至今,欧盟资助了一项名为"Connect Eur:Connecting European Connectivity Research"的科研项目,集合欧洲各国共同研究水系连通的概念及其变化机制(Heckmann et al.,2015)。水系连通的概念、定量化表达及其水文效应等问题已成为国内外水科学研究热点,也是国家保障水资源安全的必要研究内容(陈森林等,2021)。

为了满足农业灌溉和交通运输的需求,国内外很早就开始建设各种水系连通工程。如国外的尼罗河引水灌溉工程,基尔运河、苏伊士运河和巴拿马运河等水系连通工程和国内的都江堰以及京杭大运河的建设等。尽管水系连通的实践已有数千年历史,但其被作为一个明确的科学问题提出来进行研究的时间并不长。不同研究区域和不同研究尺度对于水系连通性的概念理解不同,因此常根据具体的研究区域和研究尺度来定义描述。Pringle(2003)从生态学范畴,将水系连通性定义为生物体、物质以及能量在水圈各要素间随着水介质的转移速率。该概念在许多研究中被用作衡量河流洪泛滩区系统中种群、群落以及生态系统等级的一个重要的概念工具。Hooke(2006)从地貌学和沉积学的角度将水系连通的水流连通性定义为流域内各种地形地貌要素的耦合及河流系统中流水和沉积物的迁移,是物理上的连接。此外,国外研究会将水系连通性分为静态连通性(结构连通性)和动态连通性(功能连通性)。静态连通性指的是景观的空间形式和景观要素在物理上的连接程度,是目前许多水文连通性研究的主要方向。Phillips等(2011)认为静态连通性的影响因素与整个流域的形态相关。对于连通性的理解是离不开过程的,如Turnbull 等(2008)认为动态连通性是一个用过程描述区域相互连接的动态属性,即动态连通性。动态连通性的影响因素包括降雨特征、总暴雨量、土壤湿度、水流通道的长度、地面径流的速度等(Quinton et al.,2008)。

国内对水系的研究早期多集中在探讨地貌学中的水系数量、形态及格局的时空演变特征及其对水文过程的影响。国内关于河网水系连通的研究主要集中于宏观方面的水系连通,尤其是在国家将河湖连通工程上升到国家江河治理的重大战略层次上这一大背景下,将河湖水系连通作为我国一项重要的治水方略,从全国范围内规划水利发展,发挥河流水系生态系统的自然功能以及进行生态环境的综合治理。在水系连通的概念与基本内涵方面,国内学者主要强调河流、湖泊、水库与湿地等各个不同水体之间的自然或人为的空间连接关系与水流连续性,需满足人类水资源配置、区域调洪蓄水、改善水生态环境及加强航运能力等方面的生活生产需求(唐传利,2011;夏军等,2012)。随着我国水系连通工程的实践,在理解中侧重自然营造力和人为驱动力对水系连通的双重作用(吴玉琴等,2021)。

近年来,国内也逐步开展连通性理论与评估方法研究(唐传利,2011;魏鋆鋆等,2020),一方面,阐述了连通性的基本内涵(夏军等,2012),对河湖水系连通理论、评价方法与评估框架体系进行了有益探索(李宗礼等,2011);另一方面,在宏观(如长三角、珠三角等地区)与微观(如典型集水区)尺度上,运用图论与水文模拟等分析方法,评价区域水系连通性变化,开展城镇化、水利工程(水闸)等人类活动对水系连通的影响研究(赵进勇等,2011;黄草等,2019)。与此同时,关于平原河网水系连通性的综合评价体系研究也逐步受到学者们的关注。窦明等(2015)综合地貌学、景观生态学、图论等方法,运用统计学方法分析了水系连通形态指标与连通功能指标之间的相关关系,确定了满足郑州市未来城市发展功能定位与水资源需求的水系连通形态指标阈值区间。左其亭和崔国韬(2020)从河湖水系连通关系、河湖水系功能(自然角度)、河湖水系连通功能(社会角度)三个方面归纳了人类活动的正负面影响。在现今快速城镇化的新形势下,特别是在城市群地区,考虑河网水系连通需优先满足供水、防洪、环境安全要求,同时自然河湖水系要实现自身特定的生态功能,需缓解区域间水资源的供需矛盾,实现经济和社会的可持续发展。

1.3　城市河网区洪涝与水生态环境研究

1.3.1　河网水系变化下水文效应

1)城市化下水系变化与水循环过程研究

随着我国城市化的快速推进,下垫面与河流水系发生了较大变化,一系列水文、水资源与水环境问题已严重威胁人类的生产与生活环境的安全,并影响着经济、社会的可持续发展。随着经济的发展和人口的增长,城镇周围的其他土地利用类型逐渐转变为城镇用地,造成城镇面积不断扩张、不透水面积大量增加。土地利用变化是人类改变地表最深刻、最剧烈的过程之一,同时会引发一系列的城市水文效应,特别是在城市化进程中,河网水系发生了极大的变化,众多河流水系相继消失,河道人工渠化严重,且河网形态结构、河湖连通发生不同程度的改变(黄奕龙等,2008),自然河流系统受到严重干扰。这些变化将明显地影响流域内的水循环过程,河流自然排水功能下降,径流系数增加,由此引发的流域洪涝等极端事件的概率日趋增加(高俊峰和闻余华,2002)。

城市地区水系变化对水循环过程的影响,主要包括城市下垫面与河流水系条件改变造成的降水、蒸散发、产汇流特征变化(张建云等,2014)。地形、地貌、土壤、植被、河湖、湿地、地质条件、水文地质条件和土地利用等总称为下垫面。城市化导致城市地区下垫面的透水性、持水性和热力条件等显著改变(胡庆芳等,2018),水系衰减影响到河网汇流条件,从而对水循环中的产汇流过程产生重要影响。城市下垫面条件的变化最显著的特征是城市不透水表面增加,这不仅使得水系受到影响而发生改变,而且间接导致了城市地表径流的时空模式及水循环过程的变化,进而改变了城市的水量平衡,促进了局部降水增加的正反馈效应以及局部蒸散发减少的负反馈效应(刘珍环等,2011)。

在城市化对降水影响的研究方面,城市热岛效应与城市雨岛效应已被诸多研究证实,其中,关于雨岛效应的研究结果主要表现为:城郊的降水量差距较大,城市区域的降水量明显高于郊区;城区的降水强度、降水日数及降水频率均较城市化前有所上升,极端降水事件也有明显增多趋势(朱秀迪等,2018)。在自然状况下,蒸散发量占总降水量很大的比重,而随着城市化导致的不透水面积的增加,河网密度与水面率减少,在某种程度上使得蒸发量有所减少。例如,在长江下游的秦淮河流域,当不透水面率从 1988 年的 4.2% 增加到 2001 年的 7.5% 和 2006 年的 13.2% 时,流域的蒸散发量分别减少了 3.3% 和 7.2%。

城市地区产汇流过程变化较为复杂,但普遍的观点认为城市化导致下垫面洼地减少、透水性减弱,使得地表产流量增加,而下垫面糙率降低、水系主干化导致汇流时间缩短,使得城市地表汇流过程变得复杂化(Guan et al.,2016)。在平原河网区,城市化对产汇流影响的重要表现是导致区域内平均水位发生改变,如有研究发现在 20 世纪 80 年代之前太湖流域水位与降水要素关系密切,而在此之后人类活动对该区域年水位和汛期水位变化的贡献率超过 80%(Xu et al.,2020),这表明土地利用类型和河网水系的变化对区域的水循环过程有重大影响。此外,城市化地区管道汇流的大量存在和不同规模水利工程的调节作用,在改变汇流方式及路径的同时,还导致汇流时间和径流滞时的缩短及水力效率的增大,最终导致城市化地区的洪峰提前和峰量变大,且这种影响在中小等级的洪水事件中表现得尤为明显(Kaspersen et al.,2015)。

2)平原河网区水系调蓄能力变化

河网水系的形态结构伴随着城镇化的不断深入而发生剧烈变化,同时,河网的调蓄能力也随之发生改变,从而影响地区防洪排涝相关工作,对人们的生产生活产生威胁。河流水系的调蓄能力是影响其水资源承载以及洪涝灾害空间分布的重要因素。河网调蓄能力的大小对削减洪峰、调节洪量、降低洪水危害具有重要的作用,是水系在调蓄洪水方面的重要功能之一。尤其是在平原河网区,河流分布密集,因而其调蓄能力对流域水系的防洪排涝具有更加重要的意义。

城镇化过程中不同类型土地转化为城市用地,导致河床填埋与淤积,水系结构退化,进而使得其调蓄、自净以及泄洪等功能减弱,河网的槽蓄能力和调蓄能力降低。研究表明,河网调蓄能力的变化与城镇化发展阶段和气候条件密切相关。从城市的发展阶段看,在城镇化开始时,大规模的城市建设导致地表侵蚀增加,河道沉积不断加剧(Wolman,1967)。而在城镇化发展后期,不透水面积不断增加,城市建设已基本完善,来自地表的河道沉积也随之逐渐减少。此外,Hollis(1975)研究了城镇化对洪涝的影响,结果显示城镇化进程能彻底改变一条河流的洪水特性,使得洪水流量增加,洪水重现期缩短。

国内学者主要从河网水系的调蓄能力变化方面进行探讨。研究的方法主要有三种:一是基于遥感与地理信息技术提取不同时期的河流长度和湖泊面积,通过估算其警戒水位以下的体积来确定河网水系的洪水调蓄能力变化(袁雯等,2005);二是通过构建河网水系结构指标与降雨径流数据、调蓄能力指标之间的统计关系,来确定河网水系的洪水调蓄能力变化(Deng et al.,2018);三是运用流域水文水力模型模拟流域的水文过程,并结合模拟结果确定河网水系的洪水调蓄能力变化(苏伟忠等,2019)。由于平原河网区河湖密集、边界模糊、流向不定、闸坝遍地,其人类活动的干扰更加剧烈、调蓄能力的变化也更加显著且难以量化,因此相关研究主要集中在长江三角洲和珠江三角洲地区(高常军等,2017)。上海城镇化过程中河网面积的急剧下降导致地表水质恶化现象突出,2003年河网槽蓄容量近百年内减少了近80%(程江等,2007)。城镇化使得河流数量与面积减少、河流结构简单化,导致河网的自然调蓄能力被削弱,加剧了水灾危险性(周洪建等,2008)。对太湖腹部地区的相关研究也得到了相似的结论,即水系的衰减导致河网蓄泄功能变弱,河网平均水位与汛期水位均呈现上升趋势,这会导致洪涝的危险性进一步增加(王柳艳等,2012)。

随着城镇化的发展,河网调蓄能力的降低已成为导致洪涝灾害不断加剧的重要原因之一(Cui et al.,2009),因而对调蓄能力变化的研究也受到很大的关注。目前国内外对河网调蓄能力的研究主要利用河道容蓄对调蓄能力变化特征做解释(王腊春等,1999),相关研究处于初步阶段,还没有就人类活动对河网调蓄能力的影响做更深入的研究。因此,河网调蓄能力的变化对洪涝蓄泄过程的影响还需要更深入的探讨。

1.3.2 水系变化对洪涝过程影响研究

城镇化进程的快速推进改变了流域下垫面条件,导致极端暴雨发生频率增大,并且随着建城区面积的扩张,流域不透水面迅速增加,降雨入渗水量减少,地表径流不断增加。同时,城市区域人工排水替代天然汇流,使得地表产汇流过程发生较大变化,洪水汇集速度明显加快,洪峰出现时间提前,加之流域内河流水系的衰减明显削弱了流域洪水调蓄能力,最终导致城市化地区洪涝风险不断增大,并且对该区人民的生产与生活均造成较严重的影响。目前对城市化下水系变化对洪涝影响的研究主要有两方面途径:一方面是从成因机制出发,通过野外对比实验观测分析,并借助水文水动力模型来模拟分析城市化下下垫面与河流水系变化对洪涝过程的影响;另一方面则基于长期历史观测资料统计分析暴雨洪水发生的频率变化,并进一步评估洪涝风险的变化。当前倾向于将两者相结合,借助遥感与 GIS 技术,通过水文水动力演算来动态评估洪涝淹没过程的变化特征。

早在 20 世纪 60 年代,国外开始研究城镇化对洪涝的影响。Hollis(1975)发现城镇化造成小洪水事件发生频率的增加可达数倍,而大洪水事件的发生频率则没有明显改变。随后,Brun 和 Band(2000)采用 HSPF 模型分析了城镇化对流域水文过程的影响,结果表明城镇化使得其流量减少 20%,并且认为不透水面积的比例存在一个 20% 的阈值。Wang(2006)以美国约 400 km² 的 Texas 流域为研究区探讨城镇化对洪水风险的影响,结果发现 1974 年至 2002 年流域不透水面积从接近 10% 上升到 38%,而 100 年一遇的洪水风险率则上涨了 20%。20 世纪 80 年代后,中国开始进入快速城市化阶段。高照良等(2005)研究发现深圳城市化后,重现期 100 年的洪水洪峰流量增加超过 10%,汇流历时缩短约 20%。雷超桂等(2016)利用 HEC-HMS 水文模型模拟发现浙东沿海奉化江皎口水库流域内在土地利用变化后历史洪水的洪峰和洪量均有不同程度的增加,洪量较洪峰变化明显。此外,目前国内外在实验观测基础上,多借助水文水力学模型开展城镇化下暴雨洪水过程的研究(黄国如等,2015;Sun et al.,2017)。

近年来,随着城镇化的快速发展,众多河流水系相继消失,河道人工渠化严重,且河网形态结构、河湖连通发生不同程度的改变,自然河流系统受到严重干扰,导致河流自然排水功能下降,径流系数增加,由此引发的流域洪涝等极端事件的概率日趋增加(高俊峰等,2002)。陈云霞等(2007)探讨了城镇化的发展与河网演化之间的联系,并分析了这种变化对洪涝与水环境的影响。周洪建等(2006)发现永定河京津段近40年来水系结构简单化趋势明显,在同样的致灾强度下水灾危险性增大。Zhang等(2015)通过建立河流分形维数与洪水频率/事件的关系,发现随着河网分形维数的降低,杭州地区洪水频率/事件呈增加趋势。王跃峰(2019)利用MIKE模型模拟发现河网水系调蓄水面与连通性变化对洪水过程有明显影响,一般河道起蓄水作用,能够降低峰值水位0.03~0.05 m,延迟峰现时间,同时骨干河网结构的优化有效降低了城区河网水位0.07 m。

面对城市化和水系变化带来的洪涝效应和日益严峻的洪涝风险,平原河网区建设了众多水利工程以降低区域内的洪涝灾害威胁等级。圩垸是该地区重要的防洪减灾工程措施,建在沿江、滨湖低地四周有圩堤围护的区域,其作用是防止外水侵袭。圩垸建设在全球很多国家和地区都有出现,并先后经历了农业化和工业化等阶段,如欧洲低地国家(荷兰、比利时)、泰国、日本等。就我国而言,圩垸建设主要集中在南方沿江、滨湖和受潮汐影响的三角洲地区,尤其盛行于经济发达的平原河网区,如长江中游洞庭湖区域、太湖流域、珠三角等地区。随着城市化进程的加快,圩垸建设标准也逐渐提高,各种圩垸工程逐渐成为区域洪水防控工作中不可或缺的组成部分。

为进一步缓解城市洪涝风险,长三角的太湖流域又加强了重点城市(上海、苏州、无锡、常州等)的防洪大包围建设(焦创等,2015)。防洪大包围是指平原河网区保护面积较大的大型圩垸,它将城市中心区作为重点防洪对象,通过建立闸门和泵站等大型水工建筑物来增强圩垸内的防洪排涝能力,如无锡运东大包围的设防保护面积达136 km^2,枢纽装机流量达415 m^3/s(周吉等,2013)。但是,如此大规模的圩垸防洪设施给区域防洪排涝和洪水模拟分析带来了新挑战。虽然这种大包围圩垸防洪模式有效解决了城区洪涝安全问题,但同时也影响了区域及流域整体防洪效益的发挥,抬高了行洪河道与整个流域河网的水位,将大量洪水风险从城市向区域或流域转移(朱永澍等,2016)。同时河道上闸坝与圩垸建设,在一定程度上切断了城市内河与外围河流湖荡的连通,削弱了洪水调蓄能力,而泵站的运行将内河涝水排入外围河道,可能会加大周边区域的防洪压力(单玉书等,2018)。因此城市化下平原区的水系变化与水利工程对洪涝过程的影响相互交织且错综复杂,其影响机制有待进一步的研究探索。

1.3.3　河网水系变化对生态环境的影响

1)河流水环境(水质)研究

水系结构与连通变化主要是通过改变河流的自净能力影响河流水环境。平原河网区受人类活动干扰较大,注入河流的污染物增多,而水系衰减导致净化能力减弱,由此使得河流水质污染问题日趋严重。河流是一个地区工业用水、农业灌溉及家庭生活用水的主要来源,河流水环境(水质)是影响人类健康和生态环境的重要因素。近年来,随着城市化的发展,工农业迅速发展,人口不断增多,工业废水、农业污水排放量持续增加,地表水质愈加恶化,河流水质污染已引起众多学者的关注。在国外,水质评价研究起步较早。Horton、Brownd 和 Nemerow 提出了一系列评估方法,随后在欧亚地区开始了大量的水环境评价研究(王维等,2012)。早期的水质评价以颜色、味道等简单指标为评价对象。经过深入研究水质评价方法,水质评价指标逐渐丰富。此外,随着数学模型的引入,水质评价方法的精确性也越来越高。

目前国内外的主要水质评价方法可分为两类:流域综合水质评价方法和监测断面评价方法。国内外学者应用最多的流域综合水质评价方法主要包括聚类分析、主成分分析、判别分析、回归分析以及自组织映射算法等(Simeonov et al.,2003)。其中自组织映射算法在海量数据的可视化和分类方面有较大的优势,已被广泛有效地应用于流域水质评价中。监测断面评价方法包括单因素判别评价法和综合因素判别评价法。其中单因素判别评价法包括综合污染指数评价方法、水质污染指数法、鉴定指标法和模糊数学评价方法等。与单因素判别评价法不同,综合因素判别评价法是指综合考虑所选评价因素并将其与水质标准进行比较,因此可以得到较为准确的水质评价结果。目前有效的综合因素判别评价法有灰色关联分析(Ip et al.,2009)、灰色聚类分析(王洪梅等,2007)、人工神经网络(罗定贵等,2003)和投影寻踪法(邵磊等,2010)等。

2)水系变化下的水环境效应

城市化背景下的土地利用/覆被变化体现了人类活动对地表的能动作用,尤其是在快速城市化地区,其变化甚至改变了地表物质组成与结构,对城市的水环境质量产生显著影响。大量研究表明,水质与城市化之间有着密切的关系,快速城市化会导致河流水质的恶化。Peters(2009)对城市化与水质的关系进行分析,认为土地利用类型和不透水面积增加对区域水质影响明显。Yin 等(2005)对上海地区水质与流域空间单元内的建成区面积比例、人口密度、河道等级三个因素之间的关系进行研究,认为建成区面积比例指标对水质空间变异的解释能力优于人口密度和河道等级指标;Yu 等(2014)对大运河的研究也表明,城市化水平与水质参数显著相关,且与不同指标的相关性大小呈降序排列。另外,确定合适的分析方法是探究土地利用景观格局与河流水质间关系的另一个关键问题。从已有的研究来看,主要基于两类方法定量分析两者之间的关系:第一类是采用多元统计分析技术,主要包括传统的相关分析、回归分析、方差分析,以及从植物生态学研究领域引入的梯度分析方法,如冗余分析、对应分析以及典范对应分析等。第二类是采用模型模拟方法,多是基于多年的降水径流关系,在对模型进行校准的基础上,先对景观要素进行模拟去除、空间位置变换或面积改变等处理,再进行水环境质量变化的模拟,从而分析流域土地利用格局变化对水环境质量变化的影响。该方法近年来也得到了较好的应用,但由于受数据不易获取以及模型的区域适应性等方面的影响,在一定程度上也限制了模型模拟法的广泛使用。多元统计分析方法仍然是当前研究土地利用格局与河流水质间关系的主要方法。

平原河网区河道纵横、河网密布,其水系变化对河流水环境的影响较为深入。国外已有研究主要集中在通过对水系结构及连通性等指标的量化来评价连通性对水质的影响。Harvey 等(2019)提出了一种无量纲的方法描述河流连通性,并刻画河道走廊对下游水质的影响。在研究对象和方法上,Kaller 等(2015)采用水质测量与同位素示踪相结合的方法,对比分析了水生植被与河流连通性对水质的驱动作用。国内学者在关注河流连通性对生态水文过程影响的同时(崔国韬等,2011;方佳佳等,2018),同样关注引调水工程、闸泵调度、河流形态等对河湖水质、水环境、水生态的影响。夏军等(2012)指出水系连通对生态环境的影响主要表现在对水质、湿地生态环境、水生生物多样性、防洪及水资源利用等方面,而倪晋仁和高晓薇(2011)对不同类型河流生态特征进行了较为全面的探索。此外,学者们通过模拟分析不同闸泵调度情景下地区河湖水文及水环境变化情况,发现整体上加强河湖连通性能有效改善区域河湖水质(杨卫等,2018)。

3)河流生态系统健康(河流健康)研究

河流生态系统是自然界最重要的生态系统之一,为人类提供了多种多样的生态服务功能。一般认为,生态健康指的是生态系统处于良好状态,健康的生态系统不但能够保持物理、化学及生物的完整性,还能够维持其为人类提供的生态服务功能(李春晖等,2008)。自然河流在长期的演变过程中,受到自然和人类活动的双重干扰,生态学中称这种干扰为胁迫。对于自然的重大干扰,健康的河流生态系统能够通过自我恢复功能恢复到原先的状态,或是转变到另一种状态寻求新的动态平衡。人类活动尤其是近百年来大规模的社会经济活动,对河流生态系统造成非常严重的干扰,而这些干扰通常是河流生态系统自身难以恢复的。

健康的河流生态系统是一个完整的有机整体,其良好的水循环构成了流域的水文连续性,能够保证其物质、能量、信息及物种输移的通畅度。水文连续性对流域生物栖息地的总量、有效性和复杂性具有决定作用,为河流生态系统创造了良好的生境条件。然而,平原河网区大量水利工程的建设使流域水文连续性受到不同程度的破坏,直接威胁到河流生态系统的健康及稳定,迫切需要采取措施积极应对。随着河流生态学及其他相关学科的不断发展和完善,资源主义及自然保护主义等两种观点的局限性日益凸显,相关研究者越来越倾向于在社会经济发展以及生态系统健康维护两者之间寻求新的平衡,最大限度地实现可持续发展。

在改善局部区域水质的过程中,水系复育与河道治理研究引发国内外学者的广泛关注。城镇化发展迅速,大量河道被填埋、裁弯取直,河网天然格局遭受破坏,造成河流蓄水能力下降、河流水质恶化等问题。因此,必须通过新河道开挖,旧河道清淤、拓宽,河岸带修复等方法进行水系复育,该方法对局部区域的河流和地区整体水系的蓄水功能、自净功能恢复具有重要意义(Huang et al.,2009)。赵军等(2012)通过对河流监测点周边土地利用与水质关系的研究,认为水环境指标在不透水面积达到一定阈值时发生跃变。赵霏等(2014)分析了河岸带土地利用类型对河流水质的影响,认为河岸带水域和交通用地对河道水质影响的空间尺度在缩小。对比不同河岸带修复方式或河道整治方法对河流水质的影响,可以发现混凝土水泥护岸方法相对其他护岸方法会导致水质变差(王华光等,2012)。

在维护及修复河流生态系统的过程中,需要以流域为整体,全面而深入地研究水利工程对水文连续性的影响及其效应,在获取社会经济利益的同时,尽可能地维护河流生态系统的健康和稳定,保护河流生态系统的生态服务功能。研究和实践表明,科学合理地应用工程措施、生物措施及管理措施,能够在一定程度上避免、减轻或补偿水利工程对河流生态系统的负面效应。基于此,在河流生态系统保护及修复的过程中,需要对构成河流生态系统的三个子系统及其相互关系进行深入探讨,尤其是对人类活动及工程设施系统对生物系统和水文系统的影响进行探讨,从而尽可能消除人类活动及工程设施对河流生态系统的负面效应。在利用水利工程获取社会经济效益的同时,需要根据流域自然和社会经济状况,对水利工程的影响进行全面而客观的定量评估,正确地认识其对河流生态系统的负面效应,不断地对水利工程的规划、设计以及运行管理进行改善,以更好地维护河流生态系统的健康与稳定。

综上所述,目前关于河网水系形态结构、时空演变特征、河网调蓄能力以及城镇化水文效应方面的研究较多,且取得了丰硕的成果。尽管如此,高度城镇化下的河网水系和调蓄功能变化及水文过程具有其独特性。世界上的城市,特别是高度城镇化的城市,多集中在地形平坦、水源充足、土壤肥沃的平原地区。这决定了该区域的降水—产汇流—下渗—蒸发等水文过程必将受到人类活动的剧烈干扰,研究的难度大。城镇化对河网水系数量和形态结构变化的影响研究尚处于起步阶段。关于变化环境下河网水系形态结构演变对人类活动和降水变化响应的研究成果较少,且缺乏城镇化与河网水系相互关系研究的视角的定量实证分析。因此,研究平原水系结构与连通变化及其水文效应显得尤为重要和迫切。

2 城市发展与河流水系演变

从古至今,人类社会的发展伴随着城市的发展,而城市化是当代人类社会发生的最为显著的变化。一方面,河流对城市的起源和发展很重要,河流先于城市存在,城市依托河流发展,河流是城市发展和繁荣的关键要素,几乎世界上所有的历史古城发展都与河流水系的变迁密切相关。另一方面,城市发展以人口集聚、用地转化、经济增长和社会进步等形式为表现,在此过程中,自然环境必然会受到人类活动的影响,城市化必然引起下垫面发生剧烈的变化,从而改变河湖的天然发育状态。本章主要以长三角地区为例,从地表环境特征、历史社会因素、水系演变等角度,梳理了不同历史时期城市发展的特点、河流形成与演化过程,以及人类活动对河流水系的干预与调控行为。

2.1 城市发展历程

长三角地区因其独特的地理位置和丰富的自然资源而成为华夏文明的重要发源地(陈中原等,1997)。优越的地理位置、充沛的自然资源加上发达的河网水系条件,使长三角地区十分适宜人类生存定居。人类生活的聚落便是城市的雏形,而以城墙为边界的城市的出现标志着该地区社会发展到了新的阶段。随着社会历史的发展,长三角地区经济社会和城市发展水平稳步提升,在不同的自然环境和人类活动(包括政治、社会、经济和规划过程)的作用力下经过长期演变,南京、苏州、杭州、扬州等历史文化悠久的古城逐步形成。

以现代对城市化的定义来看,城市化是由于社会生产力的发展而引起的农业人口向城镇人口、农村居民点形式向城镇居民点形式转化的过程,城市的发展则标志着人口稠密的聚落区规模不断扩大、城市人口占总人口的比重不断增大。同时,城市的建立需要对地表环境进行改变,城市的发展不仅体现在对城市所在地区下垫面的颠覆,而且是人类为满足增长的物质需求通过一定的工程和技术手段达到改变自然环境的结果。步入近现代以来,城市的发展以人口高度化的集聚并且有更大力量进行环境的改造为标志,在这一过程中不仅有城市不透水面的继续扩张,还有新的人工沟渠水道的开浚,各个城市依靠着这些交通网络的联系在空间上加以组合,建立起连轴式、辐射式、成群式的发展模式,进而给长三角的地理环境带来更大规模的变化。因此,从这些方面来看,人类活动彻底成了地表环境变化新的驱动力量。

长江三角洲则因其独特的河海交汇的地理位置、开阔平坦的地形地势、丰富的自然资源条件,从古至今一直是我国城市建设和社会发展的重要地区。随着现代科学技术和工业化的进步,城市化具有了更为复杂的特征和内涵,城市人口数量占比、城镇用地、城市经济体量以及城市生产力水平等方面都产生新的变化。具体来看,这是一个城镇数量不断增加、城镇人口规模不断扩大、城镇人口比重不断上升的发展历程。自中华人民共和国成立以来,我国整体的城市发展进程可划分为 5 个阶段,即起步阶段、波动阶段、停滞阶段、快速发展阶段和全面发展阶段(图 2.1)(韩本毅,2011)。

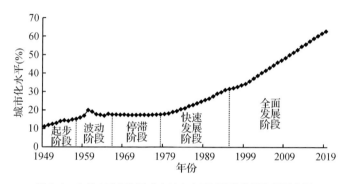

图 2.1　中华人民共和国成立以来中国城镇化发展阶段示意图

依托于长江流域发展建立的现代化工业城市经历了中华人民共和国成立后工业化的重点建设、改革开放后的经济轴带快速发展,逐步演变形成现代的长三角经济区。与此同时,长三角地区现代化城市发展阶段具有一定的内部空间差异,这种差异主要体现在以行政边界划分的不同地区的发展历程上。

与中华人民共和国成立以来我国城市化历程相对应,可将长三角主体地区的江苏省的城市发展划分为同样 5 个小的时期,各阶段具体的城市人口比重和城镇数量情况如下:① 起步阶段(1949—1957 年)。城镇人口占总人口的比重由 1949 年的 12.4% 上升到 1957 年的 18.7%。② 波动阶段(1958—1978 年)。1958 年,城镇人口占总人口的 19.5%;1960 年最高,达到 20.6%。1961 年起城市人口数量开始减少,1970 年降至最低,为 12.5%。此后开始缓慢回升,1978 年城镇人口比重达到 13.7%。③ 稳定发展阶段(1979—1989 年)。这期间,建制镇由 1979 年的 115 个增加到 1989 年的 392 个,城镇人口由 874 万人增加到 1 366 万人,增长了 56.3%,年均增长 4.6%,城镇人口比重上升 6.1 个百分点。④ 加速发展阶段(1990—1997 年)。这期间,全省省辖市(地级市)由 11 个增加到 13 个,县级市由 14 个增加到 31 个,建制镇由 522 个增加到 1 018 个;城镇人口增长 46.2%,年均增长 5.6%,城镇人口比重由 21.6% 提高到 29.9%。⑤ 高速发展阶段(1998 年至今)。这一阶段,城镇人口由 2 262.5 万人增加到 6 288.9 万人,年均增加 175.1 万人,城镇人口比重由 1998 年的 31.5% 上升到 2021 年的 73.9%。

与此同时,位于长三角南部的浙江省发展阶段则略有不同。从浙江省城市化的进程分析来看,其城市化发展在经历了初期阶段后已进入中期加速阶段,其间经历了 20 世纪 50 年代的较快发展、60 年代和 70 年代的徘徊不前、改革开放以来的快速推进阶段,之后在相继出台的各种政策推动下,浙江省的城市化水平已经由 1949 年的 11.8% 上升到 1978 年的 14.5%、1995 年的 32.6%、2006 年的 56.5%、2021 年的 72.7%,所以目前来说浙江省正处于城市化的中期加速阶段。

此外,对于位于长江入海口的上海地区来说,城市化进程中还表现出特殊的郊区城市化特征,而郊区城市化发展又可以大体分为三大阶段:① 1949—1969 年。这一阶段国家实行计划经济体制和城乡分离的二元政策。② 1970—1991 年。1970 年以后,农村开始重点发展"五小工业"。③ 1992 年以来的快速发展阶段,不少城市产业逐步向郊区转移扩散。

总而言之,长三角成了我国经济最为发达、城镇化水平最高、人类活动最为剧烈的区域之一。这一时期城市的变化不仅体现在人口、经济和社会层面上,而且在人们的生活水平与居住环境最大限度改善的同时,自然环境受到人类影响发生变迁。高强度的城市发展使得下垫面特征发生显著改变,整个区域的不透水面扩张迅速,为了城市调水和防洪需求所建设的堤坝、闸泵使得水系的天然发育状态逐步中断,因而整个区域的河流水系也受到人类活动的系统控制和深刻影响。人口的急剧增长和经济的飞速提升是长三角该时期城市发展的鲜明特征,对于地表环境的改造作用也远远比古代要剧烈得多。正因如此,该时期也成了探讨中国城市发展对河流水系演变影响的重要时期。

2.2　河流水系演变过程

河流水系的演变首先由自然驱动力决定,这与地表环境的演化过程密不可分,而长江三角洲作为一个河流地貌单元,它经历了复杂的沉积变化。全新世以来,以太湖平原为主体的长江三角洲平原南部区域的地貌演进过程可大致划分为早期快速海侵、中期岸线反复摆动、晚期迅速海退三个阶段,而太湖平原核心区始终未曾遭受过大规模海侵,基本保持为陆地环境,但太湖平原西缘和太湖湖盆等部分区域可能曾数度受到过海侵的影响而逐步演化并最终形成现在的模样(信忠保和谢志仁,2006)。距今 6 000—7 000 年前,长江的入海口还位于现在的镇江和扬州一带,随着海退过程和长江泥沙的输送,三角洲不断加积,因而在苏南和上海一线形成开阔的平原低地,之后河网水系便在此之上发育,形成以太湖平原水系为核心的长三角水系网络格局。

太湖水系是长三角地区的主体水系,它在江流、海潮和人为因素的综合影响下,形成了独特多变的形态。太湖两侧水系变化差异较大,自古以来西侧水系变化不大,几乎仍保留原来水系格局,但是东侧河网水系和区内湖泊则变化较大,现代与古代相比已面目全非(孙金华,2006)。究其原因,除了自然条件下海侵海退与泥沙沉积等水系演变驱动力之外,人类活动对该地区的河湖影响和作用同样十分强烈。纵观该地区从古至今的水系演变历程,可以将其分为三个主要的阶段:人类活动影响之前演化阶段、人类活动初步影响阶段和现代城市化人为控制阶段。原始社会时期,由于人类力量较弱,水系处在自然发育演变的状态。但是,全新世中期以后随着人类社会的发展,长三角的水系演变逐步受到人类活动的影响,根据人类活动特点和水系景观差异将其水系演变过程归为人类活动初步影响阶段。近现代以后,随着科学技术的进步和社会生产力的提高,人类活动的影响加强,尤其是在现代城市化进程中人类对水系的发展逐渐起到了显著的控制作用。

2.2.1 河流自然演化阶段

长三角原始水系的演化与太湖的形成、发育紧密相关。现在的太湖是我国的第三大淡水湖泊,湖面开阔,湖底低浅,但在太湖形成之前的全新世早期,整个地区却是一个广泛覆盖黄土的冲积平原环境。东太湖和西太湖大部分地表被晚更新世末期2~6 m厚的陆相硬土层所覆盖,地势较为平坦。但在太湖西部的南、北各有一条支谷分别与钱塘江、长江沟通(孙顺才和伍贻范,1987),区域水系沿沟谷发育,四散分布。

距今6 000—7 000年前,气候湿热,海面继续上升至接近现代海面高程,海侵达到最大范围,并沿沟谷大举入侵太湖地区,导致太湖及其周边地区遭受海水浸淹(张修桂,2009)。此时太湖平原的坡积、淤积作用加快,同时南侧的钱塘江—杭州湾沙堤开始发育,而规模性海侵事件的发生,也导致长三角前缘、宁绍平原被海水淹没,自然水系无法正常发育。同时,环太湖平原的江阴、常熟、太仓、嘉定、金山一线滨岸滩脊的塑造,形成了从东部包围太湖平原的碟缘高地,这奠定了太湖地区洼地中的潟湖地貌形态。

距今约6 000年前太湖平原地区南北两大河口湾淤积退化成很浅的内陆平原河流,东向的入海河流也都淤积退化,散射状河流的泄水能力降低。洪水期间,未能外泄的水常滞留在平原内,太湖开始出现湖泊沼泽星罗棋布、河湖交错分布的水系格局,这便是太湖的雏形。随着太湖的形成,整个地区的水系则形成以太湖为中心并沿原始地形发育呈北、东、南散射状的分布格局,它接纳苏南茅山山脉荆溪诸水和浙北天目山山脉苕溪诸水,又从东南部的黄浦江最终泄入长江河口段(张修桂,2009)。

距今约 5 000 年前,海水渐渐退去,东、西苕溪由流入杭州湾逐步改流入太湖湾,浙江沿海的宁绍平原中部、杭嘉湖平原中部成为陆地,宁波余姚江一带已成了陆地与滨海、沼泽地带,宁波奉化江、余姚江、甬江水系也已形成,流域内呈现出丘陵、孤丘和湖沼密布的自然地理环境特征,这为地区河流的形成、演化及分布奠定了基础。与此同时,太湖周边高、中间低的区域地形地貌景观基本形成,太湖地区原来呈散射状向江海排洪的水系格局基本上转变为向中部汇集水流,从而出现向心状的水系格局(徐光来和许有鹏,2016)。

2.2.2　人类活动影响初期

随着长江的泥沙不断在太湖东部和南部沉积、外延,太湖的碟缘高地进一步加固,太湖平原中的潟湖因东、南、北各出口的封堵,海潮难以入侵,咸水潟湖基本消亡,取而代之的是平原上出现的淡水湖沼群。此时,长三角西北部的秦淮河流域也还是一大湖泊,河湖不分,后人称之为秦淮大湖(郑恩才等,2016)。太湖平原尚未完全定型,水系较为分散,但是由于其地势低洼、湖沼众多,因此造成了严重的洪涝灾害。

在太湖东、西两侧大部分沦为潟湖的中全新世早期,该地区已有先民活动,发展有史前的马家浜文化(张修桂,2009),但是由于人口稀少、力量单薄,为了生存,他们选择栖居在地势较高处。不过,随着人类社会的演化,为了更好地发展农耕和渔猎活动,古人开始迁移到低处,并且动用力量整治河湖、治理水患,加快洪水外排速度以保证自身安全,因此该地区河湖变化进入了人类活动作用早期阶段。传说中的大禹治水便有可能是这一时期的代表事件,虽然其发生时间和地点均未成定论,但是相关历史记载可以充分反映出该阶段我们的先民初步具备主动整治水系的意愿和能力。

随着环境的变化,人们开始更加有意识地兴修水利、治水用水。一方面,由于国家形式的出现,古人已经有集中的力量进行水系开辟和整改的活动,如公元前500 年左右,吴国为了讨伐楚国,开凿了荆溪上游的胥溪运河,该运河西通长江,东连太湖(褚绍唐,1980)。另一方面,人们为了进一步排出积水,满足农业灌溉及航运便利等需求开凿了各式的人工沟渠,这成了后来长三角水网的重要组成部分。例如,孙权建都南京后,为满足京城物资供应需求,派校尉陈勋率屯田兵三万开凿破岗渎,沟通秦淮河水与太湖水系的漕运航道。除满足物资运输需求以外,人们也在有意识地设法治理水患,如南唐扩建杨吴城壕时,开凿了通济门至赛虹桥段城壕,以分流秦淮河洪水,将秦淮河东水关以下段纳入城内,并兴建东、西水关控制闸,以控制洪水入城(郑恩才等,2016)。类似地,通过水利建设与治理,宁绍平原地区同样形成了以"三江、一河、四湖"为主的水系结构,其中"三江"为奉化江、余姚江、甬江,"一河"为南塘河,"四湖"为广德湖、东钱湖、日湖、月湖(齐胜达等,2017)。随着政治、经济和军事形式的变化和水工技术的进步,人工修筑的运渠也在原有的基础上得到改造和发展,表2.1即为列举的不同朝代太湖流域所修筑的若干人工运河和沟渠,这些沟渠满足了人们的物资运输需求,同时改变了区域的水系格局。至此,长三角地区原始水系和生态景观形态已经逐步受到人类有意识活动的影响,形成以太湖为中心,北通长江,南达钱塘江,西南至青弋江、水阳江,西北至秦淮河的四通八达的水网。

表 2.1 太湖流域人工运渠开凿(徐光来等,2016)

运河名称	开凿时期	地区	备注
胥溪	春秋时期(公元前480年)	高淳—溧阳	又名伍堰河、中河
蠡河	周元王元年(公元前475年)	望亭—常熟	今为常熟运河
荻塘	西晋(公元265—317年)	平望—湖州	又名頔塘,全长33 km,河宽80~100 m
江南运河	隋大业六年(公元610年)	镇江—杭州	京杭大运河南段,又称浙西运河、江南河
元和塘	唐元和二年(公元807年)	苏州—常熟	又名常熟塘
孟河	唐元和八年(公元813年)	奔牛—吕庄	引江水南注通漕
盐铁塘	吴越(公元907—978年)	沙洲—嘉定	南通吴淞江,北通扬子江
珥渎	宋淳化三年(公元992年)	金坛—溧阳	即金溧漕河
昆山塘	宋至和二年(公元1055年)	苏州—昆山	又名至和塘
经河	宋皇祐(公元1049—1053年)	无锡—江阴	与江阴运河合称锡澄运河(澄即江阴)
西蠡河	宋淳熙九年(公元1182年)	常州—宜兴	即常宜漕河

古书《禹贡》记载:"三江既入,震泽底定",震泽即太湖的古称,而三江有多种解释,主流观点认为是太湖的三条重要泄水出路。唐代以前"三江"出水畅通,太湖水灾较少,有利于农业和水运。在这一时期,人们对水系的影响主要体现在通过开凿水道的形式改变了自然环境下的河湖联系状态,初步达到了物资运输、泄洪排涝等目的。宋朝以后,整个地区的水系进一步受到了人类活动的控制,形成了水网如织、陂塘密布式精细化的水系景观系统(安介生,2006)。但是,由于入海口向外扩张,潮汐倒灌,河口日趋淤浅,使"三江"趋向湮沉,太湖泄水受阻,导致流域内水患频繁(朱明南,1984)。这时,随着泥沙的沉积,许多天然河道和人工河流同样变得淤塞不畅,而原有的水系也无法很好地满足抵御洪涝灾害的需求。为了解决这些问题,人们加大了水系的整治力度,因此该地区便进入了较高程度的疏浚河网、围垦治水阶段。例如,隋唐至五代时期,人们进一步拓浚了江南运河并兴建了堰堘等治水建筑物,防止洪水侵袭两岸农田,初步建成吴淞江以南的江浙海塘,形成了吴江塘路,把太湖约束在一定范围之内,为太湖湖界的形成和湖东沼泽地的垦殖创造

了条件(蒋小欣和顾明,2005)。此外,为了整治三江河道的淤积,明清两代采取了"掣淞入浏"等工程,开浚口岸使三江水从浏河入海同时导入淀泖诸水入吴淞江,以缓解河道淤塞,但是屡次整治却无法奏效,三江最终湮废而下游的黄浦江扩大取而代之成为太湖唯一的出水口。该时期,人们在总结先前的经验和技术的基础上疏浚河渠、开挖港塘,开始有意识地治理河湖淤积问题,从实践效果来看虽然取得了一些成果,但是整治过程仍然有技术和工程上的局限性。

虽然水系景观的基础是江河湖海自然演变的结果,但这同样离不开历代人民推动农业与水利事业发展的生产建设。步入近代社会后,工业化和城市化迅速发展,人们对于水系的改造程度进一步加大,不少自然河流水系相继消失,河道人工渠化严重,且河网形态结构、河湖功能发生不同程度的改变,从而整个地区的水系步入受近现代城市化人为控制阶段。

2.2.3　城市化人为控制阶段

20世纪以来,随着科学技术的发展进步,人类对河湖大规模的系统整治规划日益加强,太湖水系演变进入人为控制阶段。这一时期至今,整个地区由人类活动主导的河湖变迁事件包括开挖河道、疏浚河道、修建湖堤、联圩并圩、建立沿海闸口以及大型抽排水设施等(黄兴,1993)。20世纪初期,长三角水系处于放任自流状态,水利设施建设较少。堤防残缺,河港淤塞,涵闸失修,塘浦水网紊乱,圩系也十分零散,洪涝、旱灾交错频发,严重影响农业生产。中华人民共和国成立以来(1949年至今),随着该区域社会、经济不断发展,人口快速增加。一方面,土地开垦率显著增大,但是土地资源不足,围湖围垦的现象较为严重;另一方面城市化进程加快,城市规模扩大,工业化、现代化高速推进,致使传统的土地利用方式与农业生产方式发生变化。此外,湖泊养殖业发展较快,传统的流域用水、排水和水体净化关系发生了较大改变,水环境污染严重。

对于发展过程中出现的水问题和水危机,相关部门制定了治理长三角太湖地区的总体规划并施行了大量的工程措施和非工程措施,在很大程度上左右了该地区水系的变化。首先,坚持兴修水利工程,以农田水利为主,结合骨干工程整治,建造了数以万计的大中小水工建筑物,并建造了百万马力机电排灌设施(1马力=735瓦),提高了江堤海塘标准和质量。其次,广建闸门,使得通江通海大小港口除黄浦江外全有闸的调控,并相应整治了大小河道,使其可充分利用潮水的涨落调节引排,沿江地区通过蓄、引、提并举,引入江水,基本满足灌溉需求,增强了圩区防洪防涝能力。

在此过程中,人们在沿湖滩地和冲积平原等区域的控制性河道周边修筑了堤防以抵御洪涝水侵袭,形成了"圩区"这一独具特色的地表景观格局和防洪体系(高俊峰和韩昌来,1999)。流域圩区建设历史悠久,始于春秋时期的吴越,发展于秦汉,繁荣于唐代(缪启愉,1982),但直到中华人民共和国成立时仍以规模较小的圩区为主。1954年长江流域发生特大洪水后,在水利部门的规划引导下,长江三角洲太湖流域开展了大规模的联圩并圩工程。在圩堤上修建闸门、涵洞和泵站等水工设施,人为控制圩内和圩外水量交换,最终建成相对封闭的水文保护单元(邓洋,2014)。圩区通常周边高、中部低,圩内分布着河流湖泊、沟渠、城镇、村落和农田,圩与圩之间通过骨干河道相连,各种规模的圩区密集地镶嵌在平原水系之间。

闸门和泵站则是人为控制阶段各级水利工程的重要组成部分。中华人民共和国成立以来,长三角地区闸门及泵站建设迅速,以太湖平原区武澄锡虞区和阳澄淀泖区为例,1950—2000年代两区共建设了2 661个闸门和2 046个泵站(图2.2)。两区的泵站数量相当,但阳澄淀泖区的闸门数量是武澄锡虞区的4.7倍。闸门和泵站的建设速度逐年提高,2000年代建设的闸门和泵站数量分别是1950年代的166.3倍和120.4倍(袁甲,2021)。

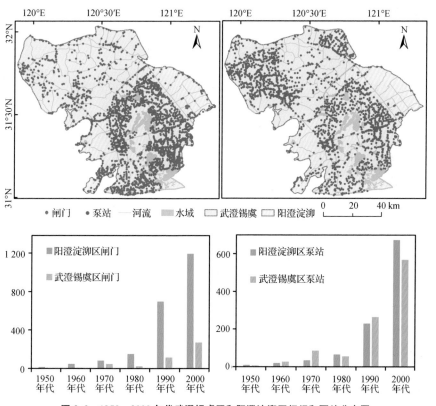

图2.2　1950—2000年代武澄锡虞区和阳澄淀泖区闸门和泵站分布图

除圩区和闸泵建设外,长江三角洲地区还兴建了一批兼顾防洪、水资源调配、水环境治理和水生态保护的流域性和区域性综合性水利工程,逐步形成了城市、区域和流域等多层次的防洪工程体系。太湖环湖大堤是保障流域防洪安全和调蓄太湖洪水的关键,经过屡次加固加高,当前已形成了总长 298.7 km 的防洪屏障。1991 年太湖流域发生特大洪涝灾害后,在相关政策的引导下,太湖流域相继开展了望虞河、太浦河和杭嘉湖南排工程等 11 项骨干工程,目前太湖流域基本形成了"北排长江、东排黄浦江、南排杭州湾并利用太湖调蓄"的防洪排涝格局,区域水系进入了高度的城市化人为控制时期。

总结以上不同时期人类活动对水系的影响,不难发现早期的人们可以通过简单的方式改变水系结构使其发挥一定的功能,而治水效果也容易显现,但是放至较大历史尺度来看,随着人口数量的增加和土地利用方式的变化,人水矛盾越发突出,加之不可能存在一劳永逸的治水策略,因此需要寻求更为合理的发展方式。人类活动改造自然的过程,不仅体现了人们在平原河网区防洪排涝上的智慧,而且也是人们不断认识自然规律的结果。正因如此,整个区域的水系格局将会随着人类社会的发展变迁而产生新的变化。

2.3　长三角地区河网水系格局

长三角地区从古至今的水系格局变化是极为显著的,尤其是处于核心地区的太湖流域,无疑可以用沧海桑田来形容。早期,囿于人类力量的局限,河流湖泊的演变基本属于自然环境的变迁,不过随着人类社会的发展进步,区域水系演变逐渐以人类活动的改造为主。经历了不同历史时期的演化阶段,目前该地区主要水系包括黄浦江、东西苕溪、曹娥江、甬江、秦淮河、大运河等。但是由于天然河湖和人工水网交织,主干河道变迁显著,加之现代兴建的水利工程调控的影响,使得水系脉络错综复杂。因此,下面对该地区水系现状和存在的主要人为控制措施进行梳理,分析区域水系的空间格局特征。

2.3.1　整体水系结构格局

根据长三角的地形地貌和水系特征可将其分为若干水利片区,如图 2.3 所示。长三角水系核心与主体为太湖流域,通过地形和水利工程建设,形成了 8 个相对独立的水利分区,分别为武澄锡虞区、阳澄淀泖区、杭嘉湖区、浦东区、浦西区、湖西区、浙西区和太湖湖区。长江南岸太湖流域西部地区主体为秦淮河区;长江以北又有 3 个片区,分别为里下河区、通南沿江平原区和高仪六区;长三角南部多为沿海丘陵地带,主要有钱塘江中游区、甬曹浦区。

整个区域以太湖流域为中心,其周围还分布有秦淮河流域、里下河流域、通南沿江平原、甬曹浦区等区域。太湖腹部地区(即武澄锡虞区、阳澄淀泖区和杭嘉湖

图 2.3　长三角水利分区示意图

区)是经济发达的平原河网区,由于地势低平,区内洪水主要靠大量闸泵和广泛分布的圩区来调节。湖西区、浙西区、钱塘江中游区和甬曹浦区为低山丘陵地区。秦淮河流域为长三角地区经济发达的城市流域,其河流水系同样受城市化影响较大。太湖湖区、高仪六区是以大型湖泊为主的水域地区。里下河区和通南沿江平原为沿海(江)平原河网区,洪水期间排水主要靠抽水站抽排入海(江),该区位于长江以北地区,故本书未加分析。

2.3.2　城市化下太湖流域水系

长三角地区的水系主体和核心是太湖流域水系,同时该区也是长三角地区城镇化程度最高的地区,因此太湖流域呈现出典型的城市化作用下受到人类活动影响最为深刻的自然与人工交织的水系特征。太湖流域主要水系包括东部浦西区和浦东区的黄浦江水系,北部湖西区、武澄锡虞区和阳澄淀泖区的沿江水系和南部的沿杭州湾水系,流域整体水系现状如图 2.3 所示。其中,黄浦江水系北接沿江水系,南连沿杭州湾水系,西通太湖,是太湖平原的主要排水通道和航运通道。沿江水系主要由流域北部沿长江河道组成,大都呈南北向,主要河道有九曲河和浏河等,为流域沿江引排通道,入江口现已全部建闸控制。沿杭州湾水系是杭嘉湖平原南部的入杭州湾河道,是太湖平原南排的主要通道,自北向南有长山河等河道。此外,京杭大运河穿越平原腹部以及下游诸水系,起着水量调节和承转作用。

同时,太湖平原还拥有众多的湖泊,主要以太湖为中心,形成北部的阳澄湖群、东部的淀泖湖群和南部的嘉西湖群,各大小湖泊均为浅水型湖泊,平均水深不足 2 m。其中,阳澄湖群包括阳澄湖和昆承湖等,位于太湖东北向泄水的通道上;淀泖湖群包括澄湖和独墅湖等,数量最多,面积最大,分布最广,位于太湖向东和东南泄水的通道处;嘉西湖群包括菱湖和钱山漾等,位于东苕溪山溪入平原之处。

太湖平原腹部地带的水利片区河网纵横、水无定向,且受太湖、长江和海洋的顶托作用显著,水系格局较为复杂,该区域主要水利片区水系现状以及其水利工程情况简要介绍如下。

1) 武澄锡虞区

武澄锡虞区位于太湖流域北部,北滨长江,南临太湖,西邻湖西区,东部与阳澄淀泖区接壤。该区外排水的能力与长江、太湖水位直接相关。区域内河网密布,湖荡纵横,大体可分为入江、入湖和内部调节河道三类。其中,入江河道主要有白屈港、锡澄运河等;入湖河道有梁溪河、武进港等;东西向有西北运河、九里河等调节河道,以及北塘河、三山港和采菱港等内部引排河道。苏南运河贯穿本区,并连接上述诸多河道,形成纵横交错、四通八达的河网。此外,另一条重要的流域河道则是望虞河,其也是太湖主要泄洪河道之一(王柳艳等,2012)。该区内除了在望虞河沿线进行水利设施建设外还有武澄锡引排工程,主要任务为防洪、排涝、供水,可有效减轻太湖洪水压力,并减少入望虞河的涝水量,为望虞河承泄太湖洪水腾出通道。

2) 阳澄淀泖区

该区水系纵横,湖泊众多,是长三角地区水面率最高的区域,水系变化受自然条件和人类活动的双重作用,变化过程复杂。据历史资料记载,早在夏朝时太湖洪水便循吴淞江等自然水道东流入海。人类活动对该区域水系的大规模开挖始于春秋末期,吴王夫差开凿江南运河苏州至奔牛段。中唐至五代时期奠定了具有地方特色的苏州塘浦水系基础。宋代起,随着农业小规模分散经营和生产力的发展,广辟沟渠,大格局塘浦圩网解体,代之以泾浜小圩格局;各地不断开挖新河道,逐渐形成了塘、浦、泾、浜、溇、港、溪、渎等纵横交错、密布如织的网状河网水系。目前,该区域除京杭大运河外,还有常浒河、白茆塘等多条通江骨干引排河道,以及太浦河、吴淞江等太湖水主要外排通道。

3) 杭嘉湖区

杭嘉湖区位于太湖南部,受地形地势及地理位置的影响,杭嘉湖水系总体呈现出自西南向东北的自然流向趋势。但是该区河网纵横,河流坡度较小,流速缓慢,存在普遍的往复流现象,且北部地区受太湖潮汐顶托作用影响较为突出,水力条件十分复杂。该区主要包括两大水系:运河水系和东苕溪水系。其中,运河水系是主体,其基本流向为北排入太湖和淀泖湖群,东排入黄浦江,南排入杭州湾。东苕溪水系则位于杭嘉湖平原西部,发源于天目山的南麓,主要支流有中苕溪、北苕溪、余英溪等,在湖州市区汇合后,经常兜港、小梅港注入太湖。

4) 浦东区、浦西区

浦东区和浦西区是以黄浦江为界处于其江岸两侧的水利片区。黄浦江是历史上最早人工修凿疏浚的河流之一,而黄浦江水系也是太湖流域的一个有机组成部分,其发育的过程与太湖流域水文环境变化密切相关。由于北宋开始海平面上升,太湖地区水文环境发生重要变化,湖群扩张,原先的三路排水格局转为吴淞江一路,吴淞江曲流发育。13世纪末海平面下降,又导致了吴淞江的迅速淤浅,推动了黄浦江水系的全面成熟和发展(满志敏,1997)。现代的黄浦江自西向东蜿蜒穿行全市,河宽300~770 m。黄浦江是太湖流域排水的主要通道,上游主要支流为斜塘、圆泄泾、大沸港,分别承接淀山湖和太浦河来水、浙江来水。黄浦江干流从竖潦泾至吴淞口长约77 km,沿岸主要支流有油墩港、淀浦河等。由于黄浦江注入长江入河口,因此水系受到的海洋潮汐作用显著。

2.3.3 其他区域水系

除长三角太湖平原腹部地带之外,处在丘陵—平原地带的秦淮河区和甬曹浦区因其地势起伏,存在定向流动的河流,水系格局有所差异,同时在城市化的影响下水系均有不同程度的改变,以下简要介绍两区的现状。

1) 秦淮河区

秦淮河流域地处长江下游,江苏省西南部,长宽各约50 km,总面积为2 631 km²。该流域包括南京市属区的一部分以及江宁、溧水区和句容市的大部分。秦淮河上游有两源头,分别为溧水河和句容河,它们在南京市江宁区汇合为秦淮河干流,干流全长11.3 km。该流域为双出口流域,干流在河定桥分流为两支,西侧支流为秦淮新河,长16.8 km,北侧支流为外秦淮河,长23.6 km,分别由秦淮新河闸出水口和武定门闸出水口汇入长江。秦淮河现有的防洪体系主要遵循"上蓄、中滞、下泄"的原则,即上游通过水库塘坝拦蓄洪水,中游通过挖掘湖泊临时滞蓄洪水,下游通过提高河道行洪能力,巩固薄弱堤防(孙延伟等,2021)。

2) 甬曹浦区

甬曹浦区位于长三角地区的东南部沿海,包括浙江省甬江流域、曹娥江流域和浦阳江流域,属于受潮汐影响较大,独流入海的河网区。其中,甬江流域中以鄞奉平原经济较为发达,鄞奉平原以奉化江为界,又可分为鄞东南平原和鄞西平原,经济水平与城市化水平相对较高的地区集中在鄞东南平原。该区域为浙东丘陵与宁绍平原的一部分,东部为山区丘陵,西邻奉化江干流,南临奉化东江,北濒甬江。地势南高北低、东高西低,自然形成由南向北排、自东向西排的格局。鄞东南平原河网纵横交错,以甬新河为骨干,由前、中、后 3 条塘河及其所属干支流组成,自西南向东北注入甬江。区域内水利工程的作用主要是防洪排涝,现有的主要工程措施包括鄞东南沿山干河整治工程和与甬新河并行的排水骨干河流工程,同时这些工程措施的建设也有利于区域生态环境的整治。

　　总览长三角的水系格局和城市发展现状,不难发现,正是依靠纵横交织的水系网络以及丰富多样的自然资源,居住在长三角的人们才得以高效地取水用水、发展航运,城市依水而建、因水而兴,从而逐步形成目前以上海为核心的南京、杭州、苏锡常都市圈等多中心城市集聚的城市群。与此同时,长三角城市群内部相互联结,在自然环境与人类活动双重作用下,城市区域与天然水系相互交融,形成了长三角地区独特的城市水网单元,包括以太湖为中心辐散的苏锡常都市圈网状水系、以杭州都市圈为核心聚集的杭嘉湖水系、上海市沿太湖流域轴向分布的黄浦江水系以及南京都市圈丘陵—平原地区连续分布的秦淮河水系等。在当前的社会历史条件下,随着长三角地区城市的进一步发展,区域内河流湖泊将持续受人类活动的深刻影响。因此,未来水系演变与城市发展将产生更为复杂的耦合关系,给人们用水、治水提出新的挑战。

3　平原河网区河流水系格局演变规律

随着近现代城市化的快速发展,人口规模急剧扩大、人类活动强度增大以及城市规划缺乏对河流自然演进过程的认识,人工化的不透水表面不断替代近自然地表面,大量的人工渠道已代替原有纵横交错的天然河道水网,空间扩展已经占用了河流赖以稳定的流域空间,改变了地表水的自然分布状态,从而使得改变后的水系结构及其变化更加复杂。总的来说,城市化扩张、农业活动及水利工程建设等人类活动,尤其是城市化进程中的开发建设及河网改造等人为活动是造成区域河湖萎缩、水面减少的主要驱动力。因此,本章着眼于长三角城市水网区太湖腹部水系、杭嘉湖水系、黄浦江、秦淮河等主要水系,从河网数量、平面形态、结构特征三个方面探讨水系时空演变特征,探讨高度城镇化下河流水系的形成与演变规律,以及城市群发展与河流系统的关系。

3.1　水系提取及评价

3.1.1　水系提取方法

由于本书所涉及的长三角地区典型流域(包括太湖流域的武澄锡虞区、阳澄淀泖区、杭嘉湖区、浦西区和浦东区,以及秦淮河流域中下游区和鄞东南平原区)均属平原河网区,其地形高差较小,人工河道众多,难以采用传统的数字高程模型(DEM)提取水系,因此本书针对平原河网区河流水系的特征,采用数字化地形图的方式对长三角地区 7 个典型分区的河流水系进行提取。

水系提取采用的数据源为各典型流域 1960 年代和 1980 年代 的 1:50 000 分幅地形图(其中鄞东南平原区为 1990 年和 2003 年 1:10 000 的土地利用图),以及 2010 年代的 1:50 000(鄞东南平原区为 1:10 000)数字线划图(DLG)。在对纸质地形图进行扫描、配准、数字化、拓扑检验、拼接和裁剪等处理的基础上,提取 2010 年代的数字线划图中的 HYDA、HYDL 水系层,最终分别得到各典型流域三个时期的水系分布图。同时,参考同时期各典型流域的遥感影像、土地利用图和水利普查数据对水系数据进行核对。

3.1.2　河流分级方法

河流等级反映了河流所在流域所处的层次,科学合理地确认河流等级,不仅有利于河流管理,而且便于确立河流中各等级层次的整治(余炯等,2009)。从检索已有的文献来看,最为常见的河流分级方法是从河流地貌学的角度对河流水系进行分级,此外还有我国水利管理部门常用的河流分级方法。下面将介绍这两种河流分级方法和本书拟采用的水系综合分级方法。

1) 河流地貌学中的分级方法

在河流地貌学中,水系分级是水系结构研究的基础工作。因此,地貌学家一般从河流的形成与发育的角度出发,将大小长度不一的河道分成不同的等级,进而对水系的结构特征及其发育过程进行研究。常见的河流地貌学水系分级方法有三种,分别是 Horton(1945)、Strahler(1952)和 Shreve(1966)于 20 世纪中叶提出的河流分级法则,具体分级方法如图 3.1 所示。Horton 法则和 Strahler 法则反映的是子树的深度,且前者以河流实体为单元进行分级,后者以河段为单元进行分级。同时,依据这两种法则,低等级与高等级的河道汇合后河流级别并不增加,不能反映支流数量的差异。然而,Shreve 法则反映的是各等级支流的数量,不同等级的河流汇合之后河流等级就会增加。同样,这种法则也存在不足,主要在于其反映的支流数量差异位于河源,而不是从河源至河口之间的整个河段(张青年,2006)。

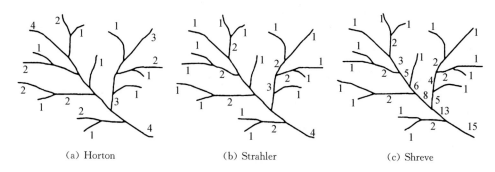

(a) Horton　　　　　　　(b) Strahler　　　　　　　(c) Shreve

图 3.1　河流地貌学中常见的河流分级方法

2) 水利管理部门的分级方法

2009 年,江苏省水利部门根据河道自然、功能和管理特征,考虑各类河道的差异以及省际边界河道调水、行洪和排水协调要求,将省内骨干水系中的河道分为流域性河道(如江南运河、望虞河和太浦河)、区域性骨干河道(如锡澄运河、张家港、十一圩港)和其他重要河道(如武进港、直湖港)三类。2012 年,浙江省水利部门依据河道的自然属性(平均河宽)、管理属性(河道范围)和功能属性(指河道的引排能力和控制对象,其中,控制对象包括城市、人口、区域面积和工矿企业),将省内平原河网区的河道划分为省级河道、市级河道、县级河道、乡级河道四个等级。

3) 水系综合分级方法

从上述分析可以看出,Horton、Strahler 和 Shreve 等河流分级法则主要适用于自然演化的树枝状河流,水利管理部门的河流分级方法主要是针对流域边界确定流域面积较大的河流。显然,这两种方法并不能直接用于人为干扰严重、流域边界模糊的平原河网区的河流分级。同时,平原河网区的河流具有水力坡降小、流向不定、水系密集、边界难以确定、行政管理干预明显等特点,这导致河流分级成为当前平原河网区水系结构研究的一个难点。

为此,综合考虑长三角地区平原河网的自然属性和社会属性(包括其主要功能),以及河流在城市发展中的重要性,同时结合地形图的制图标准和河道的实际宽度,将长三角平原河网区的水系划分为 3 个等级。各等级水系划分标准如下:一般河流宽度整体大于 20 m 的河段定义为主干河道,同时也是一级河道,一般属于省管或者市管的区域行洪排涝骨干河道;河流宽度小于等于 20 m 的定义为支流,其中河流宽度整体在 10~20 m 之间的为二级河道,0~<10 m 之间的为三级河道,支流在流域防洪中主要起调蓄作用。一级河道在纸质地形图上显示为双线河,与湖泊一起作为面状要素;二级河道与三级河道在纸质地形图上分别显示为粗、细单线河,并作为线状要素。水系分级标准详见表 3.1。

表 3.1　研究区水系分级系统

级别	河宽	地形图图示	主要功能
一级河道	>20 m	双线河(面状要素)	行洪
二级河道	10~20 m	粗单线(线状要素)	调蓄
三级河道	<10 m	细单线(线状要素)	调蓄

3.2　平原水系格局评价体系

3.2.1　水系格局评价体系

为定量描述研究区水系变化特征,对不同时期的河流长度和水面面积等几何参数进行统计分析,依靠相关研究的经验辅以一定的客观验证创建了如图 3.2 所示的水系格局评价体系,力求既能全面地反映平原地区河网的形态、结构和复杂特征,又能体现出与其他类型河网水系的差异。为了客观地反映水系格局,建立了数量特征、平面形态、结构特征三种类别,在每一特征类别下又选择了若干指标,从而全面地评估水系格局及其变化。

根据水系格局评价体系选择了包括河网密度(D_d)、水面率(W_p)、河流曲度(S_r)等若干评价指标,各指标计算公式如表 3.2 所示,下面简要介绍以上指标的内涵与指示意义。

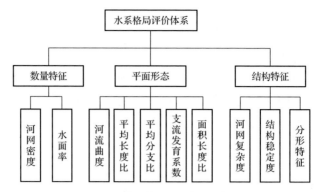

图 3.2　水系格局评价体系示意图

表 3.2　水系格局评价体系指标计算公式

指　标	计算公式	计算方法
河网密度(D_d)	$D_d = L/A$	L 为区域内河流总长度，A 为区域面积
水面率(W_p)	$W_p = (A_w/A) \times 100\%$	A_w 为区域内河流和湖泊的总面积，A 为区域面积
河流曲度(S_r)	$S_r = L_1/L_2$	L_1 为河流长度，L_2 为河流起点与终点之间的直线距离
平均分支比(R_b)	$R_b = N_\omega/N_{\omega-1}$	N_ω 和 $N_{\omega-1}$ 分别为 ω 级和（$\omega-1$）级河道数量
平均长度比(R_l)	$R_l = \overline{L}_{\omega-1}/\overline{L}_\omega$	$\overline{L}_{\omega-1}$ 和 $\overline{L}_\omega$ 分别为 ω 级和（$\omega-1$）级河道平均长度
支流发育系数(K)	$K = L_\omega/L_0$	L_ω 为 ω 级河流长度，L_0 为主干河流长度
面积长度比(R_{AL})	$R_{AL} = A_R/L_R$	A_R 为河网的总面积，L_R 为相对应的河流长度
河网复杂度(CR)	$CR = \omega \times (L/L_m)$	ω 为河流等级数，L 和 L_m 分别是河流总长度和主干河长
结构稳定度(SR)	$SR = (L_{i+n}/RA_{i+n})/(L_i/RA_i)$	L_{i+n}、L_i 与 RA_{i+n}、RA_i 分别为第（$i+n$）年和第 i 年的河道总长度与河道总面积
盒维数(D)	$D = -\lim\limits_{r \to 0} \dfrac{\lg N_{(r)}}{\lg r}$	创建边长为 r 的多边形，$N_{(r)}$ 为含有河流水系的非空多边形个数，得到一系列（r，$N_{(r)}$）
多重分形	$\Delta\alpha, \Delta f$	$\Delta\alpha$ 为多重分形谱奇异指数，Δf 为多重分形谱高差，具体计算步骤详见下文

3.2.2　数量特征指标

1）河网密度

河网密度（D_d）指单位流域面积上的河流总长度，数值大小说明水系发育与分布疏密的程度。河网密度越大，表明单位面积内河流越多，反映了流域水系的长度面积比。城镇化等人类活动对河流的填埋、取截、改道等会改变河流的自然长度，因此对水系的河流密度进行统计评价，可比较直观地表现河流的纵向改变度。

2）水面率

水面率(W_p)指多年平均水位条件下河道两岸堤防之间所包括的河道面积以及湖泊面积与区域总面积之比。水面率对削减洪峰、蓄滞洪水及灌溉供水意义重大，不仅直接影响着区域防洪排涝的综合能力，而且体现了平原河网区的生态环境状况，因而水面率是区域土地利用和洪涝控制的主要参考指标之一。

3.2.3 平面形态指标

1）河流曲度

河流曲度是河流平面形态的重要表征指标，相较于人工取直后的顺直河流，自然弯曲河流对河流生态、水文、地貌过程等方面的影响明显不同。河流曲度即指河流实际长度与河流起讫断面的直线距离的比值，一般认为河流曲度一般在1～3范围以内，曲度小于1.5为低曲度河流，大于等于1.5则为高曲度河流（赵军等，2011）。

2）平均分支比、长度比

平均分支比(R_b)、平均长度比(R_l)是从流域地貌学角度分析河网结构的通用指标，平均分支比和平均长度比分别表示相邻级别河道数量的比值和平均长度的比值。河流分支比表示相邻级别河道数量的比值，而平均分支比反映水系的分叉程度。河流长度比表示相邻级别河道平均长度的比值，而平均长度比反映了水系的内部长度差异程度。

3）支流发育系数

支流发育系数(K)是各级支流河流长度与主干河流长度的比值，表示各级支流的发育程度和各级河流的构成。支流发育系数越大，表明支流长度超过干流长度越多，对径流的调节作用越有利。

4）面积长度比

面积长度比(R_{AL})反映了河网的发育状况，面积长度比越大，表明单位长度的河流面积越大。R_{AL}越大，表明单位河长的河流面积（河宽）越大，即河流过水能力越强；反之，R_{AL}越小，河道越窄，河流过水能力相对较弱。尤其是骨干河道的面积长度比对区域的行洪排涝能力具有重要的参考意义。

3.2.4 结构特征指标

1）河网复杂度

河网复杂度(CR)用于描述河网数量和长度的发育程度，其数值越大，说明该区域河网的构成层次越丰富，支撑主干河道的支流水系越发达，因此该指数是分支比和长度比的综合。

2）结构稳定度

结构稳定度（SR）通过河道总长度和河道总面积的比值（即长度面积比）来表征。由于水网结构发生变化直接表现为河道长度和面积的不同步演变，因此计算不同年份河道长度面积比的比值可以反映河网结构的稳定程度。

3）分形特征

分形几何学自创立以来在研究自然界不规则现象及其内在规律的自然科学中得到了广泛应用，流域内水系的发育具有自相似特征，因此水系的形态特征可通过分形特征来反映。

（1）盒维数

分形维度是河流分形特征的量化表示，维度的计算可以用 Horton 分形理论和盒维数进行量化，其中，盒维数（D）是最简单和应用最多的分形维度表征方法，反映了河网对整个平面空间的填充能力。

盒维数可通过创建不同边长（r）的多边形，将河网与不同尺度的多边形网格进行交叉，总会出现其中一些网格里有水系，而另一些网格里为空的情形。统计有河流盒子的数目，记为 $N_{(r)}$，当多边形变成 $r \to 0$ 时，得到盒维数

$$D = -\lim_{r \to 0} \frac{\lg N_{(r)}}{\lg r} \tag{3.1}$$

（2）多重分形

多重分形特征不仅能够反映出水系结构整体的复杂程度，而且能够有效地刻画水系分布的均匀性与集中度。在此以水系长度为目标量，通过计盒法统计研究区水系长度分布概率。用边长为 ε 的正方形盒子覆盖整个河网水系，统计第 i 个盒子中的水系长度总和 $M_{i(\varepsilon)}$，$M_{i(\varepsilon)}$ 与全流域所有盒子内水系长度值的总和 M 之比即为第 i 个盒子内的水系分布概率 $Q_{i(\varepsilon)}$，其计算公式如下：

$$Q_{i(\varepsilon)} = \frac{M_{i(\varepsilon)}}{M} \tag{3.2}$$

式中，$Q_{i(\varepsilon)}$ 为第 i 个盒子内的水系分布概率；$M_{i(\varepsilon)}$ 为第 i 个盒子内的水系长度和；M 为流域内的水系总长度。

在水系分布概率 $Q_{i(\varepsilon)}$ 的基础上，分别通过式（3.3）、式（3.4）与式（3.5）计算得到配分函数 $X_{q(\varepsilon)}$、质量指数 $\tau(q)$。

$$X_{q(\varepsilon)} = \sum_{i=1}^{N_{(\varepsilon)}} \left[Q_{i(\varepsilon)} \right]^q \tag{3.3}$$

式中，$N_{(\varepsilon)}$ 为覆盖水系的盒子中所有非空盒子的数目；$q \in (-\infty, +\infty)$，为权重因子。q 值不同反映水系分布概率 $Q_{i(\varepsilon)}$ 在配分函数 $X_{q(\varepsilon)}$ 中的具体作用不同。结合长三角地区实际情况，设置 $q \in [-4, +4]$，计算步长为 0.5。

$$X_{q(\varepsilon)} \propto \varepsilon^{\tau(q)} \tag{3.4}$$

如果研究区内水系分布概率 $Q_{i(\varepsilon)}$ 具有多重分形特征，那么配分函数 $X_{q(\varepsilon)}$ 与盒子边长 ε 具有如式（3.5）所示的关系。对配分函数 $X_q(\varepsilon)$ 与盒子边长 ε 分别取自然对数，其自然对数之比即为质量指数。

$$\tau_{(q)} = \frac{\ln(X_{q(\varepsilon)})}{\ln \varepsilon} \tag{3.5}$$

通过对质量指数函数 $\tau(q)$ 进行 Legendre 变换，得到多重分形谱函数：

$$\begin{cases} \alpha_{(q)} = \dfrac{d_{(\tau_{(q)})}}{d_q}, \\ f(\alpha) = q \cdot \alpha_{(q)} - \tau_{(q)} \end{cases} \tag{3.6}$$

式中，$\alpha(q)$ 为奇异指数函数，表征水系分布的不规则程度；$f(\alpha)$ 为多重分形谱函数。

① 多重分形谱奇异指数分布范围 $\Delta\alpha$

在多重分形谱函数 $f(\alpha)$ 中，奇异指数分布范围 $\Delta\alpha$ 定量地表征了分形体内最大概率子集和最小概率子集的对比关系，反映了区域内部水系结构的差异化程度和变化幅度。也就是说，$\Delta\alpha$ 数值越大，各子集概率的两极化趋势越明显，区域内部水系结构差异性越大，分布越不均匀；$\Delta\alpha$ 数值越小，水系分布的均匀性越好。其计算公式如下：

$$\Delta\alpha = \alpha_{\max} - \alpha_{\min} \tag{3.7}$$

式中，$\alpha_{\max}$ 与 $\alpha_{\min}$ 分别表示奇异指数的最大值和最小值，$\alpha_{\max}$ 代表了概率测度最小的子集，$\alpha_{\min}$ 则代表了概率测度最大的子集。

② 多重分形谱高差 Δf

多重分形谱高差 Δf 可根据以下公式进行计算：

$$\Delta f = f(\alpha_{\min}) - f(\alpha_{\max}) \tag{3.8}$$

多重分形谱高差 Δf 主要表征流域内具有相同奇异指数 α 的水系结构变化趋势，即水系分布的集中度。$f(\alpha_{\min})$ 代表了最大概率子集的数目，$f(\alpha_{\max})$ 代表了最小概率子集的数目。若 $\Delta f > 0$，则表示最小概率子集的数目小于最大概率子集的数目，区域内水系分布较为集中；若 $\Delta f < 0$，则区域内水系呈分散分布；若 $\Delta f = 0$，则表示最大、最小概率子集的数目相等，两者对水系分布的影响相当，水系分布均匀。

3.3　自然因素与人为干预下水系演化差异

3.3.1　平原河网区总体水系特征

长三角地区按照流域河道水系、地形高差及洪涝特点，共划分出 17 个水利分区，在这里选取典型水利分区进行水系格局分析，包括武澄锡虞区、阳澄淀泖区、杭嘉湖区、黄浦江流域（即浦东区与浦西区）、秦淮河流域（秦淮河区）和甬曹浦区内的鄞东南区。秦淮河流域和甬曹浦区为典型的低山丘陵区,其他区域则为典型的平原河网区,各区域地理位置如图2.3所示。

1) 水系数量特征

依托于1960年代、1980年代和2010年代的水系数据,计算得到长三角典型地区不同等级的水系组成情况,如图3.3所示(Ⅰ、Ⅱ、Ⅲ、Ⅳ和Ⅴ依次代表武澄锡虞区、阳澄淀泖区、杭嘉湖区、秦淮河流域和鄞东南区)。主干河道数量与长度所占比例小,支流河道比例大,尤其3级河道数量与长度所占比例最大,以太湖腹部区的武澄锡虞区、阳澄淀泖区较为显著。而杭嘉湖区、秦淮河流域各级河道的数量、长度所占比例相差不大,支流发育不及太湖腹部地区。鄞东南区1、3级河道的长度与数量所占比例不一致,1级河道的平均长度(4.63 km)远大于3级(0.24 km),支流呈现破碎化特点。

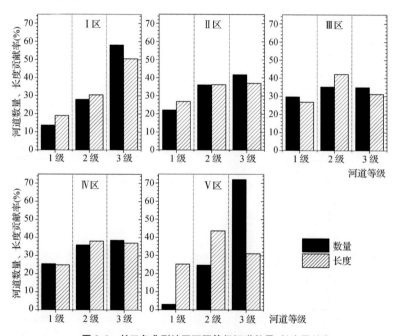

图3.3　长三角典型地区不同等级河道数量、长度贡献率

依据不同年代的水系数据并参考其他相关研究结果,得到如表3.3所示的长三角典型水利分区水系特征变化情况。太湖腹部地区的武澄锡虞、阳澄淀泖,以及杭嘉湖区河网密度(D_d)最大,三区1960年代的D_d均在3.5 km/km² 以上,黄浦江D_d在2000年也达到3.45 km/km²(表3.3)。鄞东南地区次之,秦淮河流域最小,2010年代的D_d仅为1.14 km/km²。这与不同地区的地形特征有关,武澄锡虞、阳澄淀泖、杭嘉湖、黄浦江流域位于太湖流域下游,属于平原河网区,加之历史上人为

开凿的因素,河流发育程度高,而秦淮河流域地处丘陵盆地。相比于长三角地区,珠三角河网密度要低很多(表 3.3),这可能是基础数据的精度差异造成的。珠三角的水系主要从 1:1 00 000 地形图中提取,而本书水系以 1:50 000 地形图为基础。1960—2010 年代,长三角 D_d 值整体呈下降趋势,其中武澄锡虞区、杭嘉湖区、鄞东南区减少显著,三区均降低近 20%,而阳澄淀泖区、秦淮河流域近 50 年减少幅度较小,分别为 3.7%、8.8%。

表 3.3　长三角典型水利分区近 50 年水系变化

指　标	时　期	本书研究区					其他地区	
		武澄锡虞	阳澄淀泖	杭嘉湖	秦淮河流域	鄞东南*	黄浦江流域*	珠三角深圳地区*
面积(km²)		3 841.0	4 914.0	7 621.0	497.1	476.1	4 962.5	1 991.8
河网密度(D_d)	1960 年代	3.80	3.54	3.75	1.25	3.40		0.86
	1980 年代	3.27	3.87	3.24	1.58	3.06	3.45	0.84
	2010 年代	2.93	3.41	2.93	1.14	2.75		0.65
水面率(W_p)	1960 年代	6.10	18.86	10.63	5.53	9.50		—
	1980 年代	5.59	17.47	9.88	5.60	7.60	5.62	—
	2010 年代	4.66	15.20	8.76	7.52	6.70		—
支流发育系数(K)	1960 年代	4.93	2.54	3.65	2.52	3.39		4.42
	1980 年代	4.00	3.07	2.83	2.74	2.96	3.39	3.04
	2010 年代	3.83	2.56	1.94	4.37	2.53		3.50
干流面积长度比(R_{AL})	1960 年代	41.53	43.75	45.54	44.11	37.40		—
	1980 年代	42.83	48.22	47.03	39.96	34.10	—	—
	2010 年代	38.85	42.94	45.66	73.23	35.60		—
盒维数(D)	1960 年代	1.71	1.68	1.69	1.32	1.62		—
	1980 年代	1.65	1.71	1.64	1.32	1.58	1.40	—
	2010 年代	1.58	1.65	1.58	1.27	1.54		—

注 * 鄞东南区 3 期分别为 1990 年、2003 年和 2010 年,黄浦江流域仅一期(2000 年),深圳地区为 1980 年、1985 年、2005 年;黄浦江流域(杨凯等,2004)与珠三角地区(周洪建等,2008)支流发育系数值根据文献原有数据计算而得;黄浦江水面率的计算不包括湖泊面积,其盒维数由 Horton 河系定律求得。

阳澄淀泖区的水面率(W_p)最高,1960 年代达到了 18.86%(表 3.3)。杭嘉湖区次之,因其北部与阳澄淀泖区毗邻,W_p 在 8.76%~10.63%。黄浦江 2000 年为 5.62%。武澄锡虞区与秦淮河流域 W_p 较小,在 4.66%~7.52% 之间。除秦淮河流域外,其他区 W_p 均下降显著,且下降趋势加剧。鄞东南区近 20 年减少达 29.5%,武澄锡虞区(Ⅰ区)、阳澄淀泖区(Ⅱ区)、杭嘉湖区(Ⅲ区)近 50 年分别减少 23.6%、19.4%、17.6%(表 3.3)。其中 1960—1980 年代,Ⅰ、Ⅱ、Ⅲ区 W_p 降低幅度分别为 8.4%、7.4%、7.1%;1980—2010 年代,分别减少 16.6%、13.0%、11.3%(表 3.3),减少趋势加剧。而秦淮河流域水面率在过去 50 年呈增加趋势,1980—2010 年代增加尤为显著,达 34.3%,这与 1980 年代后池塘的大量增加密切相关(韩龙飞等,2015)。

　2) 水系形态特征

　长三角各水利分区的主干河流面积长度比(R_{AL})相差不大(表 3.3)。主干河流是城市规划主要保护对象,随着城市的发展,流域防洪形势严峻,修建新的排洪干道与拓宽原有主干河道成为有效缓解洪涝措施。其中秦淮河流域主干河道拓宽最为明显,1960—2010 年代的 R_{AL} 值由 44.11 剧增至 73.23,这与该地区城市化过程大型主干河道新建、拓宽有关。如 1970 年代新修成的秦淮新河,平均宽度达112 m,是秦淮河流域一条重要的行洪河道。其他水利分区 1960—1980 年代变化不大,其中武澄锡虞区、阳澄淀泖区、杭嘉湖区略有增加,鄞东南区稍有减少。

　而各区支流发育差异显著。河网密集的武澄锡虞区支流发育系数(K)最高,3期平均值为 4.3,而湖荡众多的阳澄淀泖区与河网稀疏的秦淮河流域较低。黄浦江 K 值达 3.39,珠三角地区 1980—2005 年平均 K 值为 3.65。近 50 年,武澄锡虞区、杭嘉湖区和鄞东南区的支流发育呈衰减趋势,以杭嘉湖区最为突出,该区 1960—2010 年代的 K 值衰减达 46.8%,水系结构的稳定程度堪忧。秦淮河流域的 K 值近 50 年增长了 73.4%,与该区支流有一定增加而主干河道减少有关。1960 年代,秦淮河流域主干河道长度占总长度的 28.4%,2010 年代下降至18.6%,干、支流长度近 50 年均有所减少,而干流的衰减幅度远大于支流,致使该流域 K 值剧增。阳澄淀泖区的 K 值近 50 年变化不大。

　3) 水系结构特征

　长三角地区的盒维数(D)与河网密度呈正相关,且空间差异性显著。太湖下游地区(Ⅰ区、Ⅱ区、Ⅲ区、黄浦江流域)河网密度最大,D 值最高,秦淮河流域最低。过去 50 年,各区 D 值均呈下降趋势,1960—1980 年代在 1.32~1.71 之间,2010 年代在 1.27~1.65 之间(表 3.3)。其中河网密集的武澄锡虞区、杭嘉湖区下降最为显著,分别达 7.6%、6.5%;而湖泊密集的阳澄淀泖区下降仅 1.8%。

　总体上看,由于人类活动,尤其是城市化进程的不断加快,"人水"关系愈趋紧张。人类不断干扰、影响河流的自然发育过程,城市建设侵占河道,大量填埋末支河道。这使得水系结构遭到非自然因素的严重破坏,造成流域内河流水系分布离散而不规则,疏密程度差异大,均匀性差,导致出现局部地区河流水系分布相对不发达的状况(韩龙飞等,2015)。

3.3.2 河网水系演化的空间差异

在本节中,全域的莫兰指数(Moran's I)和区域的热点分析(Getis-Ord G_i^*)指数被用于分析太湖平原河网水系演化的时空格局。其中,全域 Moran's I 用于探测太湖平原河网水系演化的总体格局。全域 Moran's I 是一种全域空间自相关测量方法,主要用于定量测度地理要素在整个研究区域的聚集或者离散程度(Moran, 1950),其计算方法为:

$$I = \frac{n}{\sum\limits_{i=1}^{n}\sum\limits_{j=1}^{n} w_{i,j}} \frac{\sum\limits_{i=1}^{n}\sum\limits_{j=1}^{n} w_{i,j} z_i z_j}{\sum\limits_{i=1}^{n} z_i^2} \tag{3.9}$$

式中,I 为 Moran's I;z_i 和 z_j 为第 i 空间单元和第 j 空间单元(城市)水系特征指标变化的实际值(x_i 和 x_j)的标准化值;$w_{i,j}$ 为第 i 个和第 j 个城市之间的空间权重;n 为城市的总体数量。

河网水系变化的全域 Moran's I 的显著性能被检验,根据计算得到其对应的正态分布检验 Z 值与显著性 P 值。河网水系变化的全域 Moran's I 的取值范围为 $[-1,1]$,其值越接近 1,说明河网水系变化的分布格局越集聚(即河网水系变化较大或较小的城市,其周边城市的河网水系的变化也是较大或较小的);而其值越接近 -1,说明河网水系变化的分布格局越离散(即河网水系变化较大或较小的城市,其周边城市的河网水系的变化反而是较小或较大的)。另外,当全域 Moran's I 的值为 0 时,说明河网水系变化不存在空间自相关关系,其空间分布格局表现为随机分布。

与全域自相关指数的意义不同的是,区域 Getis-Ord G_i^* 指数能用于探测相邻城市的河网水系特征指标变化之间是否存在高值或者低值的区域空间集聚,并能通过分析其相关程度来探讨内部的空间异质性(Getis et al., 1992)。该指数能够用下述公式进行计算:

$$G_i^* = \sum_{j=1}^{n} w_{i,j}(d) x_j / \sum x_j \tag{3.10}$$

$$Z(G_i^*) = G_i^* - E(G_i^*) / \sqrt{\mathrm{Var}(G_i^*)} \tag{3.11}$$

式中,x_i 和 x_j 是第 i 个和第 j 个城市的河网水系特征指标变化的实际值;$w_{i,j}$ 为第 i 个和第 j 个城市之间的空间权重;n 为城市的总体数量;$Z(G_i^*)$ 值是 G_i^* 值的标准化值;$E(G_i^*)$ 值是 G_i^* 值的数学期望值;$\mathrm{Var}(G_i^*)$ 值是 G_i^* 值的方差。$Z(G_i^*)$ 值越大,表明河网水系变化的高值越集聚,属于高值区;反之,$Z(G_i^*)$ 值越小,表明河网水系变化的低值越集聚,属于低值区。

1) 河网水系演化的全域自相关分析

考虑到 1960—2010 年代太湖平原各城市的各种河网水系特征指标绝大部分呈现出减少的趋势,同时为了后续各种空间分析和相关分析计算的方便性和一致性,本书将 1960—1980 年代和 1980—2010 年代各城市的河网水系特征指标变化率均取绝对值进行分析。基于 ArcGIS 10.3 平台的空间统计工具,采用全域 Moran's I 分析计算太湖平原河网水系特征指标变化,且采用邻接矩阵法计算其空间权重,具体如表 3.4 所示。

两个时期 6 个河网水系特征指标变化的全域 Moran's I 接近 +1,说明越趋于集聚分布,越接近 -1,说明呈现离散分布;Moran's I 趋近于 0,则表明为随机分布状态。Moran's I 之间存在较大的差异。一方面,全域 Moran's I 既有正值又有负值还有零。如 1980—2010 年代期间,河网密度变化的全域 Moran's I 为 -0.25,水面率变化的 Moran's I 为 0.41,而河流曲度变化的 Moran's I 为 0。这说明河网水系变化的空间分布格局具有多样性共存的特征,既存在集聚分布,又存在离散分布,还存在随机分布。另一方面,所有的河网水系特征指标变化在两个时期均不存在同时集聚或者离散或者随机分布的情况。1960—1980 年代干流面积长度比变化为随机分布(Moran's I 接近 0 且没有通过显著性检验),而其在 1980—2010 年代为离散分布(Moran's I 小于 0 且通过 95% 的显著性检验)。这说明同一河网水系特征指标变化在不同时期的空间分布格局并不一致。此外,所有的河网水系特征指标变化在两个时期均不存在相同的空间分布格局变化趋势。如 1960—1980 年代和 1980—2010 年代支流发育系数变化的全域空间分布格局依次为随机分布和集聚分布,而这两个时期的盒维数的全域空间分布格局则正好相反。这说明不同河网水系特征指标变化在两个时期的空间分布格局变化趋势也不一致。

表 3.4　1960—2010 年代河网水系演化的全域自相关分析

项 目	D_d		W_p		S_r	
	1960—1980 年代	1980—2010 年代	1960—1980 年代	1980—2010 年代	1960—1980 年代	1980—2010 年代
Moran's I	0.31	-0.25	-0.04	0.41	0.28	0.00
Z score	2.19	-1.18	0.07	2.77	2.21	0.34
Sig	0.05	—		0.01	0.05	—

项 目	R_{AL}		K		D	
	1960—1980 年代	1980—2010 年代	1960—1980 年代	1980—2010 年代	1960—1980 年代	1980—2010 年代
Moran's I	-0.13	-0.44	-0.26	0.30	0.32	-0.14
Z score	-0.60	-2.34	-1.32	2.08	2.23	-0.52
Sig	—	0.05	—	0.05	0.05	—

总体来看,1960—1980 年代河网密度、河流曲度和盒维数变化的全域空间分布格局为集聚分布,而 1980—2010 年代这 3 个水系特征指标变化的全域空间分布格局为随机分布。这说明河网密度、河流曲度和盒维数变化的全域空间分布格局逐渐从集聚分布演化为随机分布。从河流管理和保护的角度来看,这 3 个水系特征指标今后应关注于个别区域(减少程度最大的地区)的河网保护和修复。相反,1960—1980 年代水面率和支流发育系数变化的全域空间分布格局为随机分布,而 1980—2010 年代这 2 个水系特征指标变化的全域空间分布格局为集聚分布。这说明水面率和支流发育系数变化的全域空间分布格局逐渐从随机分布演化为集聚分布。尽管 1960—1980 年代干流面积长度比变化的全域空间分布格局也为随机分布,但其 1980—2010 年代全域空间分布格局为离散分布。换言之,近 30 年来干流面积长度比的减少在全域空间上呈现出高值区和低值区相间的格局。因此,今后应着重保护和修复流域内河网的整体性,缩小区域差异。

2) 河网水系的区域自相关分析

上述全域 Moran's I 从整体上分析了近 50 年来太湖平原河网水系变化在整个流域尺度上的空间分布格局。但是,全域空间自相关分析并不能确切地反映出整个流域中各区域(城市)之间的差异程度,同时也无法探测出是否存在区域空间的聚集以及各区域对整个流域空间自相关的具体影响程度。另外,全域空间自相关分析只是从数值上分析整个流域河网水系变化是否存在空间相关性,而不能将其可视化展示出来。因此,为了全面探测河网水系变化的空间分布格局及其演化特征,需要运用区域空间自相关分析对每个水系特征指标变化的区域相关性进行分析。

基于 ArcGIS 10.3 平台的空间统计工具,计算太湖平原河网水系特征指标变化的区域 Getis-Ord G_i^* 指数,并依据自然断点分类方法将各区域分为高值区、次高值区、次低值区和低值区四种类型,具体如图 3.4 所示。其中,高值区表示河网水系变化均较大(大于平均值)的区域集聚在一起,其相互之间的差异程度较小,即河网水系变化较大的区域其周边区域的河网水系变化也较大。低值区表示河网水系变化均较小(小于平均值)的区域集聚在一起,其相互之间的差异程度也较小,即河网水系变化较小的区域其周边区域的河网水系变化也较小。显然,高值区代表河网水系总体上保护较差变化最为剧烈的区域,即河网水系退化区,应重点进行保护和修复。同时,低值区代表河网水系总体上保护较好变化最不明显的区域,即河网水系保护区,其治理的紧迫性并不强。此外,相比高值区与低值区,次高值区与次低值区代表河网水系变化相对较大或较小的区域,即河网水系过渡区。可见,次高值区河网水系保护的紧迫性应该大于次低值区。

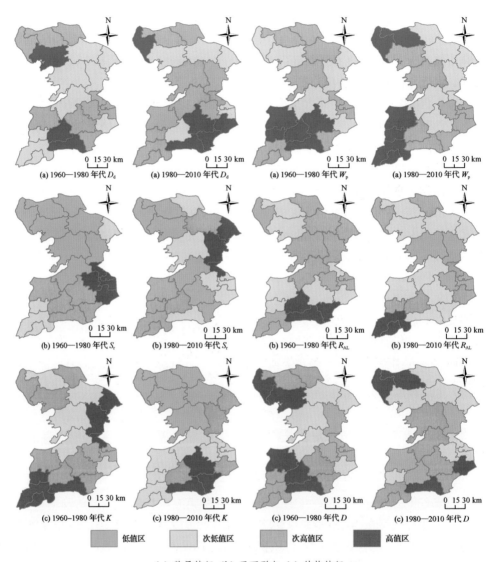

(a) 数量特征;(b) 平面形态;(c) 结构特征

图 3.4　1960—2010 年代河网水系结构的局域演化

1960—2010 年代太湖平原河网水系数量特征变化的空间分布格局演化比较明显[图 3.4(a)]。尽管两个时期的河网密度变化的高值区在南北均有分布,但北部的高值区由无锡跃迁至常州,而南部的高值区向东跃迁并扩大。同时,河网密度变化的低值区由中东部集聚演化为中北、中南、北、西四个低值区。相比而言,水面率变化的空间分布格局较为稳定。高值区由 1960—1980 年代的高度集聚演化为 1980—2010 年代的南北分布,但南部的范围更大。同时,低值区也主要位于东南部,但是在后一时期略有南移且范围明显扩大。总体来看,河网密度退化区扩大明显且主要位于东南部和西北部,水面率退化区的扩大也十分明显,且主要位于西南部和西北部。因此,东南部和西北部是河网密度的重点保护和修复区,西南部和西北部是水面率的重点保护和修复区。

近50年来太湖平原河网水系平面形态变化的空间分布格局最明显的特征为高值区的高度集聚,即两个时期的河流曲度和干流面积长度比变化的高值区均为集中分布[图3.4(b)]。从河流曲度的变化来看,其高值区由东南部向东北部跃迁且范围缩小,低值区由中北部高度集中分布演化为沿西北—东南方向不连续分布。从干流面积长度比的变化来看,其高值区由南部跃迁至西南部且范围略有缩小,低值区由西北部、西南部和中东部向中部集中且范围略有缩小。总体来看,河流曲度退化区略有缩小且主要位于东北部,干流面积长度比退化区也略有缩小且主要位于西南部。因此,东北部是河流曲度的重点保护和修复区,西南部是干流面积长度比的重点保护和修复区。

1960—2010年代太湖平原河网水系空间结构变化的空间分布格局变化也比较明显[图3.4(c)]。支流发育系数变化的高值区由西南部和东北部向东南部集中且范围缩小,低值区由中东部向西北部跃迁且范围明显扩大。盒维数变化的高值区由西北—西南沿线分布向西北部和东南部跃迁且范围略有缩小,低值区由中东部向中西部跃迁且范围略有缩小。总体来看,支流发育系数退化区略有缩小且主要位于东南部,盒维数退化区也略有缩小且主要位于西北部和东南部。因此,东南部是支流发育系数的重点保护和修复区,西北部和东南部是盒维数的重点保护和修复区。

3.3.3 河网水系分形对城市化的时空响应

1) 城市化水平

根据武澄锡虞区、阳澄淀泖区与杭嘉湖区三个水利分区所辖城市统计年鉴(1978—2017年),以城区常住人口与总人口数量的比例来表示人口城市化率,经济城市化率采用非农业GDP(二、三产业)占总GDP的比例来表征。

1978—2017年,太湖平原地区人口、经济城市化率分别增加了51.85%、31.08%。武澄锡虞区、阳澄淀泖区和杭嘉湖区的城市人口比例呈现快速上升的趋势,分别增加了47.51%、57.58%和50.6%[图3.5(a)]。武澄锡虞区、阳澄淀泖区和杭嘉湖区三个水利分区的经济城市化水平呈现逐渐上升的趋势,分别增加了25.05%、55.50%和19.43%[图3.5(b)]。总体来看,1978—2017年以来,阳澄淀泖区的人口、经济城市化水平在三区中增长最快,各区经济城市化水平均远高于同时期的人口城市化水平,且发展迅速,目前已接近城市化最高水平。

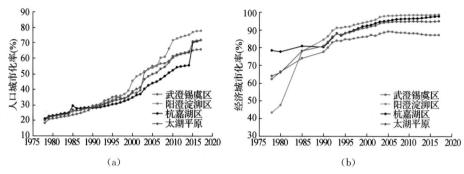

图 3.5　太湖平原地区各水利分区人口、经济城市化率

此外,根据遥感土地利用解译分析,计算得到 1991—2015 年太湖平原地区各水利分区的土地城市化率,以城市建设用地面积、占总面积的比重来表示,如表 3.6 所示。1991 年武澄锡虞区的土地城市化水平最高,且远高于其余两个区域,阳澄淀泖区次之,杭嘉湖区最低。其后在 2001 年和 2015 年三者间的土地城市化率次序相同,但其间差距减小。

表 3.6　太湖平原不同水利分区土地城市化率　　　　　　　单位:%

水利分区	1991 年	2001 年	2015 年	1991—2001 年	2001—2015 年	1991—2015 年
杭嘉湖	4.64	15.64	39.52	11.00	23.88	34.88
武澄锡虞	19.21	26.79	54.57	7.58	27.78	35.36
阳澄淀泖	6.22	22.11	41.14	15.89	19.03	34.92

2) 水系多重分形的灰色关联度分析

结合 1960—2010 年代水系结构多重分形特征参数变化率,计算水系结构多重分形特征参数变化率与人口、经济和空间城市化水平的灰色关联度,其中灰色关联度分析分辨率的取值为 0.5(邓晓军等,2016)。基于此,探讨河流水系结构变化与城市化水平之间的关系。

表 3.7　太湖平原河网区河流水系结构多重分形特征与城市化水平的灰色关联度

城市化率	武澄锡虞			平均	阳澄淀泖			平均	杭嘉湖			平均
	$\Delta\alpha$	Δf	R_d		$\Delta\alpha$	Δf	R_d		$\Delta\alpha$	Δf	R_d	
U_p	0.770	0.773	0.684	0.742	0.690	0.607	0.645	0.647	0.561	0.615	0.661	0.612
U_e	0.736	0.727	0.706	0.723	0.661	0.594	0.633	0.629	0.650	0.618	0.676	0.648
U_s	0.809	0.749	0.834	0.797	0.680	0.605	0.642	0.642	0.690	0.817	0.865	0.791
平均	0.772	0.750	0.741	—	0.677	0.602	0.640	—	0.634	0.683	0.734	—

注:U_p 为城市人口数占总人口数的比重,U_e 为城市地区国内生产总值占地区国内生产总值的比重,U_s 为城市建设用地面积占总面积的比重。

所有灰色关联度均大于灰色关联分辨系数 0.5,表明河流水系结构变化受到城市化的显著影响,且城市化越高地区的河流水系变化越剧烈(表 3.7),其中武澄锡虞区的城市化水平最高,其河流水系结构变化受城市化水平的影响也最为显著。总体看来,各类水系特征变化的平均关联度由大到小依次为:武澄锡虞区为 $\Delta a>$ $\Delta f>R_d$;阳澄淀泖区为 $\Delta a>R_d>\Delta f$;杭嘉湖区为 $R_d>\Delta f>\Delta a$。这说明城市化导致不透水面积增加,显著影响水系变化。同时,经实地考察可知,在 1980 年代,由于受农业水利活动影响,基于农业灌溉的需要,阳澄淀泖区和杭嘉湖区开挖大量支渠,使支流的结构发生剧烈变化。同时,同一城市化水平与不同多重分形特征参数或水系特征指标之间的平均关联度按降序排列依次为:武澄锡虞区为 $U_s>U_p>$ U_e;阳澄淀泖区为 $U_p>U_s>U_e$;杭嘉湖区为 $U_s>U_e>U_p$。这表明在武澄锡虞区和杭嘉湖区空间城市化水平对河流水系结构变化影响最为显著,而阳澄淀泖区的人口城市化水平对河流水系结构变化的影响最大,空间城市化水平次之,而经济城市化水平影响最小。

3.4 城市群发展与河流系统的关系

3.4.1 长三角城市群地区水系变化特征

选取长三角城市群重要水系特征单元,以本区水系发育演化的自然规律及人类改造历史为基础,识别 1960 年代、1980 年代、2010 年代 3 个不同时期水系数量、形态及结构特征,揭示长三角地区自然与城镇化影响相互交织的水网新特征。

近 50 多年来,长三角地区水系数量显著下降(图 3.6),水系最为发育的苏州市其水面率从 12.21% 减少至 9.6%,河网密度从 3.17 km/km² 减少至 2.63 km/km²。上海在 1960—1980 年代期间水系数量下降幅度最大,南京在该时期河网密度与水面率均有所增加,分别增加了 34.50%,47.81%。在 1980 年代之后,各城市水网单元水系均加快衰减,河网密度与水面率的平均变化区间为 [−35.25%,1.84%]。对于河网干支流关系而言,杭州、无锡、苏州自身的支流水系较为丰富,城镇化发展下各城市中心区支流逐渐稀疏,干流过水能力逐步提升。出于防洪需求以及城市规划政策干预,干流面积长度比在 1980—2010 年代的增幅从大到小依次为南京、杭州、无锡、苏州、常州,变化幅度分别为 71.46%、15.59%、10.09%、5.19%、0.55%。

与此同时,城市地区水系发育状况同样受到人为改造干预,进一步加大了水系结构区域性差异。苏州水系发育最为发达,近 50 年来水系盒维数均值为 1.51,变化较小;其次为无锡、常州、杭州,其多年均值在 1.36~1.42 之间;南京、上海水系发育较差,水系盒维数均值分别为 1.11、1.29,有小幅度增加趋势。分形维度不仅能够刻画水系复杂程度,而且能够反映出其所处地貌侵蚀发育阶段。相关研究发现,当流域地貌以平原为主时,盒维数应介于 1.89 和 2.0 之间(何隆华和赵宏,1996)。而上述长三角平原水网典型区的水系盒维数均小于 1.89,这表明城市化下水系复杂程度加剧弱化,地貌、水系自然发育状况受到严重干扰。

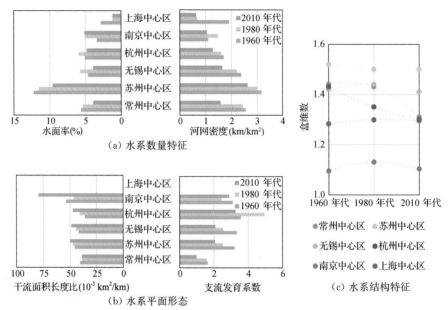

图 3.6　长三角地区主要城市中心区的水系格局演变特征

注:上海数据来源于(程锐辉,2019)。

3.4.2　不同空间尺度下城镇扩张与水系格局的相互关系

长江三角洲地区作为我国经济最为发达、城镇(市)化水平最高、人类活动最为剧烈的区域之一,现已形成了由大、中、小城市(镇)组成的城市群,其内部不同等级城市间的联系盘根错节。在这样的背景下,本书将从单一城市、水利分区、城市群等多尺度视角出发,刻画城镇化发展与河流水系演变的空间异质性,重新审视水系与城市之间的关系。

1)城市群/都市圈

随着人类活动范围的不断扩张,城市空间联系日渐紧密,城市化成为水系格局演化的主导因素。基于自然水系发育状况与城镇空间联系情况,以苏锡常都市圈城市中心区为城镇发展点,识别 1973 年、1991 年、2015 年的城市扩张边界与扩展速度,分析苏锡常地区水系数量、形态及干支流关系对不同城镇扩张形式、速率的变化响应,以此揭示城镇群影响下城市化与河流水系变化之间的内在联系。

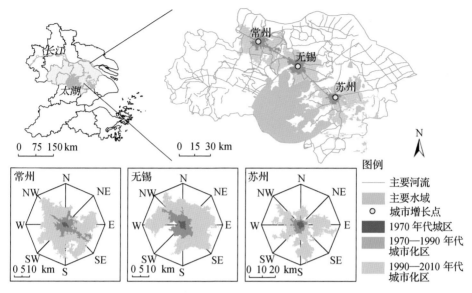

图 3.7　苏锡常都市圈各时期城市形态

在复杂自然条件与剧烈人为干扰双重影响下,河流水系变化对城镇扩张的速率响应显著,以水系数量特征受其影响最为直观(图 3.7)。苏州位于天然水系最为稠密、湖荡发育最为良好的阳澄淀泖区,同时也是苏锡常地区城镇化起步最早的地区。在城镇化发展初期(1970—1990 年代),苏州水网趋于稀疏,而常州与无锡部分区域河流有所增加。进入城镇化高速发展时期,整体上河网密度均显著减少,苏州、无锡、常州地区分别平均减少了 25.81%、13.61%、16.83%[图 3.8(a)]。苏州、无锡的西南方向临近太湖,相应地区的河流衰减幅度较小,这与苏州、无锡"严格保护太湖生态区域"的城市发展导向有较大关系。但在城市空间规划导向、社会经济需求等多因素共同作用下,部分地区也出现了水系变化与城镇化主要扩张方向不同步的变化趋势。

就水面率而言[图 3.8(b)],在城镇化缓慢发展期,部分地区存在水面率增长的现象,主要出于满足农业灌溉或池塘养殖发展的需要。虽然城镇化持续扩张,但考虑到城市防洪需要,各城市水面率需控制在一定的阈值内,因此水面率的变化幅度较小,只在部分地区有小幅度增长。

与此同时,支流作为河网构成中的重要组成部分,在城镇化过程中首当其冲被填埋或开挖。因此,河网干支流关系对不同城镇化扩张速度有较高的敏感性(图 3.9)。以城镇扩张速度 2 km²/a 为城市化发展时期分界线,并对城镇化进入高速发展的前后阶段分别采用 3 阶多项式曲线进行拟合,发现在城镇化缓慢发展期,支

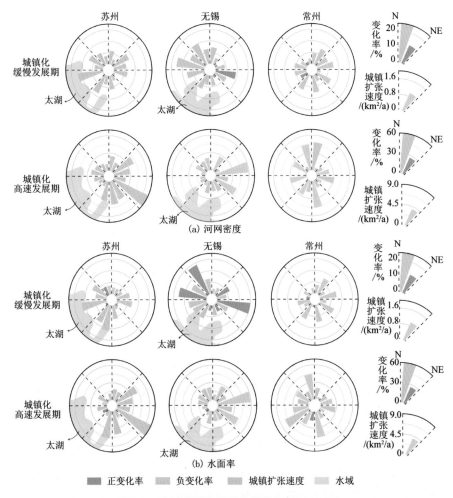

图 3.8　水系格局变化对不同城镇扩展形式的响应

流发育系数(K)变化波动较大,呈现 N 型变化趋势。当城镇扩张速率大于0.5 km²/a 时,支流发育系数减少状况减弱,甚至在部分地区呈现增加趋势,城镇扩张速度进一步加快后,K 值趋于减小,并在 1.5~2 km²/a 扩张速度下 K 值达到拐点。该时期城市扩张与农业发展并举,人类活动对河流改造因势利导:一方面,该阶段城镇发展无序扩张,以牺牲水域为代价,支流迅速消失,苏州、无锡的 K 值衰减较为剧烈;另一方面,为提高农田灌溉排水能力,大量挖沟开渠,以致支流长度变化显著,以常州尤为典型,K 值增加了 12.76%~91.76%,主要出现在城市扩张较为缓慢的区域。相较于支流发育系数,主干河流面积长度比(R_{AL})变化波动性较小,河流过水能力趋于弱化。

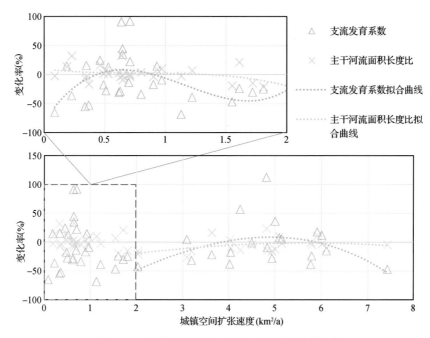

图 3.9　不同城镇扩张速度下河网干支流关系变化规律

进入城镇化发展体系较为成熟阶段后,由河流水系衰减所引起的一系列洪涝与水环境问题,使得河流水系价值被人们重新认知。随着城镇空间扩张速度的加快,对河网过水能力的需求逐渐突显。在扩宽过水面积以缓解城区防洪压力等相关水系保护政策实施下,部分地区主干河流过水能力提高了,主干河流面积长度比(R_{AL}值)增加幅度为 3.64%～23.59%。与此同时,在河湖连通、发展需求等多种因素共同作用下,支流发育系数变化呈现弱倒 U 型,在 5 km²/a 左右的城镇扩张速度下,部分地区的支流发育改善较为显著。但随着城镇化的进一步加速扩张,支流受其影响日趋显著。此时,城镇化仍是作用于河网干支流关系的关键性因素,但两者间进一步发展的规律性尚不够明晰。

在以牺牲河湖水体为代价换取城镇化发展的同时,河流水系对城市发展形态格局具有直接约束作用。苏州中心城区越过环古城护城河,由“团聚状”逐渐向外扩张,呈圈层式发展,各方向增长较为均衡。在太湖生态敏感区、阳澄淀泖湖荡区的限制下,人类对苏州河流改造集中在古城以外的城市扩张新区域,因湖荡众多,最终形成“十字形”城市空间格局。而常州与无锡在城镇化发展初期沿京杭大运河相互吸引,呈西北—东南向带状扩张,逐渐联袂成片。但在自然因素的限制与城市规划政策的引导下,临太湖地区扩张较为缓慢,后期城市空间形态呈“放射组团状”(图 3.8)。

2）水利分区

阳澄淀泖区位于太湖流域下游，是太湖流域主要的泄洪通道之一，同时该地区城镇化进程迅速，防洪压力剧增。以阳澄淀泖水利分区为例，通过对该区两期水系数据进行分析发现，1980—2010 年代阳澄淀泖区河网长度由 19 002.85 km 减少到16 735.44 km，衰减率达 11.93%（图 3.10）。其中，一级水系长度略有增加；二级水系衰减最为严重，由 1980 年代的 6 460.52 km 减少到 2010 年代的 4 980.68 km，衰减率达 22.91%；三级水系长度则由 7 873.10 km 下降到 7 043.35 km，减少了829.75 km。低等级水系衰减引发阳澄淀泖区河网结构趋于简单化。数量减少较为严重的区域主要位于苏州、昆山以及常熟、太仓和吴江等城市地区。

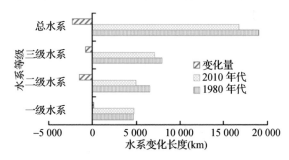

图 3.10　阳澄淀泖区水系长度变化特征

通过对 1980 年代和 2010 年代阳澄淀泖区乡镇（街道）尺度的河网密度进行统计分析发现（图 3.11），阳澄淀泖区各等级河网密度变化的空间格局不尽相同。首先，一级水系密度上升较快的区域主要集中在昆山市、苏州市辖区西北部、常熟中部和太仓东南部，密度下降较快的区域主要位于苏州市辖区的北部和东部、常熟的西南部。其次，二级河网密度变化幅度较大的区域主要集中在阳澄淀泖区东部和北部，如昆山市中北部、常熟中南部、苏州市辖区东部和太仓南部等河网密度下降幅度最大，太仓市二级河网密度增加幅度最大。再次，三级河网密度下降较快的区域有昆山东北部、太仓南部、苏州市辖区中西部和吴江区西北部。同时，在太仓东北部、昆山东南部、苏州市辖区的北部和西部区域河网密度有所增加。最后，阳澄淀泖区总河网密度变化与三级水系有相似之处。河网密度降幅较大的区域有昆山北部、太仓南部、常熟南部、苏州市辖区的中东部和吴江区西北部等，河网密度有所增加的区域有太仓东部和北部、昆山东南部和苏州市辖区西部等。

为应对区域洪涝加剧等问题，相关部门根据阳澄淀泖区的自然和社会经济状况对水系进行合理规划。首先，原有部分低等级水系拓宽为高等级水系，等级出现上升；同时，部分河流因防洪能力下降，逐渐淤积为低等级水系，但长度低于等级上升的水系；其次，在城镇化进程中低等级水系的消亡强度较高等级水系更剧烈；再次,为了有效应对暴雨洪水威胁,提高区域河湖水系的调蓄能力,该区域逐渐采取措施,着力提高区域水面率,保证对洪峰的调蓄能力,因此区域湖泊面积有所扩大,并吞并了部分原有河道,造成水系数量下降;同时,为了排洪,局部地区也会开挖新水系。

对阳澄淀泖区的水系变化机制进行分析发现(图3.12),该区因拓宽而等级上升的河道长度略大于因淤积等而降级的河道长度,分别为 1 156.79 km 和 955.51 km。各等级水系因填埋和淤积而造成的河道消亡长度差异较大,其中三级水系消亡长度高达 3 988.20 km,分别是二级和一级水系的 3.02 倍和 6.87 倍。从新增水系来看,三级水系长度最长,一级水系次之,二级水系最短,长度分别为 2 918.56 km、510.74 km 和 186.78 km。同时,一级水系的消亡和新开挖长度相当,实现动态平

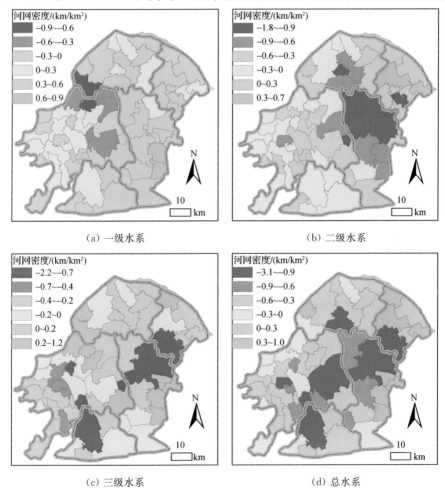

（a）一级水系 （b）二级水系

（c）三级水系 （d）总水系

图 3.11　阳澄淀泖区各等级河网变化

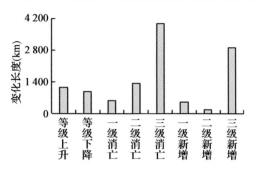

图 3.12　阳澄淀泖区水系变化机制

衡;二、三级水系因填埋等引起的河道消亡长度远大于新增长度,由此可知,这也是区域二、三级水系密度下降的主要原因。

　　基于不同大小尺度的格网,利用 ArcGIS 10.3 分别统计 500 m,1 000 m,1 500 m,…,5 000 m,6 000 m,…,15 000 m 这 20 个格网尺度下,2010 年代阳澄淀泖区水系长度空间分布的莫兰指数(Moran's I)及其正态分布检验 Z 值与显著性 P 值(图 3.13)。Moran's I 均大于 0,Z 值均大于 4,且 P 值均小于 0.01,这说明水系在空间上表现出显著的正相关性。同时,当格网尺度大于 5 000 m 时,Moran's I 呈现出较大的波动,最大值为出现在 1 500 m 和 2 000 m 尺度的0.635。通过对比发现,500~15 000 m 尺度范围内的格网 Moran's I 均大于县级行政区尺度的 Moran's I,这说明格网单元能够强化水系的空间聚类形态。但这仅是从区域整体上的空间自相关水平进行分析的结果,需要对不同格网尺度效应下的局部自相关性进行分析。

　　选取 500 m,1 000 m,1 500 m,…,4 000 m,5 000 m,7 000 m 和 9 000 m 等 11 个尺度进行水系长度局部自相关分析,如图 3.14 所示。结果发现,2010 年代太湖腹部地区水系以正向空间自相关关系为主,辅以特定格网尺度下的极少量低高聚集区。其中,格网边为 1 500~3 000 m 时,能够较好地反映水系空间分布特征,且又能尽可能解决计算数据量过大的问题。综上所述,选择在 2 000 m 格网尺度下进行太湖腹部地区水系变化及其与城镇化关系的空间分析。

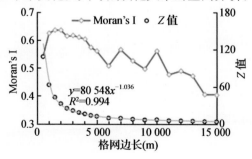

图 3.13　不同格网尺度下 Moran's I 和 Z 值序列

图 3.14 中灰色柱状表示近 30 年城镇化率变化值介于某区间的格网数目。首先，从各等级水系长度变化与城镇化速度的关系来看，城镇化建设对一级水系的影响不大；二级和三级水系在下垫面城镇化率变化值达 40％后，持续快速下降，尤其是后者。这说明快速城镇化对低等级水系的影响程度最大。其次，从水系等级转换来看，当城镇化率变化值在 60％以下时，出现等级上升和下降的水系长度相当；当城镇化速度高于 60％以后，出现退化的水系显著减少。一般来说，在大规模城市建设的区域，需要考虑区域泄洪通道建设，对高等级水系的开挖和保护较为重视。再次，从水系消亡角度来看，城镇化率变化值在 40％以下的区域，一级和二级水系平均消亡长度不大；随着城镇化进程的加快，一级水系消亡程度变化不大，二级水系则快速上升，局部达 3.0 km/格网以上。同时，三级水系消亡速度均显著大于高等级水系，且与城镇化率变化值呈指数型关系，局部消亡速率达 7.0 km/格网。最后，从新增水系变化来看，一级新增水系长度与城镇化率变化值之间的关系不明显；二级与一级新增水系长度相当；三级新增水系快速增加的区域主要介于10％～50％之间；随着城镇化速度的加快，新增水系长度快速下降。

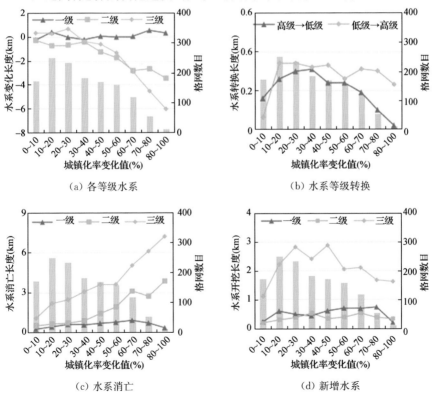

（a）各等级水系　　　　　　（b）水系等级转换

（c）水系消亡　　　　　　　（d）新增水系

图 3.14　1980—2010 年代城镇化率变化值与水系长度变化之间的关系

综上所述,各等级水系长度变化与城镇化速度间的关系各异。作为区域防洪排涝的主要通道,一级水系长度的变化主要受防洪排涝需求规划的影响,与不透水面积变化关系不甚明显;由于河道淤积和填埋,二级和三级水系在城镇化速度达40%以后,衰减程度逐渐加大。

3) 单一城市

(1) 不同等级河流长度变化

苏州市两期河网水系中不同等级河流的长度及其变化情况,如表3.8所示。河流长度从1980年代的23 988 km减少至2010年代的21 379 km,减少了10.88%(2 609 km)。不同等级河流的长度变化差异显著,一级河流的长度增加了2.19%(119 km),其长度占全部河流长度的比值由22.68%上升至26.00%,这表明水系主干化程度有所增大;二级河流的长度减少最为剧烈,衰减幅度达到18.77%(1 416 km);三级河流的长度减少了11.93%(1 313 km)。

表3.8　1980年代与2010年代苏州市不同等级河流长度变化

河流类型	1980年代	2010年代	1980—2010年代	
	河流长度(km)		变化量(km)	变化率(%)
全部河流	23 988	21 379	−2 609	−10.88
一级河流	5 440	5 559	119	2.19
二级河流	7 545	6 129	−1 416	−18.77
三级河流	11 004	9 691	−1 313	−11.93

(2) 水系变化的影响因素

为了定量描述1980年代和2010年代水系对应时期的土地利用状态,以及1980年代至2010年代土地利用变化情况,本书将空间分辨率为30 m的Landsat-5 TM(1983年)和Landsat-8 OLI(2014年)遥感影像作为数据源(http://www.gscloud.cn),在ERDAS IMAGINE 9.2软件平台中,采用非监督分类方法将研究区土地利用类型划分为耕地、林草地、建设用地和水域(图3.15)。在土地利用分类数据中随机选取200个地类斑块,通过目视判读检验其分类精度,结果显示1983年、2014年土地利用分类的总体精度分别为0.81与0.80,Kappa系数分别为0.64与0.70,这表明土地利用分类精度较高。

采用地理加权回归模型(Geographically Weighted Regression Model,GWR),在3 km×3 km格网尺度上,将1980年代至2010年代河网密度变化量作为因变量,将1980年代河网密度、1980年代土地城市化率和1980年代至2010年代土地城市化变化率组合成4种集合分别作为解释变量,如表3.9所示。

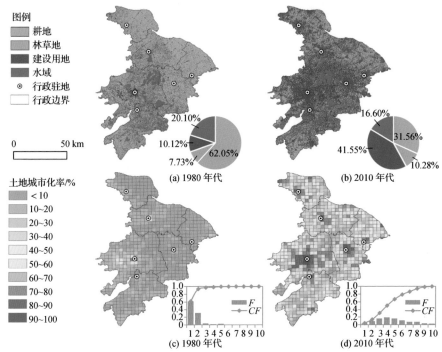

注：图(a)(b)为土地利用类型图,右上角饼图展示不同地类面积占比;图(c)、(d)为土地城市化率空间分布图,右下角柱形图展示不同土地城市化率占比,而折线图展示累计占比,其中 1 到 10 分别对应土地城市化率为 10% 到 100%。

图 3.15　1980 年代和 2010 年代苏州市土地利用类型与土地城市化率

地理加权回归模型是对普通线性回归模型的扩展,其公式为将数据的空间位置嵌入回归参数之中(王强等,2017),即:

$$y_i = \beta_0(u_i,v_i) + \sum_{k=1}^{p} \beta_k(u_i,v_i)x_{ik} + \varepsilon_i, \quad i = 1,2,\cdots,n \quad (3.12)$$

式中,(u_i,v_i) 为第 i 个样本的空间坐标(如经纬度);$\beta_0(u_i,v_i)$ 为第 i 个样本的回归常数项;$\beta_k(u_i,v_i)$ 为第 i 个样本的第 k 个回归系数;ε_i 为第 i 个样本的随机误差项。

在 ArcMap 10.3 中运行地理加权回归模型,空间权函数采用高斯核函数法,核密度类型采用自适应法,带宽的确定采用 AIC 准则。模型输出结果中的调整的 R^2 和 AICc 等是模型性能的度量指标,其中调整的 R^2 为校正的 R^2,其值表示模型的拟合优度;AICc 用于比较同一因变量、不同解释变量的模型性能,具有较低 AICc 值的模型被视为更佳的模型。

表 3.9　解释变量情景

情　景	解释变量	因变量
S1	1980 年代至 2010 年代土地城市化变化率	1980 年代至 2010 年代河网密度变化量
S2	1980 年代土地城市化率 1980 年代至 2010 年代土地城市化变化率	
S3	1980 年代河网密度 1980 年代至 2010 年代土地城市化变化率	
S4	1980 年代河网密度 1980 年代土地城市化率 1980 年代至 2010 年代土地城市化变化率	

　　不同解释变量情景下,模型输出的主要参数值如表 3.10 所示。对全部河流而言,解释变量为 S1 时,模型可以解释因变量中 53.1% 的变化;解释变量分别为 S2、S3、S4 时,模型的拟合优度和性能相继提高,其中解释变量为 S4 时,模型已能够解释因变量中 69.8% 的变化。由此可见,1980 年代至 2010 年代土地城市化变化率是导致河网密度变化的主要因素,同时河网密度变化也受 1980 年代河网密度、1980 年代土地城市化率的影响,并且前者的贡献度更大。

　　对于一级河流而言,解释变量为 S1 时,模型仅能解释因变量中 28.4% 的变化;解释变量分别为 S3、S2、S4 时,模型的拟合优度和性能相继提高。对于二级河流而言,解释变量为 S2 时,模型可以解释因变量中 57.7% 的变化;解释变量分别为 S1、S3、S4 时,模型的拟合优度和性能相继提高。对于三级河流而言,解释变量为 S1 时,模型可以解释因变量中 53.1% 的变化;解释变量分别为 S2、S3、S4 时,模型的拟合优度相继提高,然而考虑到模型的复杂性,S3 情景下模型的性能更佳。由此可见,不同等级河流的河网密度变化的主导因素各有差异,一级河流主要受 1980 年代土地城市化率和 1980 年代至 2010 年代土地城市化变化率的共同影响;二级河流、三级河流主要受 1980 年代至 2010 年代土地城市化变化率的影响。

表 3.10　模型输出的主要参数值

河流类型	解释变量	R^2	调整的 R^2	AICc	相邻要素数	有效样本数
全部河流	S1	0.642	0.531	2 113	26	196
	S2	0.734	0.608	2 055	26	265
	S3	0.726	0.648	1 874	39	185
	S4	0.818	0.698	1 593	26	329
一级河流	S1	0.381	0.284	1 355	48	113
	S2	0.705	0.551	1 154	24	283
	S3	0.565	0.466	1 149	48	154
	S4	0.775	0.660	926	34	279

河流类型	解释变量	R^2	调整的 R^2	AICc	相邻要素数	有效样本数
二级河流	S1	0.686	0.593	979	28	189
	S2	0.665	0.577	999	45	172
	S3	0.764	0.690	764	38	196
	S4	0.773	0.703	731	49	194
三级河流	S1	0.642	0.531	1 758	26	196
	S2	0.703	0.563	1 788	26	265
	S3	0.778	0.674	1 545	26	264
	S4	0.818	0.698	1 593	26	329

注:R^2用于拟合度的度量,其值在0~1之间,值越大越好;调整的R^2是校正的R^2,抵消了样本数量对R^2的影响,其取值范围和R^2一样;校正赤池信息准则(Akaike Information Criterion corrected, AICc)是常用的带宽确定方式,其值最小时对应的带宽为最优带宽;相邻要素数指用于各个局部估计的带宽或相邻点数目;有效样本数的值反映了拟合值的方差与系数估计值的偏差之间的折中,与带宽的选择有关。

3.4.3 城市发展与水系耦合协调演化关系

在高度城市化背景下,关注河流系统与城市系统之间的耦合关系是了解河流当前转变过程的重要前提。早期,城市在河流水网等自然环境要素单一约束作用下形成,规模小且分散,对水系自然演化规律干扰较小。随着人们改造河流的能力增强,城市联袂成片,改变原有水系格局以适应人类经济社会发展需求,加速干扰了水系发育过程,城镇化与水系演变关系转为城镇化作用于河流水网的单一对应关系。随着水生态环境恶化、洪涝灾害频繁发生等一系列水安全问题频发,人水关系矛盾突出,对城市可持续发展造成严重威胁(程锐辉,2019)。城镇化发展受限,人们不得不重新审视城市化与河流水系之间的关系。在城市地区满足其发展需要的同时,上海、苏锡常等长三角高度城镇化地区采取恢复河道近自然形态、优化水网结构、提高河湖连通性等举措,以降低极端洪涝事件与水环境问题发生频次及其带来的危害,使得城镇与河流系统朝着双向的相互依赖、相互制约的耦合协调关系演化。

已有研究对美国、加拿大、澳大利亚等国家部分发达地区城镇化与河流水系的相互作用进行了验证,发现城镇化地区河流一般会经历反应阶段、张弛阶段、平衡阶段等变化过程(Chin,2006)。社会需求对自然属性的"殖民化"被视为河流系统转变过程的重要驱动力。同样地,长三角城市水网区的城市发展与水系经历自然演化、冲突拮抗、耦合协调的不同发展阶段,从单一的作用关系逐渐朝着双向的耦合协调关系转变。根据前文苏锡常地区水系变化对不同城镇扩张程度的响应分析,也验证了后期城市扩张受到河流系统的制约,城镇化逐渐饱和,城镇发展速度放缓,城镇化与河流系统逐步平衡发展初露端倪(图3.16)。杨柳等(2019)亦发现苏州高度城镇化与其水系已由"自然发展"转变到"拮抗与磨合"阶段,将有可能过渡到"高水平协调"阶段。

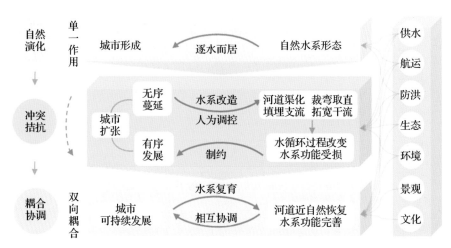

图 3.16　城市发展与水系耦合演化模式

　　与此同时,通过对比我国其他主要城市群内部城镇化发展与河流系统演进的动态关系(表 3.11),发现水系先天条件较好、城镇化水平较高的地区对水系的改造较为集中,水系数量、形态变化波动幅度大,面临着城镇发展需要与洪涝调蓄能力、水生态环境保护的矛盾与困境。不同于城市化水平较高地区如上海,在中心区水系衰减更为剧烈,在广州、长沙、成都等地区,城市化水平中等的近郊区水系数量损失更多,减少了 27.56%～35.1%,究其原因是在水系自然特性、城市社会发展等因素影响下,城市内部保留下的河流变化不大,而在城市化快速发展的郊区水系变化较为迅速(陈昆仑等,2013)。而城市发展、地方需求的变化也会直接影响河网形态与干支流关系(邢忠和陈诚,2007),各地盒维数值平均减小 1.5%。在城市发展需求下对河道裁弯取直更是影响城市行洪能力的重要因素,在广州、长沙地区河流形状、曲度变化显著,经过人工干预、改造的河岸线更加平直、圆滑,失去了自然曲度。

表 3.11　中国主要城市群河网水系与城镇化演进响应关系

区　域	城镇化水平	水系变化趋势(变化率)					
		数量特征		平面形态		结构特征	
		缓慢期(%)	快速期(%)	缓慢期(%)	快速期(%)	缓慢期(%)	快速期(%)
苏锡常	高度	[−5.3,0.71]	[−23.7,−23.1]	−19.0	−22.5	−0.2	−3.4
	中度	[−8.0,6.3]	[−12.3,−9.9]	−5.1	1.7	1.2	−1.8
南京	高度	[34.5,47.81]	[−28.92,1.84]	−21.24	18.77	3.3	−2.4
杭州	高度	[−5.9,17.6]	[−20.0,−19.3]	39	−34.1	−5.6	−3.7
	低度	[−5.7,−22.6]	[−14.5,−5.8]	−32.1	−53.3	−4.7	0

续表

区 域	城镇化水平	水系变化趋势(变化率)					
		数量特征		平面形态		结构特征	
		缓慢期(%)	快速期(%)	缓慢期(%)	快速期(%)	缓慢期(%)	快速期(%)
上海	中心区	[−64.9,−58.2]	[−4.9,−0.9]	—	—	1.2	−0.2
	近郊	[−26.7,−18.0]	[−32.6,−22.0]	—	—	−2.1	0.8
	远郊	[−14.2,−13.7]	[−17.3,−20.7]	—	—	−1.4	−1.4
珠三角(广州)	中心区	—	−14.86	—	−22.73	—	—
	近郊	—	−27.56	—	−44.78	—	—
	远郊	—	−12.59	—	−10.75	—	—
成都	高度	—	[−18.5,−11.9]	—	—	—	−1.2
长沙	高度	[−7.3,−2.9]	[−15.2,−6.2]	−6.7	−2.0	—	—
	中度	[−7.6,5.6]	[−35.1,−4.0]	−1.9	−1.6	—	—

注:数量特征包括河网密度、水面率;平面形态一般选取支流发育系数,长沙(蒋祺和郑伯红,2019)地区测度河流曲度,广州(陈昆仑等,2013)测度形状指数;结构特征以盒维数为表征指标。上海数据来源于(程锐辉,2019),成都数据来源于(颜文涛等,2018)。

结合上述中国其他城市群不同城镇地区水系变化过程来看,在城镇化水平较高的地区与后发展的城镇化区域的地区,河流系统受城镇化影响呈现逐步降低的趋势,前者得益于近自然等河道修复措施的施行,如上海、广州的中心区,其水系特征逐渐稳定;后者则秉持着"先保护后发展"的原则,即充分考虑城市发展的可持续性与河流水系格局的完整性,控制河网密度、水面率等水系指标阈值,以长三角城市化地区尤为典型。

在我国城镇起步较晚、其规模日益壮大的背景下,城镇规模、形态、发展模式与水系演进过程密不可分,河流水系格局在城镇化达到饱和阶段后是否将趋于稳定,而后达到新的平衡,亟须进一步对河流结构变化过程进行全面观测、探讨,城镇化与河流水系的适应性对策也亟待进一步探究。同时,从改善水系功能与优化水网格局的角度出发,力争将人类活动对水系的影响从负面效应转为正面效应,并通过工程措施、管理与政策措施进行科学调控(刘昌明等,2021),最终形成在自然演变与人工干预双重影响下同城市发展相适应的水网系统。

4 平原河网水系连通变化特征及其影响因素

水系连通是区域供水、防洪和生态安全的重要基础,在优化水资源配置、改善水生态环境和洪水防控调度等方面发挥了重要的作用。水系连通的概念、定量化表达及其水文效应等问题已成为国内外水科学研究热点,也是国家保障水资源安全的有效措施与途径。

随着城市化等人类活动对河流水系的影响加剧,天然河流与人工河道共同形成了新的河网体系,属于"自然-人工"水系(刘昌明等,2021)。在平原河网区,水系变化过程既包括基于地貌景观的水系数量、形态与格局变化,又包括受到人为影响下的水文连通变化。其中,以城市化、水利工程调度为主的人为调控对水系的干扰较强。一方面,水利工程在调控和分配水资源上起到了积极作用,保护重点区域不受洪水的侵袭。另一方面,城市化进程加快、水利工程运行对自然水循环干预较强,导致河流连通局部受阻,引发河流健康问题。因此,在这种自然因素与人为调控交织影响的新形势下,平原河网区水系连通变化问题更为复杂,应在河网水系结构相连的基础上,对该问题进行深入探讨。

4.1 水系连通

4.1.1 水系连通内涵

国内目前对河网水系连通概念的阐述侧重于宏观方面的河湖水系连通,并且兼顾了我国将其提升为国家江河治理的重大战略这一背景。长江水利委员会将水系连通性定义为:河道干支流、湖泊及其他湿地等水系的连通情况,反映水流的连续性和水系的连通状况。李宗礼等(2011)综合河湖水系连通的战略目标与构成要素等,将其定义为以实现水资源可持续利用、人水和谐为目标,通过水库、闸坝、泵站、渠道等必要的水工程,建立河流、湖泊、湿地等水体之间的水力联系,优化调整河湖水系格局,形成引排顺畅、蓄泄得当、丰枯调剂、多源互补、可调可控的江河湖库水网体系。唐传利(2011)认为河湖连通是在自然力和人力的双重作用下,人类有意识地改造河湖水系、实现水资源有效配置的行为。夏军等(2012)将水系连通性定义为在自然和人工形成的江河湖库水系基础上,维系、重塑或新建满足一定功能目标的水流连接通道,以维持相对稳定的流动水体及其联系的物质循环的状况。

河网水系连通在一定程度上会受到水系结构特征的影响。随着河网水系结构研究的不断深入,生态学、水文学及地貌学等不同领域的学者开始关注和重视河网水文连通问题。国外对水系连通的研究主要集中于微观方面的水文连通,且对其概念的探讨也比较广泛。而在水文和地貌等某些学科领域,尤其是在景观生态学上,水文连通已经是一个较早提出的概念(Kindlmann et al.,2008)。例如,Pringle (2003)从生态学的角度定义水文连通是以水为媒介的物质、能量和生物体在水文循环要素之间的转移。Hooke(2003)从地貌学的角度分析连通为沉积物通过河道系统的物理连接,是沉积物从一个区域或地点到另一个区域或地点的转移,以及特定粒子通过河道系统的潜在可能性。Jaeger 等(2014)从水文学的角度指出水文连通为地表水上下游之间的纵向连接,是淡水生态系统结构和功能的主要动力。可见,在不同的学科领域,对水文连通概念的理解侧重点也是不一致的。此外,Ward (1998)提出水文连通包括河流水系的纵向、侧向、垂向和时间等方面的连通,即水文连通是一个四维的概念。

可以看出,河网水系连通作为一个科学术语已在生态学、水文学和地貌学领域得到了普遍认可。但是,在不同的学科领域或者针对不同的研究对象,河网水系连通的概念和内涵并不是完全一致的。基于上述研究,本书中河网水系连通主要是指,在自然演化和人为干预共同作用下,流域内脉络相通的各种干支流、湖泊和水库等水体之间以水为媒介的物质循环、能量流动和信息传递的状况。

河网水系连通的内涵可从以下几个方面来理解:① 具有自然和社会的双重属性,即河湖水系连通既要满足自然河流生态系统的物质、能量和信息方面的正常交换需求,又要满足人类对灌溉供水、防洪排涝、水环境保护和交通运输等方面的需求。② 可分为静态连通和动态连通两种类型。从静态的河网水系形态结构来看,各种干支流、湖泊和水库等水体之间是相连的,即物理上各部分是连接在一起而不是断开的。从动态的河网水系生态功能来看,各种水体之间是相通的,即能实现以水为媒介的物质循环、能量流动和信息传递。③ 水系连通是一个不断变化的过程。一方面,受气候、地质、地貌和植被等自然因素变化的影响,河网水系连通是一个自然演化的过程。另一方面,为了满足不同时期人类对河网水系主要功能的不同需求,河网水系的连通状况往往被人为地改变。

4.1.2 水系连通评价

水系连通评价是近 20 年来发展起来的,由于研究区范围、地形特点、研究对象的不同,以及多学科、技术的兴起与发展,国内外对水系连通评价方法进行了大量探讨。水系连通评价方法经历了一个从定性向定量化发展的过程,国内对水系连通评价的研究随着近年来防洪减灾、水资源调配及改善水环境的需求日益增加而越来越受到重视,然而这方面的研究尚处于起步阶段,成果较少;国外在水系连通定量评价方面的探讨较为广泛。总结起来,目前主要的水系连通评价方法分为以下几大类:① 用水文模型模拟水文连通性与水文过程的关系;② 用连通性与其他要素的关系函数量化水系连通性;③ 用图论方法与网络理论研究水系连通性;④ 其他辅助方法判断水系连通性。

1) 水文模型法

水文模型(Hydrologic Model)法是对自然界水文现象的一种概化和近似表达与模拟的方法,是水文科学发展的必然产物,且随着水文科学的发展而不断发展和完善。不同学者采用不同的水文模型模拟水文连通性与水文过程之间的关系。Karim 等(2012)采用 MIKE21 模型预测澳大利亚 Tully-Murray 流域河漫滩与河流连通的时间、连通持续时间以及空间的连通程度。Fiener 和 Auerswald(2005)运用一个耦合的水文动力学模型分析河流系统中植被与水文连通性的关系。

2) 连通性函数法

国外在很多研究中根据不同的研究区和尺度采用不同的连通性函数来量化水系连通性,其中影响连通性的变量各异。Meerkerk 等(2009)采用连通性函数分析半干旱流域阶地的减少和消失对水文连通性和洪峰量的影响,其中影响连通性的变量包括暴雨特征、土地利用状况及地形。Cote 等(2009)基于水生生物群落栖息地的连通性,构建了树状河网连通性指数,并采用该指数对加拿大 Big Brook 流域的河网连通性进行分析。Tetzlaff 等(2011)运用经验函数测定渗透面积范围的空间动态,并采用前期降水量指数来量化水文连通性。Gascuel-Odoux 等(2011)运用线性函数,考虑障碍物、路网以及土地利用等表面景观元素来定义景观水系网络,该水系网络代表了地表水流通道的连通。可见连通性函数可以根据不同的研究区和尺度定义不同的影响变量,灵活性较强,但由于函数的类型和建立方法不统一,不一定能被学界认同。

3) 图论方法

图论中的“图”是以一种图像形式来表达事物之间相互联系的数学模型。针对实际对象建立图模型,进而利用图的性质进行分析,可为研究各种系统特别是复杂系统提供一种有效的方法(赵进勇等,2011)。水网的复杂性正需要这种方法来表达各个部分的连通,因此很多学者采用该方法研究水系连通性。Phillips 等(2011)在图论的基础上用水文连通性函数量化了异质流域中动态的水文连通度,并且进一步探讨了河流水文连通性与径流、降雨之间的响应关系。Cui 等(2009)利用图论中的最短路径算法描述了高、低流量两种情况下的河网设计。国内赵进勇等(2011)利用图论理论对河道-滩区系统进行数学概化,并利用点连通度来描述河道-滩区系统开挖水流通道前后的网络连通程度。

（1）图论基本理论

通过图论可以将河流、湖泊抽象为网络图，测度其拓扑结构，描述河网水系的空间形状和结构，从数学本质上揭示河流、湖泊的连通状况。水系网络图 $G(V,E)$ 由节点集 V（节点数 N）和连接节点的边集 E（边数 L）组成：节点代表河流的交汇点，在地貌、水文上均有重要意义；边代表河道，也可称为河链，且每条边均有一对点与之对应。

如果任一点对 (i,j) 与 (j,i) 对应同一条河链，那么该图为无向图，否则为有向图。有向图中边的方向可以用来表示河流水流的方向。但因太湖平原河网区的水流方向多变，且受多种因素影响，所以研究区的水系网络图为无向图。如果给每条边都赋予相应的权值，那么该图为加权图，否则为无权图（也可认为无权图是每条边的权值都为 1 的等权图）。对河链加权，可以反映不同河道之间在连通上的差别，如河道受河宽、糙率、河道淤泥的影响等。例如，徐光来（2012）从水流阻力角度出发，以加权的方式区分了不同类型河道输水能力的差异。本书将研究区河道均一化，视水系网络图为无权图。

节点度 $D_i(i\geqslant 1)$ 表明与该节点相连的河链数：度为 1 表示该节点是源头节点；度大于 2，意味着节点连接着多个河段。i 越大，该节点的连通程度越高。在将水系图处理成网络图的过程中，因节点度为 2 的节点是唯一相邻两条河段的连接，故将其压缩。压缩后该中间节点不再出现，两条河段连接成一条河段（张子刚和吴婧，2011）。

（2）指标计算及其物理意义

在平原河网区，河流分布十分密集，其相互交叉也非常频繁。对于任何一个复杂的河网图 $G(V,E)$，都存在着节点、河链以及子河网的数量这三种网络图基本参数。如果将这三个基本参数分别记为 n、m 和 p，那么由它们可以构成 α、β 和 γ 指数等更具有科学意义的河网连通评价指标（Haggett et al.，1969）。

① α 指数（实际成环率，又称环度）：指河网中实际的闭合流路数量与可能存在的最大闭合流路数量的比值，可表征河网中现有节点的回路存在程度，其计算公式为：

$$\alpha=(m-n+p)/(2n-5p) \tag{4.1}$$

α 指数一般介于 [0,1] 之间，$\alpha=0$ 说明河网中没有闭合流路，$\alpha=1$ 说明河网中已达到最大限度的闭合流路数量。一般来说，子河网取值为 $p=1$，下同。

② β 指数（线点率）：指与河网中每一个节点相连的平均河链数量，可表征河网中节点之间连通的难易程度，其计算公式为：

$$\beta=m/n \tag{4.2}$$

β 指数一般介于 [0,3] 之间，$\beta=0$ 说明没有河网存在，β 越大说明河网越复杂，各节点之间相连的河链越多。

③ γ指数（网络连接度）：指河网中河链的实际数量与其可能存在的最大数量的比值，可以表征河网内部的连通程度，其计算公式为：

$$\gamma = m/3(n-2p) \qquad (4.3)$$

γ指数一般介于[0,1]之间，γ=0说明没有河链存在，γ=1说明河网中任何一个节点都存在与其他节点相连的河链，γ越大说明河网的连通程度越高。

4）复杂网络方法

复杂网络即呈现高度复杂性的网络。复杂网络分析被广泛地应用于信息、社会、技术和生物等真实系统的模式或结构特性的研究中。河网作为复杂网络的一个重要分支，开创性的研究源于1950年代。

与图论相似，采用复杂网络对河网进行分析，需要抽象河网，建立由节点集 V 和边集 E 构成的复杂网络模型。建模方法有两种：

（1）原始法（Porta et al.，2006）

将河流的交汇点作为节点，将交汇点间的河段当作边构建网络[图4.1(b)]，获得 L 空间网络。在 L 空间中，可以将影响河网连通性的各种因素（如过水能力）作为边的权。其加权特性使得节点即河流交汇点的重要程度更易识别，边更加符合实际情况，更易体现出不同河道之间的区别。但在单纯研究河网的空间结构特性上，可忽略河道之间的某些差别。

（2）对偶法（Porta et al.，2006）

将河流视为节点，将河流的交汇点视为边，建立 P 空间网络。此网络为无向无权网络。但与道路网络分析不同，因平原河网区河道众多，研究中无法明确每条河流的起始点，故不将整条河流视为一个节点，而是按照河段进行划分。这样导致除河道尽头的点外，其他点至少与4条边相连，P 空间网络的边数明显增加[图4.1(c)]，因此失去了对偶法可快速识别河流在网络中重要程度的优势。

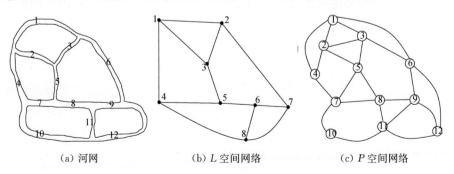

　（a）河网　　　　　　　（b）L 空间网络　　　　　（c）P 空间网络

图4.1　未保留河流起始信息的复杂网络

　　对偶法在将原始河网转化为纯拓扑结构的过程中丢失了地理信息,而原始法则保留了网络的地理信息,两者之间可以相互转化。本书在保留河流起始点信息的基础上,采用原始法对河网进行转换。以河网的连续中心线作为河网拓扑结构的基本分析单元,以河道长作为边的权。

　　(3) 指标计算及其物理意义

　　从河流的运输功能来考虑,河流的连通性也就是河流的通达性,是衡量河网有效性的重要参数。可采用的特征指标有:最短路径、平均路径长度、连通性系数、聚类系数、节点度、介数等。

　　① 最短路径

　　某一节点到其他所有节点最短路径的河长的总和。其值越小,说明该节点的连通性越好。公式如下:

$$L_i = \sum_{j=1}^{n} D_{ij} \qquad (4.4)$$

式中,n 是区域内节点数;D_{ij} 是从点 i 到点 j 的最短路径长度。

　　② 平均路径长度

　　用来衡量网络节点间的离散程度。从全局角度描述任意两点间距离,对于一个无向网络,是每个节点 i 到其他节点的最短路径的河长的均值,即:

$$L_a = \frac{2}{n(n+1)} \sum_{i \geqslant j} D_{ij} \qquad (4.5)$$

式中,n 为节点数;D_{ij} 是从点 i 到点 j 的最短路径长度。

　　最短路径通过分析每个点到其他点的路径长度来衡量每个点到网络中其他点的通达状况;而平均路径长度衡量的是两个节点间的最短路径的平均值。

　　③ 连通性系数

　　由于最短路径和平均路径长度的绝对值对潜在节点不具有可比性,因此用连通性系数将两指标的绝对连通值进行比较,以便更好地研究区域内用不同指标计算所得的节点在整个网络中所处的不同地位。公式如下:

$$Con = L_i / \bar{L} \qquad (4.6)$$

式中,Con 为连通性系数;L_i 为节点 i 的最短路径;$\bar{L}$ 为河网最短路径的平均值。连通性系数越小,说明该节点的连通状况越好,其值大于 1 时,说明该节点连通性比网络连通性平均水平低;其值小于 1 时,说明该节点连通性优于网络连通性平均水平;其值等于 1 时,说明该点连通性与网络连通性平均水平一致。此处 Con 的数值大小与连通性呈负向关系,也可通过其他形式实现与连通性的正向关系。

　　④ 聚类系数

　　用来描述网络的紧密程度。假设节点 i 有 k_i 条边将它与 k_i 个节点相连,这 k_i

个节点之间实际边数 E_i 与总的可能边数 $k_i(k_i-1)/2$ 的比值即为节点 i 的聚类系数 C_i。公式如下：

$$C_i = \frac{E_i}{k_i(k_i-1)/2} \tag{4.7}$$

整个网络的聚类系数 C 是网络中所有节点的聚类系数 C_i 的平均值（李聪颖等，2011），即：

$$C = \frac{1}{n}\sum_{i=1}^{n}C_i \tag{4.8}$$

显然，$C \leqslant 1$。当 $C=1$ 时，网络是完全连接的，即任意两个节点都直接相连。

⑤ 节点度

和图论相似，复杂网络中节点度即为与节点相连的边的数目。由 n 个节点构成的河网的网络平均节点度为 n 个节点度的平均值。一个节点的度越大通常意味着这个节点在某种意义上越重要，在 L 空间和 P 空间的网络中，分别体现了河道交叉口和河道在网络中的重要程度。同样对节点度的分析指标还有度分布。

若对未概化河网大量的节点进行研究，发现河网中少数节点拥有较多的河段与之相连，而多数节点衔接的河道数较少，这就是无标度网络。尤其是对于有大型湖泊存在的地区，湖泊拥有较高的节点度。实施的水利工程也有许多与大型湖泊相关，贯通河流和湖泊，增加了湖泊的节点度。这种度很大的节点即 Hub 点，在缩短河网节点之间的距离上起到重要的作用，并且在进行连通性优化时，Hub 点具有关键作用。

⑥ 介数

介数分为节点的介数和边的介数，用来反映节点或边在网络中的地位和作用。节点的介数即网络中所有的最短路径中经过该节点的数量比例；边的介数含义类似。

$$B(k) = \frac{2}{n(n-1)}\sum_{i \neq j}g_{ij}(k) \tag{4.9}$$

式中，n 是整个河网的节点数；g_{ij} 表示节点 ν_i 与节点 ν_j 的连接关系，若节点 ν_i 与节点 ν_j 的最短路径经过节点 k，则 $g_{ij}(k)=1$，否则为 0。

5）其他辅助方法

除前文所述方法之外，还有很多其他研究采用不同的方法来表达和解读水系连通性。野外填图也可作为量化地表径流纵向连通性的辅助方法。遥感应用法是指使用无人机和运动摄影测量技术，获得高精度数字高程数据，并对水系结构进行识别，或者利用高分辨率遥感影像提取水体变化，来探讨河湖连通的时空变化。Li 等（2012）基于实地测量和遥感数据，并结合水动力模型，研究鄱阳湖洪泛区季节性湖泊的水文连通性及其与水质的关系。

从河网水系连通评价研究综述可以看出,水文模型法可用于探讨地形对径流产生的控制作用,道路网络对水文连通与流域径流的影响,以及评估连通的持续时间变化。遥感应用法主要应用于以湖泊为主体的河湖连通,难以应用在水系河道密布的平原河网区。水文连通指标是通过数学建模来评价水文连通的方法。受到景观生态学启发,图论是一种有效评价河网水系连通的方法,可用于微观尺度上的局部河段连通评价,以及宏观尺度上的河网连通评价。为弥补图论法考虑水量动态平衡的不足,有学者综合运用图论与水文模型等方法,评价水系连通在宏观尺度(如长三角、珠三角等地区)与微观尺度(如典型集水区、秦淮河流域)上的变化,探讨城镇化、水利工程等对水系连通的影响。

相较而言,国外的水系连通评价偏重于微观方面的土壤水分与坡面径流的试验观测分析,对地形、土壤、植被、降雨和径流等方面的资料和数据要求比较高,导致其在大范围推广应用的难度比较大,尤其是不适用于太湖平原这种河网密集、地势平坦和径流方向不定的平原河网区。国内的水系连通评价偏重于宏观方面的包含多种水文、地貌、生态乃至社会经济指标的综合评价,对数据的要求不高但其涉及面太广且精度不足,导致其对实际的生产和社会实践指导意义不强。为此,本书根据河网水系连通的概念与内涵,并结合平原河网区的实际特点,从结构与功能两个方面探讨平原河网区水系连通评价方法,并在太湖平原进行应用与验证。

4.2　平原河网区水系连通变化特征

4.2.1　平原河网水系结构连通特征

线状河网水系图是分析其结构连通状况的基础,而依据河网水系的拓扑关系正确识别并提取节点和河链是客观评价河网水系结构连通的前提。然而,太湖平原的河网水系数量众多、结构复杂,导致处理起来工作量巨大且其结果的精度难以保证。同时,主干河流的一个主要功能就是泄洪排涝,其结构连通的变化对其功能的良好发挥起着至关重要的作用。为此,本节将主干河流(即骨干水系)数据作为分析太湖平原河网水系结构连通1960年代、1980年代和2010年代三期变化的基础数据。水系网络图由节点和河链组成。其中,节点代表河流的交汇点,河链代表河道。节点和河链的提取主要是基于 ArcGIS 平台进行的,其关键步骤主要包括河网水系拓扑关系的建立与修正,河网节点与河链的提取、识别和消除。

1) 河网水系结构连通的总体变化

基于1960—2010年代太湖平原线状骨干水系数据,根据上述平原地区河网水系结构连通测度方法,可以统计得到各时期太湖平原骨干水系的结构连通要素和参数(表 4.1)。结果显示,1960—2010 年代期间太湖平原骨干水系的节点数量由402 个逐渐增加至 784 个,河链数量由 532 段增加至 1 099 段,近 50 年来两者均增加了近 1 倍。河链的总长也由 2 885.42 km 逐渐增加至 4 482.05 km,共增加了55.33%。然而,由于河链数量的增加速度高于河链总长,因此河链的均值(即平均长度)由 5 423.72 m 逐渐减小至 4 078.30 m,共减小了 24.81%。此外,受到节点与河链数量增加的影响,α、β 和 γ 指数均呈现逐渐增加的趋势。其中,α 指数由0.164 0 增加至 0.202 2,共增加了 23.29%;β 指数由 1.323 4 增加至 1.401 8,共增加了 5.92%;γ 指数由 0.443 3 增加至 0.468 5,共增加了 5.68%。但是,由于理想的 α、β 和 γ 指数分别为 1、3 和 1,因此三个时期的线点率和网络连接度并不算好(勉强能算作中等水平),而实际成环率更差。总体来看,在人类的不断改造下,近50 年来太湖平原骨干水系的结构连通状况有逐渐好转的趋势,但是结构连通的水平并不理想,且其改善的程度非常有限。

表 4.1　太湖平原骨干水系结构连通评价

年　代	节点（个）	河链			连通参数		
		数量（段）	总长（km）	均值（m）	α 指数	β 指数	γ 指数
1960	402	532	2 885.42	5 423.72	0.164 0	1.323 4	0.443 3
1980	584	813	3 668.01	4 511.70	0.197 8	1.392 1	0.465 6
2010	784	1 099	4 482.05	4 078.30	0.202 2	1.401 8	0.468 5

2) 河网水系结构连通的分区变化

图 4.2 显示在 1960—2010 年代的不同阶段,太湖平原河网骨干水系的结构连通要素和参数变化的方向完全一致,两个阶段均为增加且缓慢城市化时期(1960—1980 年代)明显高于快速城市化时期(1980—2010 年代)。但在不同城市化时期,各结构连通要素和参数变化的幅度相差较大。其中,节点和河链数量在缓慢城市化时期的增长率分别为 45.27% 和 52.82%,但这两个结构连通要素在快速城市化时期的增长率只有 35% 左右。然而,α、β 和 γ 指数在缓慢城市化时期的增长率远远高于快速城市化时期。其中,两个时期的 α 指数增长率分别为 20.61% 和2.22%,前一时期的增长率约为后一时期的 10 倍。β 和 γ 指数在缓慢城市化时期的增长率约为 5%,在快速城市化时期的增长率约为 0.7%,前一时期的增长率约为后一时期的 7 倍。

各水利分区骨干水系的拓扑关系,可反映太湖平原骨干水系结构连通的分区变化。各水利分区结构连通的基本要素和参数如表 4.2 所示。从表中可以看出,

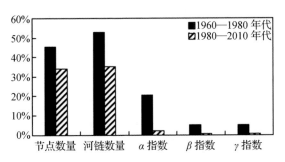

图4.2　骨干水系结构连通要素和参数变化

各水利分区骨干水系的节点数量、河链数量和总长均呈现出增加的趋势,而河链均值都呈现出减小的趋势。同时,阳澄淀泖区的 α、β 和 γ 指数均呈现出逐渐增加的趋势。然而,武澄锡虞区与杭嘉湖区的 α、β 和 γ 指数均呈现出先增加后减小但总体呈现出增加的趋势。近50年来,3个水利分区的 α 指数增长率均超过20%,β 和 γ 指数的增长率均处于5%～10%之间,但是三个结构连通参数的增长率均是阳澄淀泖区最大,杭嘉湖区次之,而武澄锡虞区最小。此外,同一时期内三个水利分区的相同结构连通参数相差并不大,且所有的连通参数值均比较小,而 α 指数更是偏小。总体来看,各水利分区的结构连通水平均不算好且变化幅度也不算大,但阳澄淀泖区的结构连通水平略高于杭嘉湖区,而武澄锡虞区的结构连通水平最差。

表4.2　各水利分区骨干水系结构连通评价

区　域	年　代	节点（个）	河链			连通参数		
			数量（段）	总长(km)	均值(m)	α 指数	β 指数	γ 指数
武澄锡虞	1960	123	157	834.29	5 313.95	0.145 2	1.276 4	0.432 5
	1980	167	225	1 041.86	4 630.49	0.179 3	1.347 3	0.454 5
	2010	218	293	1 255.75	4 285.84	0.176 3	1.344 0	0.452 2
阳澄淀泖	1960	76	102	773.17	7 580.10	0.183 7	1.342 1	0.459 5
	1980	133	185	1 012.51	5 473.03	0.203 1	1.391 0	0.470 7
	2010	195	284	1 379.41	4 857.08	0.233 8	1.456 4	0.490 5
杭嘉湖	1960	214	281	1 392.84	4 956.73	0.160 8	1.313 1	0.441 8
	1980	295	412	1 731.97	4 203.81	0.201 7	1.396 6	0.468 7
	2010	380	529	1 965.22	3 714.97	0.198 7	1.392 1	0.466 5

由图4.3可以看出,在1960—2010年代的不同阶段,太湖平原河网骨干水系的结构连通参数变化的方向和幅度并不完全一致。其中,武澄锡虞区和杭嘉湖区骨干水系的结构连通参数的变化方向与幅度基本一致,均是在缓慢城市化时期大幅度增加而在快速城市化时期略有减小。具体而言,两个水利分区的 α 指数在缓

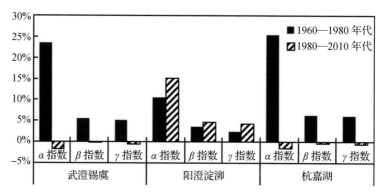

图 4.3　各水利分区骨干水系结构连通参数变化

慢城市化时期的增长率均为 25% 左右,而在快速城市化时期的减小率均为 1.5% 左右。同时,两个水利分区的 β、γ 指数在缓慢城市化时期的增长率均为 6% 左右,而在快速城市化时期的减小率均为 0.5% 左右。与之相反,两个阶段阳澄淀泖区的三个结构连通参数均呈现出增加的趋势,且缓慢城市化时期的增长率略低于快速城市化时期。

3) 河网水系结构连通的空间变化

太湖平原的河网水系在空间上的分布存在显著的差异。为了分析骨干水系结构连通要素变化是否存在空间上的差异,将其与行政区划边界进行叠加计算,结果如图 4.4 和图 4.5 所示。可以看出,骨干水系节点的数量在空间上分布极不均匀。三个时期分布在湖州境内的骨干水系节点数量均超过 70 个,而分布在杭州、海宁、海盐和金山等地的节点数量均低于 10 个。除了杭嘉湖区的嘉善之外,武澄锡虞区和阳澄淀泖区各城市的节点数量均呈现大幅度增加。总体来看,环太湖城市的节点数量较多,增加的数量也比较大,且呈现出以太湖为中心向周边递减的趋势。

从骨干水系的河链数量来看,其在空间上分布也极不均匀。与节点数量的分布相似,三个时期分布在湖州境内的骨干水系河链数量均超过 70 段,而分布在杭州、海宁、海盐和平湖等钱塘江沿岸的河链数量均低于 30 段。总体来看,河链数量的分布也呈现出以太湖为中心向周边递减的趋势。从节点数量和河链数量的空间分布特征可以看出,太湖平原的骨干水系工程主要是从出入湖河流的改造开始建设的。这也与实际情况相符,望虞河工程、太浦河工程、杭嘉湖北排通道工程和东苕溪防洪工程等一系列重要的治太工程均是围绕太湖湖区进行的。

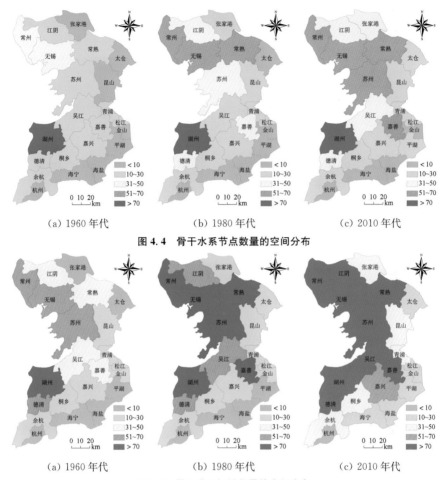

（a）1960年代　　　　　　　（b）1980年代　　　　　　　（c）2010年代

图 4.4　骨干水系节点数量的空间分布

（a）1960年代　　　　　　　（b）1980年代　　　　　　　（c）2010年代

图 4.5　骨干水系河链数量的空间分布

通过近50年来太湖平原骨干水系结构连通要素在空间上的总体变化（图 4.6），可以发现尽管环太湖各城市骨干水系节点和河链的数量增加较大，但是其总体变化相比而言并不显著。同时，吴江、昆山、杭州、金山等城市的节点数量增长率明显高于其河链数量的增幅。根据三个结构连通参数的计算公式可知，连通大小与节点数量成反比，而与河链数量成正比。因此，近50年来这些城市的骨干水系结构连通参数总体上呈现减小的趋势。相反，海盐、海宁、张家港和太仓这四个快速发展的中小城市其节点和河链的数量变化尤为显著，且河链数量的增长率远远大于节点数量。这说明其骨干水系结构连通参数呈现增加的趋势。不难发现，这四个城市均处于太湖水系出流地区，其中张家港和太仓是太湖洪水北排长江的重要通道，而海盐和海宁是太湖洪水南排钱塘江的重要通道。这说明尽管在20世纪60年代这些城市的骨干水系并不发达，但为了实现整个太湖流域的防洪排涝，人类对这四个城市的骨干水系进行了较大幅度的改造,导致这些城市以往结构连通不理想的状况得到明显的改善。

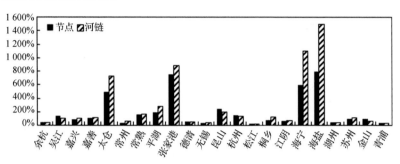

图 4.6　骨干水系结构连通要素变化的空间差异

4.2.2　平原河网水文连通特征

对平原河网区而言,其河流水系的水文连通主要体现在水文过程方面,即水流的畅通程度可以表征河网水系的连通水平。然而,数量众多、结构复杂、边界模糊、水流缓慢和流向多变是平原河网区河流水系的重要特点。同时,平原河网区地势十分平坦且河流纵横交错,导致相邻观测站点之间水位的联系十分紧密。此外,平原河网区河流水系的连通受到了降雨特征、水系数量特征(如河网密度和水面率)、平面形态(如河流曲度和干流面积长度比)、结构特征(如支流发育系数和盒维数)等自然因素,以及圩垸、闸坝和泵站等人为因素的综合影响,而河网水位的变化正是上述诸多因素综合影响下四维角度连通(纵向维、横向维、垂向维和时间维)的结果。因此,相邻观测站点之间的水位响应关系(Bracken 等,2007)可以反映平原河网区河流水系的功能连通程度。为此,以河网水位涨跌幅为基本参数,利用观测站点水位涨跌幅之间的差异来构建水文连通指标,其基本原理为:对于有河道相连的相邻两个观测站点,在同一时段内(如日尺度),如果相邻两个观测站的水位涨跌幅的差值较小,那么说明其水文连通性较好,即两个站点的水位涨跌程度有较好的同步性(包括水位波动的方向和幅度);反之,相邻两个站点的水位涨跌幅的差值较大,说明其水文连通性较差,即两者之间存在以下关系:

$$C \propto \frac{1}{\Delta Z_{ab}} = \frac{1}{[(Z_{ai} - Z_{aj}) - (Z_{bi} - Z_{bj})]} \tag{4.10}$$

式中,C 为平原河网区相邻观测站点 a 和 b 之间的水文连通指数;ΔZ_{ab} 为相邻观测站点 a 和 b 之间的水位涨跌幅之差;Z_{ai}、Z_{aj}、Z_{bi} 和 Z_{bj} 分别为相邻观测站点 a 和 b 在 i 和 j 时段的水位。考虑到当 ΔZ_{ab} 为 0 时该式无意义,且绝大部分的逐日水位涨跌幅均在 10^{-1} 量级,故式(4.10)可改写为:

$$C \propto \frac{0.1}{\Delta Z_{ab}+0.1} = \frac{0.1}{[(Z_{ai}-Z_{aj})-(Z_{bi}-Z_{bj})]+0.1} \tag{4.11}$$

显然,当$(Z_{ai}-Z_{aj})-(Z_{bi}-Z_{bj})<-0.1$时,即$\Delta Z_{ab}<-0.1$时,$C$为负值。为了便于横向与纵向之间进行比较,且将$C$控制在$[0,1]$之间,可以将式(4.11)改写为:

$$C = \frac{1}{10 \times |\Delta Z_{ab}|+1} = \frac{1}{10 \times |(Z_{ai}-Z_{aj})-(Z_{bi}-Z_{bj})|+1} \tag{4.12}$$

式中,$0<C\leqslant1$,C为1时水文连通性最好,C越接近0水文连通性越差。

从当地水文局收集了太湖腹部平原河网区30个代表站点近50年来的日平均水位资料,以反映太湖平原河网水文连通变化情况。各代表站点不仅是河网水系中的主要节点,资料时间序列较长且连续性强,而且能反映主要河流或者湖泊的水位变化,并与周边水位站点的水位密切相关。其中,武澄锡虞区选取了白芍山、常州、陈墅、甘露、青旸和无锡6个站,阳澄淀泖区选取了常熟、陈墓、瓜泾口、昆山、平望、苏州、湘城和直塘8个站,杭嘉湖区选取了拱宸桥、塘栖、王江泾、菱湖、硖石、乌镇、余杭、嘉兴、三里桥、新塍、桐乡、欤城、双林、鲇鱼口闸、菁山闸和幻溇闸16个站(图4.7)。

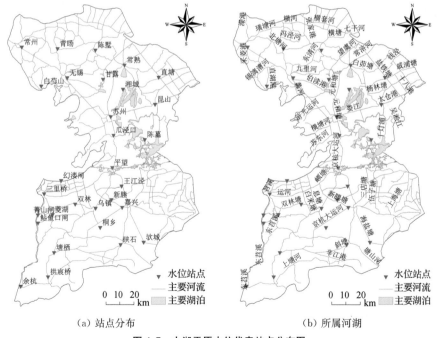

(a) 站点分布　　　　　　　(b) 所属河湖

图 4.7　太湖平原水位代表站点分布图

1) 水文连通总体特征

基于太湖平原30个代表站点长序列日平均水位资料,根据平原河网区功能连通评价方法,可计算得出太湖平原各相邻站点之间的日均水文连通指数。在此基础上,可计算得出近 50 年来太湖平原的平均水文连通指数为 0.84,这说明太湖平原的连通情况总体上处于比较好的状态。此外,还可以分别计算得出太湖平原各年度(代)的平均水文连通指数,具体如图 4.8 所示。

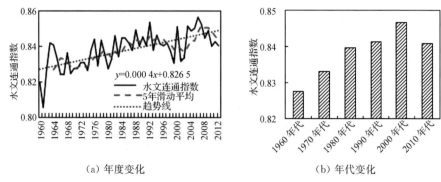

(a) 年度变化　　　　　　　　　　　　　(b) 年代变化

图 4.8　平均水文连通指数的年度(代)变化

从年度变化可以看出,1960—2012 年各年度的平均水文连通指数差别并不大,均处于 0.80~0.86 之间。其中,1961 年的平均水文连通指数最小,只有 0.805,而 2006 年的平均水文连通指数最大,达 0.856,极差为 0.051。从年均水文连通指数的 5 年滑动平均曲线可以看出,从 1960 年代中期至 1990 年代初期呈现出略微增加的趋势(1980 年代中期开始超过多年平均值),1990 年代初期至 2000 年代初期呈现出略微减小的趋势(一直降至多年平均值之下),而 2000 年代初期至 2000 年代末期均呈现出略微增加的趋势,此后至今则呈现出略微减小的趋势。统计分析表明,太湖平原的年均水文连通指数呈现出略微增加的趋势,其递增速率为 0.4%/10 a。从年代变化可以看出,各年代的平均值差别非常小,极差只有 0.02。其中,2000 年代的平均水文连通指数最大,而 1960 年代的平均水文连通指数最小。总体来看,太湖平原平均水文连通指数的年代变化是先从 1960 年代的 0.827 逐渐增加到 2000 年代的 0.847,而后减小至 2010 年代的 0.841,总体上呈现出先增加后减小的趋势。

根据太湖流域的水文特征,可将一年当中的 5~9 月作为汛期,10~12 月和 1~4 月作为非汛期。据此可分别计算得出太湖平原汛期与非汛期的平均水文连通指数,具体如图 4.9 所示。可以看出,与年均水文连通指数的变化趋势一致,汛期与非汛期的平均水文连通指数均呈现出略微增长的趋势。其中,汛期的递增速率为 0.6%/10 a,而非汛期的递增速率为 0.3%/10 a,这说明太湖平原汛期平均水文连通指数的递增速率为非汛期的两倍。同时,计算得出汛期的多年平均水文连通指数为 0.815 6,而非汛期的多年平均连通指数为 0.852 1,这说明太湖平原汛期的多年平均水文连通指数略低于非汛期。从汛期平均水文连通指数的 5 年滑动平均曲线来看,从 1960 年代初期至 2000 年代初期呈现出先缓慢增加后缓慢减小的趋势,而 2000 年代初期至 2000 年代中后期呈现出幅度略大的急剧增加趋势,而后一直减小至今。与之相比,非汛期的 5 年滑动平均曲线呈现出多起伏的趋势,从1960 年代初期至 1970 年代初期呈现出幅度较大的减小趋势,从 1970 年代至 1990年代中期呈现出缓慢增加的趋势,此后至 2000 年代初期呈现出幅度较大的减小趋势,然后至 2000 年代末期呈现出幅度较大的增加趋势,最后这几年则是呈现出减小的趋势。总体来看,与汛期相比,非汛期的平均水文连通指数的波动幅度较大。

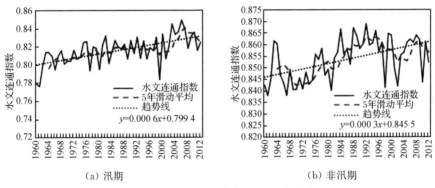

图 4.9　平均水文连通指数的(非)汛期变化

2) 水文连通分区特征

以上揭示了太湖平原平均水文连通指数的年度、年代、汛期和非汛期变化特征,通过 1960—2012 年太湖平原各水利分区的年均水文连通指数,进一步分析各水利分区的变化特征与差异,发现武澄锡虞区的多年平均水文连通指数为 0.801、阳澄淀泖区为 0.869、杭嘉湖区为 0.837。显然,在整个太湖平原中,阳澄淀泖区的水文连通性最好,其次是杭嘉湖区,最差的是武澄锡虞区。

由图 4.10 可以看出,各水利分区的年均水文连通指数均呈现出略微增加的趋势,但其递增速率相差较大。其中,武澄锡虞区的递增速率为 0.9%/10 a,杭嘉湖区的递增速率为 0.3%/10 a,而阳澄淀泖区的递增速率只有 0.1%/10 a,仅为杭嘉湖区的 1/3,武澄锡虞区的 1/9。从 5 年滑动平均曲线可以看出,武澄锡虞区大致呈现出一个 U 型曲线,即从 1960 年代中期至 1970 年代中期有一明显下降趋势,而后至 1990 年代中期均呈现出波动的轻微上升趋势,1990 年代中期至 2000 年代中期则呈现出急剧增加的趋势,最后至今呈现出略有降低的趋势。相比之下,阳澄淀泖区和杭嘉湖区的 5 年滑动平均曲线均为一波动的曲线。其中,阳澄淀泖区的波动幅度较大,但平均值增加并不大,而杭嘉湖区的波动幅度较小一些,但平均值增加相对大一些。从各水利分区的年代变化可以看出,武澄锡虞区呈现出一个 U 型

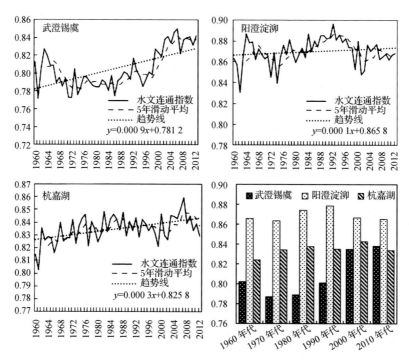

图 4.10　各水利分区平均水文连通指数的年度(代)变化

曲线,其最低值出现在 1970 年代,最高值出现在 2010 年代。阳澄淀泖区则呈现出一个近似倒 U 型曲线,其最高值出现在 1990 年代,最低值出现在 1970 年代。杭嘉湖区也呈现出一个近似倒 U 型曲线,其最高值和最低值分别出现在 2000 年代和 1960 年代。此外,阳澄淀泖区的最高值和最低值均为最大,而武澄锡虞区的最高值和最低值均为最小。

对各水利分区平均水文连通指数汛期与非汛期变化的分析表明(图 4.11),武澄锡虞区的汛期与非汛期均呈现出略微增加的趋势,且其递增速率基本一致,约为 1%/10 a。但是,从 5 年滑动平均曲线来看,汛期曲线的波动幅度较小,而非汛期呈现出一个 U 型曲线,其波动幅度略大。与之不同的是,阳澄淀泖区的汛期呈现出略微减小的趋势,而非汛期呈现出略微增大的趋势,且非汛期的递增速率为汛期递减速率的两倍。同时,从 5 年滑动平均曲线来看,汛期为一波动的曲线,而非汛期为一倒 U 型曲线。杭嘉湖区则正好与阳澄淀泖区相反,尽管从 5 年滑动平均曲线来看,其汛期和非汛期均呈现出一个波动的曲线,但总体上汛期呈现出略微增加的趋势,而非汛期呈现出略微减小的趋势,且非汛期的递减速率非常小。

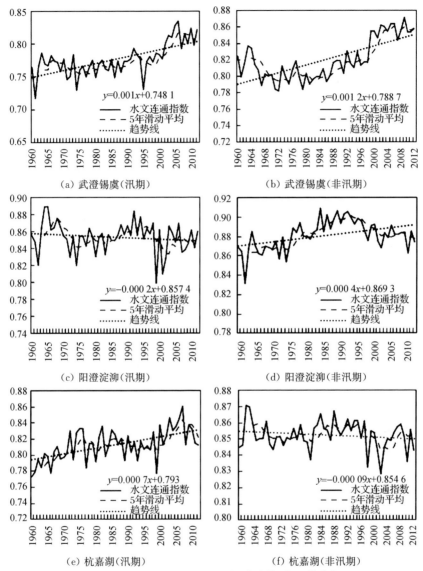

图 4.11 各水利分区平均水文连通指数的(非)汛期变化

月尺度与年尺度水文连通指数的结果如图 4.12 所示。L_{CZ-ZHG} 为常州站与直湖港闸之间的水文连通性；L_{WX-CS} 为无锡站与陈墅站之间的水文连通性；L_{GL-CS} 为甘露站与陈墅站之间的水文连通性。在图 4.12(a)中，5～9 月汛期时 L_{CZ-ZHG}、L_{GL-CS} 与 L_{WX-CS} 的值较其他月份低。在图 4.12(b)～(d)中，年尺度的 L_{CZ-ZHG}、L_{GL-CS} 与 L_{WX-CS} 在非汛期时的值较其汛期时高，说明非汛期时的水文连通程度较汛期时高。

另外，从 1978 年至 2018 年，L_{CZ-ZHG} 先呈现出明显的上升趋势，在近几年又表现出显著下降的趋势，而 L_{GL-CS} 与 L_{WX-CS} 变化不明显。一般对于自然水系来说，其水文连通程度与自身水系结构有关,若出现较大趋势的变化,则很有可能是受到人类活动的影响。近年来,在城市化等人类活动的影响下,河网水系的数量、形态和结构发生了剧烈的变化。同时在城市核心区域建设了防洪大包围工程,如常州市防洪运北大包围,该工程于 2008 年开始建设,2013 年基本建成。这可能是导致 2013—2016 年 L_{CZ-ZHG} 呈现持续下降的主要原因。城市防洪大包围的建设与运行,提升了城区防洪标准,但河道建闸在一定程度上切断了城市内河与外围河流的连通,使得原本就连通的河网水系出现了连通不畅甚至完全阻断的情况,水文连通情况会变差。

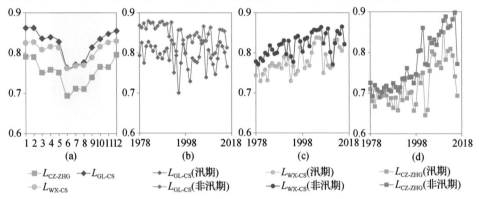

（a）月尺度变化；（b）～（d）年尺度汛期与非汛期变化

图 4.12　不同尺度水文连通指数变化

3) 水文连通分片特征

以相邻站点之间的平均水文连通指数为基础,对 30 个代表站点片区的平均水文连通指数的多年平均值进行计算,进一步分析太湖平原平均水文连通指数变化的空间差异。各站点片区的多年平均水文连通指数的空间差异并不大,83.33% 的站点片区(25 个)的多年平均水文连通指数介于 0.81～0.90 之间,13.33% 的站点片区(4 个)的多年平均水文连通指数介于 0.71～0.80 之间,而只有 3.33% 的站点片区(1 个)的多年平均水文连通指数介于 0.51～0.60 之间。同时,多年平均水文连通指数的最大值出现在王江泾,达 0.898,而最小值出现在余杭,仅有 0.578,极差为 0.32。这说明各站点片区的多年平均水文连通指数的数值差异比较大。

从图 4.13(a)中可以看出,各站点片区多年平均水文连通指数的低值区主要位于太湖平原向浙西区和太湖区过渡地带,这说明太湖平原中部各站点片区的多年平均水文连通指数的差异非常小。从图 4.13(b)中可以看出,太湖平原各站点片区的年均水文连通指数变化趋势并不明显,86.67% 的站点片区(26 个)的线性变化倾向值不超过 0.1%,最大值只有 3.2%/10 a,最小值还不到 0.01%/10 a。同时,30 个站点片区中有 76.67%(23 个)的站点片区呈现出略微增加的趋势,而只有 23.33%(7 个)的站点片区呈现出略微减小的趋势,且呈现减小趋势的站点片区主要位于杭嘉湖区西部与湖西交界的东苕溪沿线、杭嘉湖区北部与阳澄淀泖区南部交界的太浦河沿线，以及阳澄淀泖区西部与武澄锡虞区东部交界的望虞河沿线。显然，年均水文连通指数呈现出减小趋势的站点片区主要位于太湖平原各水利分区交界之处。

通过对比各站点片区汛期与非汛期的平均水文连通指数，发现两者均存在一定的空间差异。如图 4.14(a)，汛期平均水文连通指数的一个重要特征为武澄锡虞区各站点片区均处于 0.71～0.80 之间，而阳澄淀泖区各站点片区均处于 0.81～0.90 之间。此外，杭嘉湖区则有 68.75% 的站点片区(11 个)处于 0.81～0.90 之间，25.00% 的站点片区(4 个)处于 0.71～0.80 之间，6.25% 的站点片区(1 个)低于 0.60。这说明汛期武澄锡虞区的功能连通性比杭嘉湖区差，而三个水利分区之中阳澄淀泖区相对较好一些。显然，这有可能导致武澄锡虞区发生洪涝灾害的风险最大，而阳澄淀泖区发生洪涝灾害的风险最小。从图 4.14(b)中可以看出，尽管阳澄淀泖区各站点片区的平均水文连通指数仍然保持在 0.81～0.90 之间，但除了白芍山之外，武澄锡虞区的其他站点片区都超过了 0.80。相比汛期，非汛期杭嘉湖区的鲇鱼口闸和塘栖片区的水文连通指数超过了 0.80，而王江泾片区超过了 0.90。总体来看，非汛期的功能连通性好于汛期。

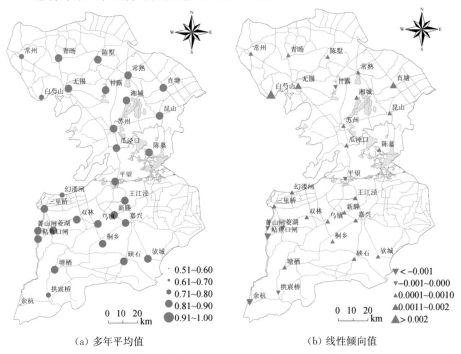

(a) 多年平均值　　　　　　　(b) 线性倾向值

图 4.13　各站点片区年均水文连通指数的变化

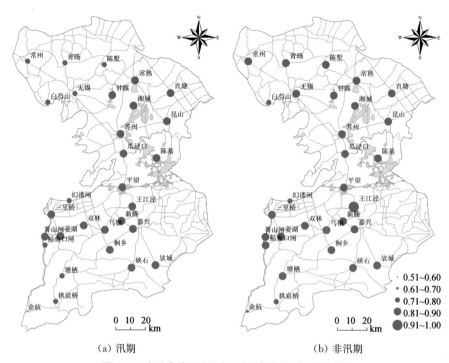

（a）汛期   （b）非汛期

图 4.14　各站点片区平均水文连通指数的（非）汛期差异

4）水文连通突变特征

上述揭示了太湖平原平均水文连通指数的线性趋向及其程度，为了检测其变化过程是否存在突变，同时为了避免单一的检测方法可能出现的不足，本节综合运用 M-K 法、MMT 法和 Yamamoto 法对其进行分析。具体而言，当 M-K 检验结果在显著性范围内只有一个交叉点时，直接确定该点为突变点；当 M-K 检验结果在显著性范围内出现多个交叉点时，再采用其他两种方法验证这些交点是否为真正的突变点。

给定显著性水平 $\alpha=0.05$，即临界值 $u_{0.05}=\pm1.96$，据此可分别绘出两条显著性直线。在此基础上，根据 M-K 法的基本步骤，可绘出太湖平原年均水文连通指数的 UF 和 UB 曲线，具体如图 4.15 所示。由图 4.15（a）可以看出，UF 和 UB 曲线在 1978 年出现相交，这说明 1978 年以来太湖平原的年均水文连通指数有一明显的增加趋势。同时，尽管 1980 年和 1981 年的 UF 略有下降且低于显著性水平的临界线，但 1982 年以后保持总体增加的趋势且大大超过显著性水平 0.05 临界线，甚至超过显著性水平 $0.001(u_{0.001}=3.29)$ 临界线，这表明自此之后太湖平原平均水文连通指数的增加趋势是十分显著的。另外，由图 4.15（b）可以看出，太湖平原年均水文连通指数的突变类型属于均值突变，即水文连通指数的平均值从 1960—

1977 年的 0.829 3 急剧增加到 1978—2012 年的 0.842 2,表现为水文连通指数的不连续性变化。

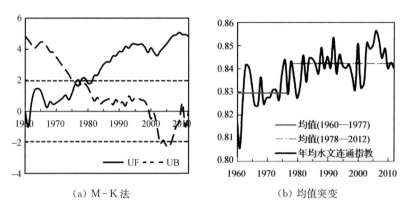

(a) M-K 法   (b) 均值突变

图 4.15 年均水文连通指数的突变检验

依据显著性水平 $P=0.05$,可分别绘出太湖平原各水利分区年均水文连通指数的 UF 和 UB 曲线,具体如图 4.16(a)～(c)所示。由图 4.16(a)可以看出,武澄锡虞区的 UF 和 UB 曲线在 2001 年出现相交,且 2004 年以来这种增加的趋势大大超过显著性水平 0.05 临界线,甚至超过显著性水平 0.001 临界线。这说明武澄锡虞区的年均水文连通指数自 2001 年开始突变,且 2004 年以后这种增加的趋势十分显著。同样,由图 4.16(b)可以看出,杭嘉湖区的年均水文连通指数自 1971 年开始突变,且 1982 年以后这种增加的趋势十分显著。然而,由图 4.16(c)可以看出,阳澄淀泖区的 UF 和 UB 曲线在 1963 年、1971 年、2009 年和 2011 年出现四处相交,且都位于临界线之间。根据 M-K 法的基本思想,这四处交点是否为其突变点难以确定。为了识别这四处交点是否均为阳澄淀泖区年均水文连通指数的突变点,采用 MMT 法和 Yamamoto 法两种方法分别对其进行分析。其中,子序列的长度取 10,显著性水平仍取 $\alpha=0.05$,具体结果如图 4.16(d)和(e)。

可以看出,MMT 法的检测结果显示阳澄淀泖区的年均水文连通指数存在两个突变点(其中,1984 年为减小趋势转为增加趋势的突变点,1998 年为增加趋势转为减小趋势的突变点),而 Yamamoto 法的检测结果也显示 1984 年和 1998 年均为其突变点。为了进一步验证这两种方法的准确性,将原始时间序列分为 1960—1983 年、1984—1997 年和 1998—2012 年三段子序列,分别求出其均值,结果如图 4.16(f)所示。可以看出,1960—1983 年子序列的均值为 0.864 8,1984—1997 年子序列的均值为 0.881 4,1998—2012 年子序列的均值 0.865 8。显然,这三者之间存在明显的先急剧增加然后又急剧减少的突变。因此,可以确定 1984 年为阳澄淀泖区的年均水文连通指数变化趋势由减小转为增加的突变点,而 1998 年则是由增加趋势转为减小趋势的突变点。

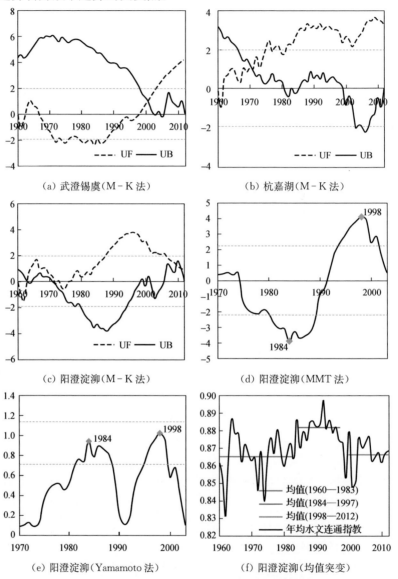

图 4.16　各水利分区年均水文连通指数的突变检验

　　根据上述三种突变检验方法,同样可以确定各站点片区年均水文连通指数的突变时间,具体如表 4.3 所示。可以看出,各站点片区年均水文连通指数的突变时间存在明显的差异。

　　从武澄锡虞区来看,常州和青旸片区的突变时间与所属水利分区的突变时间(2001 年)和趋势(增加)完全一致,白芍山、无锡和陈墅片区的突变趋势也与所属水利分区一致,但前两者的突变时间略有提前(1998 年),而陈墅片区的突变时间提前至 1982 年,甘露片区的突变趋势则正好相反且时间提前至 1998 年。

从阳澄淀泖区来看,常熟、湘城和瓜泾口片区的突变时间和趋势与所属水利分区(1984 年由减小转为增加,1998 年由增加转为减小)比较一致(突变时间略有差别),直塘、苏州、昆山和陈墓片区只有一个突变点,且时间与所属水利分区第一突变时间差别较大,而平望片区的突变趋势与所属水利分区正好相反,且突变的时间有所推迟。

从杭嘉湖区来看,王江泾片区的突变时间和趋势与所属水利分区完全一致(1971 年由减小转为增加),幻泾闸和嘉兴片区的突变时间与趋势与所属水利分区比较接近(趋势一致,时间有所推后),而乌镇、桐乡、崇城、硖石和双林片区的突变趋势与所属水利分区完全一致,但突变的时间推迟较多。此外,菱湖片区的突变时间与所属水利分区一致,但方向正好相反;菁山闸、鲇鱼口闸和余杭片区的突变趋势与所属水利分区正好相反且时间相差较长;新塍、三里桥、塘栖和拱振桥片区的突变时间有两个,其趋势与所属水利分区也不一致。总体来看,武澄锡虞区各站点片区的年均水文连通指数的突变时间和趋势与所属水利分区比较一致,而阳澄淀泖水利区各站点片区的突变时间和趋势差别较大,但杭嘉湖区内部的差异更大。

表 4.3 各站点片区年均水文连通指数的突变检验

片 区	时间与趋势	片 区	时间与趋势	片 区	时间与趋势
白芍山	1998↑	昆山	1988↑	硖石	1990↑
常州	2001↑	瓜泾口	1986↑,1996↓	双林	1988↑
青旸	2001↑	陈墓	1975↑	菱湖	1971↓
无锡	1998↑	平望	1994↓,2002↑	幻泾闸	1973↑
陈墅	1982↑	王江泾	1971↑	三里桥	1992↓,2002↑
甘露	1998↓	嘉兴	1977↑	菁山闸	1977↓
常熟	1984↑,1999↓	新塍	1983↓,2002↑	鲇鱼口闸	1989↓
直塘	1989↑	乌镇	2002↑	塘栖	1972↓,1983↑
湘城	1984↑,2001↓	桐乡	2000↑	拱宸桥	1981↑,1991↓
苏州	1977↑	崇城	2000↑	余杭	1989↓

4.2.3 水利工程调控下水系功能连通演变特征

武澄锡虞区是太湖腹部平原的典型水利分区,北临长江,南滨太湖(图 2.3)。地势平坦,水道坡度极小,水系结构极为复杂。该区域水系连通格局既包含了河网水系形成的河网通道,又包含了水利工程影响下的河网水体流动体系,是一个典型的受自然因素与人为影响较大的平原河网区,因此适合在该地区开展水利工程调控下的水文连通研究。

　　尽管目前利用图论、水文水力学模型开展水系连通评价已成为共识性方法,但平原河网区受自然因素与人为调控的复杂性的影响,使得评价水系连通特征困难加大。为此,本节在现有水系结构连通的基础上,以"水闸通过概率—水系分流能力—区域水文连通"为主线,将水利工程的运行纳入水系连通的评价体系,提出一种新的水系功能连通评价方法,揭示工程调度影响下水系功能连通汛期与非汛期变化规律,以期为评价平原河网区的水系功能连通提供新思路。

1) 水利工程调控下水系功能连通评价方法

　　深受人为调控的平原河网区水流路径的畅通性主要受到以下因素影响:一是水利工程,体现为水利工程根据调度规则开启与关闭;二是水系通道的分流能力,体现为水系分支与水流路径数量;三是水利工程对水文连通的影响具有累积效应。由于平原河网区范围较大、水闸众多,因此此处重点考虑水闸工程受调度影响下的闸门运行概率,从宏观上评价水文连通的动态变化。

　　目前开展水文连通研究主要以大尺度的行政区域与水利分区为主(杨凯等,2004;Deng et al.,2018),但空间尺度过大难以刻画水文连通的空间分异性。近年来,有学者利用格网尺度来描述水系的空间分布特征,该尺度能够精细地表征水系结构的空间分异性(吴雷等,2018)。另外,由于太湖平原的水闸工程数量过多,因此其河网连通指数的计算量十分庞大。本节将大尺度的平原河网集水区,分解成小尺度的格网,再将每个格网中的水文连通解析成点(水闸)、线(水系通道)、面(河网连通),分尺度逐步评价水文连通。

　　因此,本节以格网为评价单元,通过计算水闸通过概率、水流路径分流能力及河网累积连通,揭示不同调度规则影响下水系功能连通汛期和非汛期的动态变化。研究思路如图4.17所示,具体方法构建如下。

(1) 最佳评价的格网尺度

　　格网化水文连通的关键是选择适合研究区水系的最优评价单元尺度。最佳统计单元的确定属于典型的变点分析问题。累积和方法是一种常用的判断格网最优尺度的方法,可以快速地确定数据序列的增长速度拐点,即为最佳统计单元。节点连接率是指与河网中每一个节点相连的平均河链数量,可表征河网中节点之间连通的难易程度。故在此选择水系的节点连接率作为判断最优格网尺度的水系指标。具体地,计算节点连接率序列各数值与该序列算术平均值之差的累积和,其最大值出现的拐点位置,即为最优格网尺度,计算公式如下:

$$S_i = S_{i-1} + (X_i - \overline{X}) \quad (i = 1, 2, 3, \cdots, N; S_0 = 0) \tag{4.13}$$

$$S_m = \left| \max_{0,1,\cdots,N} S_i - \min_{0,1,\cdots,N} S_i \right| \tag{4.14}$$

式中,$\{X_i\}$ 是根据一系列不同格网尺度计算得到的节点连接率;$\bar{X}$ 为数据的算术平均值;S_i 为数据的算术平均值与序列中第 i 个元素的差值的累加值;S_m 为格网尺度为 m 的序列中累加值最大值与最小值的最大差值,当 S_m 最大时,m 即为最优格网尺度。

(2) 水闸通过概率

经过实地考察与走访,非汛期时为改善水网水质状况,水闸工程一般会保持开放以维持水流通畅;而汛期时城市防洪大包围及环湖水闸会关闭,沿江水闸会开启排水以减轻洪涝灾害。水闸工程的开启受到调度规则的控制,调度规则中暴雨事件与超警戒水位事件的发生,又会受到气象水文事件发生频率的影响。基于上述实际情况,从概率统计的角度,将气象水文事件发生的频率转移到水闸运行的可能性上,水闸工程依据一定的调度规则运行的概率即为水闸通过概率,其计算公式如下:

$$C_{S(k)}(x) = \int_x^{+\infty} F(x)\,\mathrm{d}x \qquad (4.15)$$

式中,$F(x)$ 为长时间水位或降水序列的最优概率密度函数;x 是调度规则中控制水闸开关的暴雨与警戒水位值;$C_{S(k)}$ 为水闸 k 的水闸通过概率,取值范围是[0, 1]。Kolmogorov-Smirnov 检验法具有分布无关性的优点,且适用于多样本量序列(Lu et al.,2019)。$F(x)$ 可以通过 Kolmogorov-Smirnov 检验法选择适合某区域降雨与水位数据的最优拟合函数。

以具体的调度规则为例,受调度水位控制的水闸调度规则为:

非汛期时,当水位低于旱情安全水位 z_1 m 时,开闸引水,则该闸的水闸通过概率为 $C_{S(k)}(z_1)$;

汛期时,当水位超过洪涝安全水位 z_2 m 时,开闸排水,则该闸的水闸通过概率为 $1-C_{S(k)}(z_2)$。

受当地雨情控制的水闸调度规则为:

非汛期时,当日降水量小于暴雨等级 r mm 时,该闸保持开放,则该闸的水闸通过概率为 $C_{S(k)}(r)$;

汛期时,当日降水量大于 r mm 时,该闸为了防洪会关闸,则该闸的水闸通过概率为 $1-C_{S(k)}(r)$。

(3) 水流路径分流能力

在单个格网中,水流从入口到出口的过程中,除了受到水闸的阻隔,还会经过不同的水系分支,形成多条水流路径,因此水系分支会影响水流的分流能力。根据水闸通过概率及水系分支个数,计算单个路径的分流能力,即为水流路径分流能力,其计算公式如下:

$$C_{P(g)} = \left(\frac{1}{m}\right)^{m'} \prod_{k=0}^{n} C_{S(k)} \qquad (4.16)$$

式中，m' 为格网单元中上游入口到下游出口途经河道 g 分支的节点个数；m 为河流分支，此处的河流分支一般为 $2(m=2)$；n 为河道 g 上的水闸个数；$C_{P(g)}$ 是河道 g 的水流路径分流能力，$C_{P(g)} \in [0, 1]$。

（4）水系功能连通指数

水闸对水文连通的影响具有累积效应。在一个相对独立的子流域或者平原集水区中，水文连通会受到上游河道水闸的影响。当水流通过路径越多时，水文连通程度越好。首先，计算单个格网中所有水流路径的分流能力，即为该格网的水流路径连通程度。然后，在同一个集水区中，综合考虑自身格网以及上游相邻格网的水流路径连通程度，即为格网化水系功能连通指数（Sluice Longitudinal Connectivity Index，SLCI）。

在一个集水区内，若一个格网的位置为 (i, j)，则该格网的水文连通程度为自身格网与上游位置在 $(i-1, j)$ 及 $(i, j-1)$ 格网的水流路径连通程度的乘积的平均值，其计算公式如下：

$$C_{G(l)} = \frac{1}{N} \sum_{k=0}^{N} C_{P(g)} \tag{4.17}$$

$$SLCI_{(i,j)} = \left[\frac{C_{G(i,j-1)} + C_{G(i-1,j)}}{\mathrm{sgn}(j-1) + \mathrm{sgn}(i-1)} \right] \times C_{G(i,j)} \tag{4.18}$$

式中，N 是格网 l 的水流路径的总个数；$C_{G(l)}$ 是格网 l 的水流路径连通程度；(i, j) 是格网 l 位置的行列号；$SLCI_{(i,j)}$ 为格网化水文连通评价指数，$SLCI_{(i,j)} \in [0, 1]$。该指数越接近于 1，说明该格网水文连通程度越高。

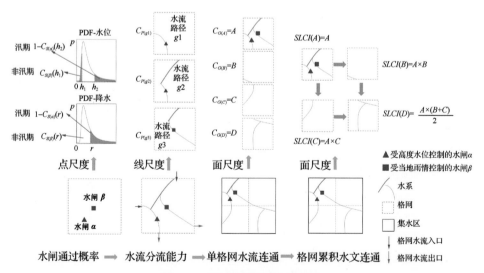

图 4.17　水文连通评价流程示意图

2）水利工程调控下水系功能连通演变规律

（1）最优格网尺度

基于上述构建的方法，对武澄锡虞区的水文连通进行评价。经过拓扑检查，得到结构上相连的水系，并将其作为评价对象[图 4.18(a)]。在计算不同格网尺度（边长分别为 1 km，2 km，…，10 km）水系节点连接率后，利用累积和法确定最优格网尺度。由图 4.18(b)可知，累积和结果 S_m 随着格网尺度的扩大，呈现先上升后下降的趋势，拐点在 2 km×2 km 处出现，这说明以 2 km 为边长的格网为最优格网尺度，此结果与文献（吴雷等，2018）研究得到的结果一致。对于地势平坦的平原河网区，利用地势划分集水小区较为困难，故本书依据武澄锡虞区自然地理划分概念，基于区域内主干河道的分布情况，并参考其他研究的划分结果（王船海等，2007；王静等，2010），将其划分为 40 个集水小区[图 4.18(c)]，再将集水小区划分成 2 km×2 km 的格网单元[图 4.18(d)]。

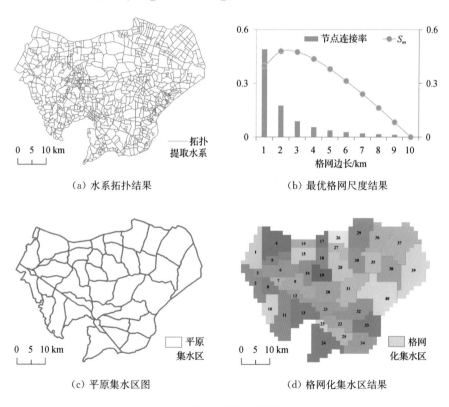

（a）水系拓扑结果　　　　　（b）最优格网尺度结果

（c）平原集水区图　　　　　（d）格网化集水区结果

图 4.18　水系前处理结果

（2）水闸通过概率结果

在计算水闸通过概率之前,需要选择拟合武澄锡虞区降雨与水位数据(1978—2020年)的最优概率分布函数。本书从常用于拟合水文事件的概率分布函数中,如广义极值(GEV)、帕累托(GP)、皮尔逊Ⅲ型(P-Ⅲ)、韦布尔(Weibull)、伽马(Gamma)及耿贝尔(Gumbel)等分布,利用 Kolmogorov-Smirnov 检验法(K-S 检验)选择适合该区降雨与水位数据的最优拟合函数。K-S 检验值越小,说明该函数拟合效果就越好。根据 K-S 检验值的各站点累积值,GEV 函数对各站点的 K-S 检验值相比其他函数较小,说明 GEV 函数拟合效果较好,可以用于计算水闸通过概率。

武澄锡虞区汛期时间为每年 5～9 月,非汛期为 10～12 月和 1～4 月。根据野外考察与当地水文部门调研,发现当地的水闸工程启用的时间并不明确。一般来说,汛期时,通过水闸工程将洪水排入长江进行泄洪,基本形成"北排长江、南排太湖、东排望虞河、沿运河下泄"的防洪除涝格局;非汛期时,从长江引水改善水环境,水闸工程在换水时会被开启。基于上述实际情况,参考《太湖流域洪水调度方案》《太湖流域引江济太调度方案》及《苏南运河区域洪涝联合调度方案(试行)》,此处将水闸工程的调度方案在一定程度上进行概化,具体如下:

位于环太湖与望虞河的水闸受太湖水位(百渎口站)的调控,沿江水闸根据其所在区域分别受常州站、无锡站及青旸站水位的调控,常州、无锡城市大包围枢纽及其周边水闸分别受常州站与无锡站水位的调控。调度规则中警戒水位值如表4.4 所示。位于其他区域的水闸则根据当地雨情调控,降水量 r 值定为达到暴雨级别的 50 mm。

利用公式计算的水闸通过概率结果如表 4.4、表 4.5 所示,分别以水位站与雨量站名称显示。例如,江阴枢纽、白屈港枢纽、张家港闸、十一圩港闸等水闸工程位于长江(无锡段),一般受无锡站水位的调度控制,非汛期时当无锡站水位低于3.2 m 时,开闸引水,该水闸非汛期时的水闸通过概率为 0.28;汛期时当无锡站水位高于 3.6 m 时,开闸排水,该水闸汛期时的水闸通过概率为 0.35。当一个水闸的运行受当地雨情影响时,若该水闸位于常州雨量站附近,汛期时当常州站降水量高于 50 mm,即当地雨情达到暴雨级别时,该闸为了防洪会关闸,此时该水闸的水闸通过概率为 0.17;而非汛期时,一般雨情达不到暴雨级别,该闸保持开放,以保持河流连通,此时该水闸的水闸通过概率为 0.83。

表 4.4 受水位站调度控制的水闸通过概率结果

项 目	水位站	z_1(m)	z_2(m)	$C_{S(k)}(z_1)$（非汛期）	$1-C_{S(k)}(z_2)$（汛期）
沿江水闸	青旸	3.3	3.7	0.23	0.43
	常州	3.5	4	0.28	0.32
	无锡	3.2	3.6	0.28	0.35
	百渎口	2.9	3.5	0.02	0.37
大包围工程枢纽	常州	3.5	4.3	0.28	0.84
	无锡	3.2	3.8	0.28	0.78
大包围周围水闸	常州	3.5	4.3	0.28	0.16
	无锡	3.2	3.8	0.28	0.22

表 4.5 受雨量站当地雨情控制的水闸通过概率结果

雨量站	r(mm)	$C_{S(k)}(r)$（非汛期）	$1-C_{S(k)}(r)$（汛期）	雨量站	r(mm)	$C_{S(k)}(r)$（非汛期）	$1-C_{S(k)}(r)$（汛期）
常州	50	0.83	0.17	望亭	50	0.85	0.15
直湖港闸	50	0.83	0.17	望虞闸	50	0.84	0.16
陈墅	50	0.85	0.15	无锡	50	0.83	0.17
甘露	50	0.85	0.15	张家港闸	50	0.83	0.17
洛社	50	0.83	0.17	长寿	50	0.85	0.15
十一圩港闸	50	0.84	0.16				

（3）水文连通汛期与非汛期变化规律

基于上述水闸通过概率结果,根据公式计算得到的水文连通指数的空间分布如图 4.19 所示。从空间上看,汛期时,武澄锡虞区不同等级的水文连通空间分布较为分散,连通程度较好的地区穿插分布其中;非汛期时,水文连通程度较好的地区主要成片集中在区域中部。

经过计算,武澄锡虞区水文连通汛期时为 0.56,水文连通性一般;非汛期时为 0.71,水文连通性较好。武澄锡虞区非汛期平均水文连通程度比汛期高 27%。汛期与非汛期水文连通值在不同数值范围内的格网占比如饼状图所示。由图可知汛期与非汛期水文连通值在 0.91～1.00 范围内的格网占比最大,分别为 25% 与 34%,这表明武澄锡虞区的水文连通程度整体较高。汛期水文连通指数小于等于 0.6 的格网个数比非汛期多 18%,这说明汛期水文连通相比非汛期较差。综上,武澄锡虞区整体上水文连通程度较高,非汛期水文连通程度比汛期好。

近年来,当地政府在武澄锡虞区修建了大量水闸等防洪工程。这些水闸主要有两个作用:减轻洪涝灾害和改善水质。在汛期发生大暴雨时,城区防洪大包围工

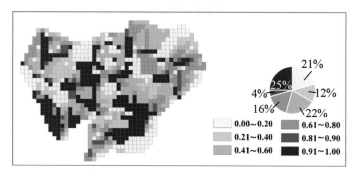

（a）汛期水文连通的空间分布及其值在不同范围的格网占比

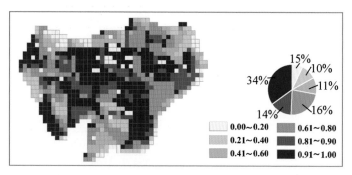

（b）非汛期水文连通的空间分布及其值在不同范围的格网占比

图 4.19　水系功能连通评价结果

程启用后会关闭水闸,暂时切断水系上下游的水力联系,防止上游外围水流进入城市核心地区,若水位持续上涨,则再开启泵站向大包围外抽水。遇到暴雨情况,沿江水闸一般开闸泄洪,若受到潮水顶托,则会开泵向外抽水。而非汛期时,城市周围的水闸仍然开放,以加强水系之间的水力交换,利用河流的自净能力改善河流水环境。因此,非汛期时水文连通始终大于汛期,呈现出水文连通周期性变化。事实上,闸门的启用与关闭是人类的一种有意识的行为,它对水文连通的变化有着直接的调控作用。

3）水系功能连通空间聚集特征

Getis-Ord G_i^* 空间聚集指数是一种常用的探测地理要素空间分异性的方法(Getis et al.,1992)。在此利用该指数探测河网水系连通是否存在高值或者低值的空间集聚。高值区表示河网水系连通较高(大于平均值)的集聚区域,低值区表示河网水系连通较低(小于平均值)的集聚区域。

通过 Getis-Ord G_i^* 指数反映汛期与非汛期水文连通的空间聚集性如图 4.20所示,由图可知汛期与非汛期水文连通的空间聚集性有所差别。非汛期时水文连通高值区呈连续的条带状分布在区域内部,而汛期时高值区的分布较为分散。此外,汛期时水文连通低值区在沿江一带的聚集性较低,基本不显著;而非汛期时水文连通在沿江左侧及右侧都有明显的低值聚集。从数值上看,有56%的格网非汛期与汛期时水文连通都没有呈现空间集聚性,这说明武澄锡虞区水文连通空间集聚性整体较低。汛期时水文连通高值区与低值区格网占比都为22%,非汛期水文连通高值区与低值区格网占比分别为24%与20%。从整体上看,非汛期水文连通高值区集聚性比汛期高2%,而低值区集聚性比汛期低2%。

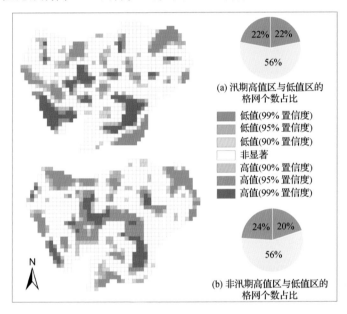

图 4.20　水文连通空间异质性分布图

注:蓝色为低值区,橙色为高值区。

评价指标是一种常用的定量评价水文连通的方法。本书将所构建的指标体系SLCI与其他连通指标,如纵向连续性(Longitudinal Continuity,LC)、迁移连续性(Migratory Continuity,MC)及干流连通指数(Longitudinal Functional Connectivity Index,LFCI)等进行对比讨论。指标 LC 和 MC 的具体定义和计算公式如表 4.6 所示。LC、MC 和 LFCI 这三个指数都是描述水文连通变化的评价指数,但其侧重点各有不同。LC 和 MC 两个指数主要用于描述闸坝等河道障碍物对水体流动的影响。其中,LC 指数只能反映水系静态连通受水利工程的影响,因为该指数将水利工程对水文连通的影响分为"0 或 1",即只有"通过或不通过"两种情况。若河道上分布有水利工程,则其水文连通为不通,没有则为完全连通。而 MC 指数中引入了水系可达性的概念,即将水利工程对水文连通的影响定义为"0～1",若河道上分布有水利工程,则其水文连通受到水闸影响,通过、不通过的概率都为 0.5,不再只是"通过或不通过"两种形态(Cote et al.,2009)。本书构建的 SLCI 评价体系将水闸开启概率与气象水文事件的发生频率连接起来,将水系可达性演化为水闸通过概率,这样可以更加明确地反映水闸启用对水文连通的动态影响。

表 4.6　水文连通指标的定义与计算公式

指　标	定　义	计算公式
Longitudinal Continuity (LC)	根据水闸在河网中的分布情况确定水流受阻的程度	$LC=L/N_g$ 式中,L 为水系长度;N_g 为水闸个数
Migratory Continuity (MC)	以河网面积代替河段长度来表示河网中水流的自由流动程度,即被障碍物隔开的河段面积占河网总面积的比例	$MC=\sum_{i=1}^{n}\sum_{j=1}^{n}C_{ij}\dfrac{A_i}{A}\dfrac{A_j}{A}\dfrac{1}{R_0}$ 式中,n 为被水闸隔开的水系数量;C_{ij} 为第 i 个和第 j 个子水网之间的可达性;A,A_i 和 A_j 为面积;R_0 为河流等级数

4.3　水系连通变化的影响因素

4.3.1　河网水系连通对城镇化要素的响应

1) 水系功能连通与城镇化要素的相关性

本书在地理加权回归(Geographically Weighted Regression,GWR)方法的基础上,探讨了水文连通对土地、人口和经济等城镇化相关要素的空间响应。在这些城镇化要素中,人口是指各格网内的人口密度(记为 POP-U,单位:千人/km²);经济是指各格网内的 GDP 密度(记为 GDP-U,单位:亿元/km²);土地是指各格网内的不透水面积占比(记为 LAND-U,单位:%)。

平原河网区水利工程布局与城镇化发展息息相关,城镇化相关要素一般包括经济、人口与土地(不透水面)。图 4.21 为武澄锡虞区经济、人口及土地要素的空间分布图(2016 年)。三个城镇化相关要素在空间上分布较为相似,位于区域西部的常州主城区与位于南部的无锡主城区均呈现出经济水平高、人口密布与不透水面范围大等特点。表 4.7 为汛期及非汛期水文连通与城镇化要素之间的相关性。非汛期时,水文连通与三个城镇化要素呈显著的负相关($P<0.01$),这表明在经济水平较高、人口较多及不透水面较大的地区,水文连通性较差。汛期水文连通只与人口分布呈显著的负相关($P<0.01$)。因此,根据相关结果,建立了两个地理加权回归模型:一个是以人口为自变量,汛期时水文连通为因变量的模型;另一个是以经济、人口与土地(不透水面)为自变量,非汛期时水文连通为因变量的模型。通过这两个模型,探讨水文连通与城镇化因素之间的关系。

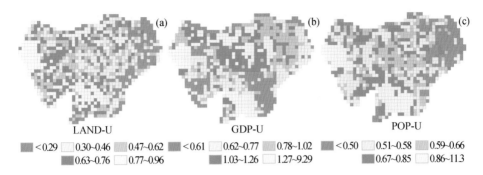

图 4.21 土地、经济、人口城镇化相关要素空间分布图

表 4.7 汛期及非汛期水文连通与城镇化要素之间的相关性

项 目	LAND-U	POP-U	GDP-U
非汛期时水文连通	−0.25**	−0.13**	−0.14**
汛期时水文连通	−0.05	−0.16**	−0.02

注：** 表示两个序列的相关性通过了 99% 的显著性检验（P<0.01）。

2）水系功能连通与城镇化要素的空间响应

通过构建城镇化要素与水文连通之间的地理加权回归模型，分析水系功能连通与土地、经济与人口分布的空间响应，模型的局部回归系数结果如图 4.22(a)～(d)所示。当局部回归系数为负时，说明水文连通对城镇化要素是负响应，即城镇化水平高的地区水文连通较差，且数值越小说明响应程度越大。当局部回归系数为正时，说明水文连通对城镇化要素是正响应，即城镇化水平高的地区水文连通较好，且数值越大说明响应程度越大。

非汛期水文连通对不透水面变化产生负响应的区域内（图 4.22(a)中蓝色区域），不透水面越大的地区水文连通程度越低。同时，非汛期水文连通对经济和人口分布的响应在空间上正好相反。其中，水文连通对人口变化产生正响应的地区如图 4.22(b)中粉色区域，人口较多的地区非汛期水文连通程度也较高。但在这些地区，水文连通对经济的空间响应主要为负响应，经济水平较高的地区非汛期水文连通程度却较低。在汛期时，水文连通主要与人口变化有关，大部分地区呈现出水文连通对人口的负响应，特别是在城镇化程度较高、人口分布较多的地区，汛期水文连通程度较低。

城镇化要素对水文连通有正向或负向影响。本章绘制了相对局部回归系数的箱线图，以定量表征水文连通对土地、经济与人口的相对响应程度[图 4.22(e)]。在非汛期，水文连通对经济分布的响应程度最高。非汛期时水文连通对城镇化要素的相对响应程度排序为：经济（61%）＞土地（44%）＞人口（41%）。汛期时水文连通对人口的相对响应程度为 116%。因此，汛期水文连通与人口分布的空间响应较密切，非汛期水文连通与经济分布的空间响应较密切。

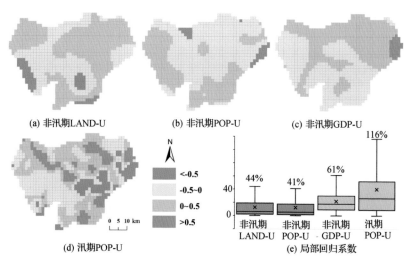

(a) 非汛期LAND-U　　(b) 非汛期POP-U　　(c) 非汛期GDP-U

(d) 汛期POP-U　　(e) 局部回归系数

图 4.22　城镇化要素与连通之间的地理加权回归模型局部回归系数结果

当汛期出现强降雨时,政府会紧急启用防洪工程,保护居民免受暴雨和洪水的威胁。保障人民生命安全作为政府部门的首要任务,它比降低城市经济损失更为重要。因此,相比经济,人口的空间分布与汛期水文连通性的变化关系最为密切。此外,一些研究表明高度城市化地区的水质比农村地区差(Wang et al.,2020)。武澄锡虞区经济水平较高的地区,伴随着高强度的生产生活活动,水质污染较为严重。当非汛期发生水质恶化时,除采取生化类环境修复措施外,也会通过引水活源等方法,增强内外河道之间水流交换和污染物输送能力,提高区域水系的自净能力。水闸工程在改善水质方面也起着重要作用。

基于水文连通与人口、经济等城镇化相关要素的响应关系,政府有关部门可以为不同季节的水安全预警与监测提供一些帮助。例如,在汛期,有关部门可以提前监测人口稠密地区的水位;在非汛期,有关部门可以提前监测经济水平较高区域的水质情况,做好洪涝与水环境污染的预警工作。总体而言,防洪工程是控制区域洪水的有效手段,在改善水质方面也发挥着重要作用。然而,过多的水利工程会阻碍甚至切断溶质和生物体在河流水系中的运移(Cote et al.,2009),也不利于水环境修复和生物多样性保护。因此,在实际施工中,应根据区域的具体需要,将水利工程的数量和水平控制在合理范围内。

4.3.2　河网水系改造对结构连通的影响

1960—2010 年代太湖平原及各水利分区的骨干水系结构连通发生了一定的变化。但是,骨干水系毕竟只占到总体水系相对较小的比重,其结构连通变化并不能全面反映区域水系结构连通的总体变化。近 50 年来地处杭嘉湖区的海宁市水系变化非常剧烈,且其在 1960—1980 年代的变化尤为剧烈。为此,本节选取海宁市作为典型区域,对其 1960—1980 年代河网水系的结构连通变化进行初步分析。

随着 1960—1980 年代海宁市河网水系的剧烈衰减,其节点和河链的数量均呈现出明显减少的趋势。如表 4.8 所示,在缓慢城市化时期,海宁市河网水系的节点和河链数量的减小率分别达到 38.05% 和 48.63%。与节点、河链数量的剧烈减少一致,海宁市河网水系的三个连通参数均呈现出显著减小的趋势。其中,α 指数由 0.221 8 锐减到 0.097 7,共减小了 55.95%。这也说明 1980 年代海宁市河网水系的实际成环率非常低,接近最小值 0。相比之下,β 和 γ 指数的减小幅度较小一些且基本一致,均减小了 17.19%。显然,河网水系衰减对其实际成环率的影响远远超过对线点率和网络连接度的影响。总体来看,1960—1980 年代海宁市河网水系衰减导致的节点和河链数量减少对其结构连通的影响十分显著。

表 4.8　1960—1980 年代海宁市河网水系结构连通评价

年　代	数量特征		连通参数		
	节点数量	河链数量	α 指数	β 指数	γ 指数
1960	14 392	20 744	0.221 8	1.443 4	0.481 2
1980	8 916	10 657	0.097 7	1.195 3	0.398 5
1960—1980	− 38.05%	− 48.63%	− 55.95%	− 17.19%	− 17.19%

分别计算两个时期海宁市支流的结构连通参数,具体如图 4.23 所示。可以看出,随着节点和河链数量的锐减(其中河链数量的减少率达 62.08%),缓慢城市化时期的支流水系结构连通水平显著降低。其中,α 指数从 0.464 4 急剧降到 0.089 2,减小了 80.79%,而 β 和 γ 指数也从一个相对较好的水平降到较差的水平,其减幅也都接近 40%。对比海宁市整个河网水系结构连通的变化情况,可知支流的衰减对河网水系结构连通水平降低起着决定性的作用。这跟实际情况也是相符的,1960 年代海宁市的支流总长占河网总长的 93.82%,而 1980 年代仍旧达到了 91.16%。同时,1960—1980 年代海宁市河网水系衰减了 29.23%,而支流水系衰减了 31.23%。

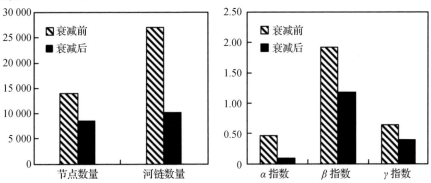

图 4.23　海宁市支流水系衰减前后的结构连通变化

　　同样,分别计算两个时期海宁市干流的结构连通参数,具体如图 4.24 所示。可以看出,人类对干流水系的改造使其节点和河链的数量均呈现大幅增长的趋势,其中河链数量增加了 163.64%,而节点数量也增加了 106.45%。由此导致缓慢城市化时期的干流水系结构连通水平明显提高,其中 α 指数从 0.052 6 迅速增加到 0.195 1,总共增加了 270.91%,而 β 和 γ 指数也分别增加了 27.70% 和 23.31%。这可能是因为缓慢城市化时期进行的大规模干流水系改造主要以新建沟通河流为主,结果大大增加了其结构连通性。周峰(2013)采用基于水流阻力的最短路径法分析了水系变化对平原河网区结构连通的影响,结果表明干流水系的改造不仅能减小水流流出河网的最短路径,而且能提高泄洪的效率。因此,人类对干流水系的改造从一定程度上可以缓解因支流水系衰减带来的结构连通水平下降的负面效应。

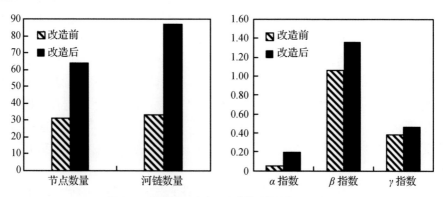

图 4.24　海宁市干流水系改造前后的结构连通变化

4.3.3　水闸工程建设对功能连通的影响

　　城市化背景下的河网水系演化,尤其是末级支流的减少和干流水系的改造对其结构连通造成了显著的影响。然而,在平原地区河网水系连而不通的现象较为常见。究其原因,可能是大规模的闸坝等水利工程建设带来的负面影响。受气候和地形等因素影响,自古以来太湖平原就是洪涝频发之地。尤其是近几十年来,随着城市化的快速发展,洪涝灾害有加重的趋势。为了阻挡洪水进入城市、村落乃至农田,减轻洪涝灾害带来的各种损失,除了大规模的圩垸建设之外,各大小河道上还修建了许许多多的水闸。例如,2010 年全国第一次水利普查结果表明,苏州市拥有水闸 3 349 座,其中昆山市 966 座。而这些遍及平原河网区的大小水闸,在发挥社会经济效益的同时,也在不同程度上改变了河网水系的功能连通状况。因此,为了给平原河网区的水利工程规划与建设提供支持,本书就水闸工程建设对河网水系功能连通的影响进行了初步分析。

1）功能连通影响评价方法

为了评估闸坝工程对河网水系功能连通（主要是指纵向连通性）的影响，闸坝密度（流域内单位河流长度的闸坝数量）、每个闸坝上游河流的总长以及不能流入海洋的河网百分比等一些指标被应用于全球和大尺度的研究（Vörösmarty et al.，2010）。在这些指标当中，Cote 等（2009）提出的树枝状连通指数（Dendritic Connectivity Index，DCI）的应用最为广泛。这个指数主要用于测度被闸坝隔断的那部分河流长度占河流总长的比例，它不仅可以应用于整个流域的河网水系连通性影响评估，还可以分析流域内部不同尺度的连通性变化。由于树枝状连通指数具有较好的适应性且其计算过程较为简便，因此其自提出以来便受到国内外较多的关注。然而，树枝状连通指数在评价闸坝工程对功能连通的影响中也存在一些缺陷。其中，最大的不足就是当闸坝位于拥有相同隔断长度的河流上游或下游时，其计算出来的连通指数完全一致。但是在生态学中，闸坝位于下游时对河流生态系统的威胁要远远大于其位于上游时（Kanno et al.，2012）。同时，树枝状连通指数另一个主要的缺陷在于其并没有区分河流的级别。显然，大江大河上建设的大坝（如三峡大坝）与小溪流上建设的小水闸对河流生态系统造成的威胁完全不一样。此外，树枝状连通指数是基于树枝状水系开发的指标，其并不能直接用于平原地区的网状水系的相关研究。为此，本书将对树枝状连通指数存在的这些不足进行改进，并在此基础上建立适用于平原地区水闸工程建设对河网水系功能连通影响的评价方法。

与树枝状水系不同的是，网状水系中任意两点之间的路径并不一定是唯一的。因此，网状水系的连通状况不仅取决于河网中任意两点之间水闸等障碍物的数量、通达性以及被水闸隔断的河段长度（Cote et al.，2009），而且与这两点之间的水流路径密切相关。对下游河段而言，河道的宽度较大导致其体积往往比同样长度的上游河段大很多。这也从另外一方面体现了水闸工程对下游河段的影响远远大于上游河段（Grill et al.，2014）。为此，本书用河网的面积取代河段的长度来计算水闸工程影响下的河网连通指数，其计算公式如下：

$$RCI_f = \sum_{i=1}^{n} \sum_{j=1}^{n} C_{ij} \frac{A_i}{A} \frac{A_j}{A} \frac{1}{R_0} \tag{4.19}$$

$$C_{ij} = \prod_{k=1}^{K} P_k \tag{4.20}$$

$$P_k = P_k^u P_k^d \tag{4.21}$$

式中，RCI_f 为水闸工程影响下的河网连通指数，且其取值范围为 $[0,1]$，RCI_f 越大代表连通性越好，即水闸工程对河网连通性的影响越小；n 为被水闸工程分割之后的子河网数量，个；C_{ij} 为子河网 i 和 j 之间的连通性；A_i 和 A_j 分别为子河网 i 和 j

的面积，m^2；A 为整个河网的面积，m^2；R_0 为子河网中包含所有河流的等级数量，因此处将河流分为四级，故 R_0 的取值范围为 $[0,4]$ 且为整数；K 为子河网 i 和 j 之间水闸工程的数量，个；P_k 为通过第 k 座水闸工程的概率；P_k^u 为从第 k 座水闸工程的上游至其下游的通过概率；P_k^d 为从第 k 座水闸工程的下游至其上游的通过概率。

　　然而，对于大范围的平原河网区而言，由于水闸工程的数量众多，其河网连通性指数的计算工作量太大，同时考虑到纵向连续性是河流健康评价中常用的指标，其能在一定程度上反映水闸对生物迁移、能量及营养物质传递过程的影响（张晶等，2010），因此本书建立了纵向连续性指数从宏观方面评价水闸工程对河网连通性的影响，其计算公式如下：

$$LCI = L/N_f \tag{4.22}$$

式中，LCI 为河网水系的纵向连续性指数，km/座；L 为区域内河流总长度，km；N_f 为区域内水闸工程的数量，座。

　　2）太湖腹部平原水闸工程分布现状

　　根据江苏省第一次全国水利普查采集的水闸工程数据，并结合公式可计算得出各地区的纵向连续性指数，具体如表 4.9 所示。可以看出，太仓和江阴等水闸工程分布较为稀疏的地区其纵向连续性指数相对较高，分别为 25.73 km/座和 23.46 km/座。然而，水闸工程分布密集的昆山、吴江和苏州辖区等地区的纵向连续性指数非常小，分别只有 3.84 km/座、4.10 km/座和 6.68 km/座。根据各地区的河流总长和水闸工程数量，可计算得出太湖平原江苏部分地区的纵向连续性指数为 8.15 km/座。这说明在太湖平原江苏部分，每 8.15 km 河流上就分布有一座水闸工程。显然，在宏观尺度上，纵向连续性指数可以初步反映出水闸工程建设对河网水系连通的影响程度。

表 4.9　太湖平原江苏部分地区的纵向连续性指数

指标	常州辖区	无锡辖区	苏州辖区	江阴	张家港	常熟	太仓	昆山	吴江
N_f	141	236	652	98	211	435	113	912	761
L	1 915.9	3 328.55	4 352.18	2 299.21	2 894.09	4 676.07	2 907.93	3 504.59	3 117.64
LCI	13.59	14.10	6.68	23.46	13.72	10.75	25.73	3.84	4.10

　　3）典型河网功能连通影响评价

　　为了进一步探讨水闸工程建设对河网水系连通的影响，选取张家港境内的三干河作为典型河网地区进行分析。具体范围是将其 2 km 缓冲区作为左右边界（若再宽一些，则会与临近的十一圩港和四干河重叠，导致各级河流相应归属难以区分),南横套河与三干河的交汇处作为上边界,三干河与长江的交汇处作为下边界。

经过实地考察与走访,发现当地的水闸工程开启与关闭的时间并不确定,即水闸工程的调度并未确定统一规则。一般来说,水闸工程在泄洪和换水时是开启的,而其余时间均是关闭的。同时,一天之内,水闸工程会有若干个小时是处于开启状态的。此外,在汛期,如果外河的水位不高于内河,那么会将内河与外河之间的水闸工程开启。基于上述实际情况,同时也为了计算方便,此处将所有水闸工程的单方向通过率均假定为50%。据此,可根据公式计算得出三干河现有水闸工程在单独存在和共同存在两种情况下的河网连通指数,具体如表4.10所示。

表 4.10　三干河现有水闸工程单独存在和共同存在情况下的河网连通指数

水闸	1	2	3	4	5	6	7
RCI_f	0.966 7	0.997 0	0.985 8	0.448 2	0.991 2	0.483 6	0.995 3
水闸	8	9	10	11	12	13	14
RCI_f	0.989 9	0.996 0	0.996 0	0.998 3	0.975 1	0.997 4	0.996 4
水闸	15	16	17	18	19	20	共存
RCI_f	0.485 2	0.486 0	0.990 6	0.460 4	0.987 2	0.325 4	0.271 1

由上表可以看出,各水闸工程单独存在时,其河网连通指数相差较大。其中,有14座位于Ⅰ级河流上的水闸工程单独存在时其河网连通指数超过了0.96,甚至接近于1。同时,有5座位于Ⅱ级河流上的水闸工程单独存在时其河网连通指数仅有0.46左右。此外,有1座位于Ⅲ级河流上的水闸工程单独存在时其河网连通指数仅为0.325 4。这说明水闸工程位于的河流等级越高,其对河网连通性的影响越大。另外,当20座水闸同时共存的时候,河网连通指数只有0.271 1。这说明水闸工程对河网连通性的影响具有累积效应,即水闸工程的数量越多,对河网连通性的影响越大。

然而,尽管水闸工程建设对河网连通性的影响具有明显的累积效应,但其后果却不完全一致。从防洪的角度来看,水闸工程的数量越多、位于的河流等级越大,会使得外部洪水进入水闸工程控制的内部河网更加困难,从而有利于提高区域防洪能力;从环境的角度来看,水闸工程的数量越多、位于的河流等级越大,会使得污染物在河网之间的输移更加困难,从而不利于水环境保护;从生态的角度来看,水闸工程的数量越多、位于的河流等级越大,会导致河网之间的生物迁移更加困难,从而不利于生物多样性保护。可以看出,水闸工程建设具有正反两面的双重效应。因此,在实际规划与建设中,应根据区域主要需求,将水闸工程数量与其所处河流的等级控制在一个合理范围之内。

5 平原河网区城市化下水文特征变化及规律

平原地区城市化等人类活动导致的水系结构与河流连通严重衰减、不透水面积的增加,使得该区域产汇流水文过程发生了较大变化,并引发了一系列洪涝与水环境问题。平原河网区地势低平,河道水位是反映区域复杂水文情势的关键信息,其变化对洪旱灾害防御有重要影响。近年来,受到快速城市化发展的影响,长三角太湖平原地区河网水系锐减,导致平原地区"产蓄矛盾"突出,洪涝灾害日趋严重。同时,受到城市下垫面扩张和水系衰减的影响,平原河网区水系连通受阻,排水不畅。近几十年来,平原河网区的人类活动不断加剧,圩区防洪规模迅速扩大,洪水期间圩区内部水量外排,势必引起外河水位上涨和降雨-水位关系发生变化。为此,迫切需要揭示城市化及水系变化等情势下平原河网区水文特征变化,为该地区防洪减灾提供科学支撑。

城市化下平原河网区暴雨洪水事件发生的频率、强度和时空格局等发生了显著变化,致使洪水的致灾风险加大,对现有的水利工程、水安全应急管理系统和水生态系统等构成了严重威胁,并在一定程度上制约了经济社会的可持续发展(宋晓猛等,2018)。探讨城市化背景下平原区河网水系变化的暴雨洪水响应规律及其变化特征,并分析其驱动机制,既是当前变化环境下水文学研究的热点科学问题,又是区域防洪减灾和风险管理的现实需求。本章基于平原河网区的主要控制水文站资料,选取反映洪水特征的指标,重点分析长序列洪水水位演变特征,从自然因素与主要人类活动(圩垸防洪)影响方面,对洪水水位变异的驱动因素进行定量揭示,这对于理解城市化地区的长期水文变化具有重要意义。

5.1 平原河网区降雨水位的时空变化

降雨水位时间序列的变化特征能够表征气候变化和人类活动对水循环过程的影响,诊断和识别城市化背景下的降雨水位统计特征及其演变趋势有助于明晰城市化对水循环的影响作用。在兼顾站点空间分布均匀性及资料完整性的基础上,选用覆盖太湖平原区的 19 个水文站和 32 个雨量站日降雨和水位数据,分析降雨和水位的长期变化特征,在此基础上探讨平原水网变化对水文过程的影响。由于降雨、径流和水位等气象水文序列通常具有一定的自相关性,而自相关性的存在会在一定程度上加剧趋势检验的不确定性(Bayazit et al.,2007),因此采用 Hamed

(2008)提出的基于一阶自相关系数无偏估计的预置白处理法(Bias Corrected Pre-whitening，BCPW)对汛期降雨和水位的年际变化趋势进行显著性检验，以获取气象水文要素的背景信息。

5.1.1　降雨时空变化特征

太湖平原1960—2018年汛期降雨量、降雨日数和降雨强度变化的线性斜率趋势及其空间分布如图5.1所示。太湖平原的汛期降雨量整体上呈现出增加的趋势，仅位于杭嘉湖区西南部的德清站汛期降雨量略微减少。武澄锡虞区的张家港闸站、长寿站等，阳澄淀泖区的浏河闸站、昆山站等，以及杭嘉湖区的临平站均以超

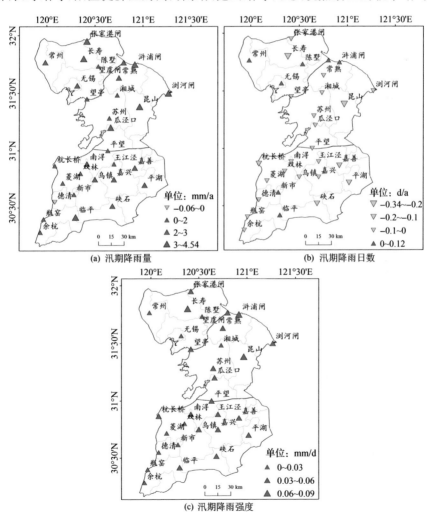

图 5.1　太湖平原汛期降雨特征值变化趋势空间分布

过 3 mm/a 的速率上升,各站点汛期降水量普遍增多。太湖平原的汛期降雨日数呈现出大范围的减小趋势,其中以阳澄淀泖区的昆山站的减少幅度最大,而杭嘉湖区的新市站和临平站、武澄锡虞区的常州站和无锡站等汛期降雨日数却呈现出增加的趋势。与此同时,太湖平原及各水利分区的汛期降雨强度明显增大,各站的降雨强度均有所增加,其中以阳澄淀泖区的增加趋势尤为明显,该区的浒浦闸站和昆山站的汛期降雨强度增加速率均超过 0.08 mm/d。

　　根据中国气象局公布的降雨等级划分标准,将 24 h 降雨量划分为小雨(0.1～9.9 mm)、中雨(10.0～24.9 mm)、大雨(25.0～49.9 mm)和暴雨(≥50.0 mm)四个等级,本书统计了不同等级的降雨量、降雨日数和降雨强度等特征参数,用以反映太湖平原降雨结构的长期演变特征。如图 5.2 所示,除暴雨外,太湖平原汛期其他等级降雨量均表现为不显著的变化趋势。各水利分区中仅阳澄淀泖区的暴雨量显著增加,平均变化率为 2.05 mm/a。太湖平原的汛期小雨日数和暴雨日数分别呈现出显著减少和显著增加的趋势。各水利分区的小雨日数均显著减少,但只有阳澄淀泖区的暴雨日数显著增加。中雨日数和大雨日数均未呈现出显著的变化趋势。汛期各等级的降雨强度均表现为增加趋势,除小雨强度和大雨强度显著增加外,其他等级降雨强度的增加趋势均不显著。各水利分区中,仅有杭嘉湖区的小雨强度显著增加。

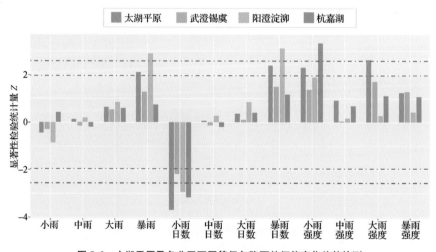

图 5.2　太湖平原及各分区不同等级年降雨特征值变化趋势检测

　　采用年最大值法提取各站点的汛期最大一日降雨量序列,太湖平原和各水利分区汛期最大一日降雨量的变化趋势如图 5.3 所示。太湖平原的汛期最大一日降雨量不显著地增加,平均变化率为 0.23 mm/a。各水利分区中,除阳澄淀泖区的汛期最大一日降雨量以 0.31 mm/a 的速率显著增加外,武澄锡虞区和杭嘉湖区的汛期最大一日降雨量均不显著地增加。太湖平原和各水利分区汛期最大一日降雨量的最大值均出现在 1960—1970 年之间,阳澄淀泖区和杭嘉湖区汛期最大一日降雨量的高值区在 1980 年左右较为集中,而武澄锡虞区的高值区集中分布在 1990 年左右,并且在 2010 年之后武澄锡虞区汛期最大一日降雨量的增加幅度较大。

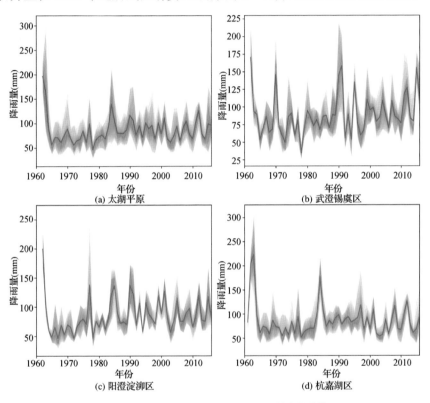

图 5.3 太湖平原汛期最大一日降雨量的变化趋势

(图中红色阴影上下边界分别对应 95% 和 5% 分位数)

5.1.2 水位时空变化特征

在分析太湖流域腹部平原地区降雨时空变化的基础上,需要进一步揭示该地区水位时空变化特征,从而探讨城市化影响下平原河网区水文情势演变特征。太湖平原地区多年汛期水位总体呈现由北向南先减后增的趋势,从北部的武澄锡虞区的 4.24 m 减少至中部阳澄淀泖区的 3.46 m,然后增加至南部杭嘉湖区的 3.8 m。太湖平原、武澄锡虞区和阳澄淀泖区的汛期最大一日水位显著增加,变化率分别为 5.76 mm/a、10.99 mm/a 和 9.8 mm/a,而杭嘉湖区的汛期水位未表现出明显的变化趋势(图 5.4)。

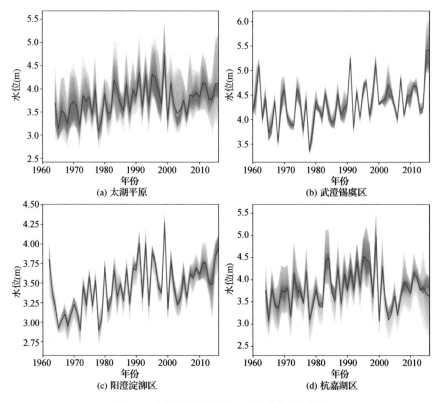

图 5.4　太湖平原汛期最大一日水位的变化趋势

（图中红色阴影上下边界分别对应 95％和 5％分位数）

太湖平原区约 94.74％的站点汛期最大一日水位显著上升，增加趋势整体上表现为由北部向南部减小，最大值和最小值分别位于武澄锡虞区东部的陈墅站和杭嘉湖区南部的栖塘站，分别为 12.5 mm 和 0.78 mm（图 5.5）。位于望虞河东岸的常熟站及太浦河沿线的王江泾站分别是阳澄淀泖区和杭嘉湖区汛期水位增幅最大的站点。

综合上述分析表明，太湖平原河网区随着城市化发展，汛期降雨量和水位呈现出显著增加的趋势，洪水威胁日趋严重。太湖平原的汛期降雨量、降雨日数和降雨强度分别呈现出不显著增加（1.28 mm/a）、不显著减小（−0.14 d/a）和显著增加的趋势（0.05 mm/d）。杭嘉湖区的降雨量、降雨日数和降雨强度以减小趋势为主，且汛期降雨日数显著减小。太湖平原的汛期暴雨量显著增加，其他等级降雨量的变化趋势不显著。汛期小雨日数和暴雨日数分别呈现出显著减少和显著增加的趋势，中雨日数和大雨日数均未呈现出显著的变化趋势。汛期小雨强度和大雨强度显著增加，而中雨强度和暴雨强度的增加趋势不显著。太湖平原的汛期最大一日

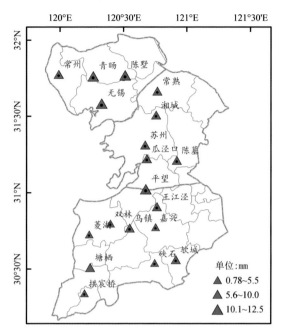

图 5.5 太湖平原汛期水位变化趋势的空间分布格局

降雨量不显著地增加(0.23 mm/a),其中阳澄淀泖区的汛期最大一日降雨量显著增加(0.31 mm/a)。太湖平原区约 94.74% 的站点汛期最大一日水位显著上升(5.76 mm/a),增加趋势整体上由北部向南部减小。

5.2 平原河网区降雨水位响应特征

不透水面积的增加和水利工程的建设运行等对太湖平原的水文过程产生了重要影响,而降雨和水位的响应关系,是气候变化和人类活动对区域水文过程影响的集中体现。在独特的地理位置及地形特征的影响下,太湖平原区流量资料匮乏,常使用河道水位来表征区域复杂的水文过程。进一步基于代表性气象水文站点的长序列降雨水位数据,深入探讨城市化背景下太湖平原区基于事件尺度的降雨水位响应关系的演变规律,揭示城市化进程对区域水文情势的影响,这可为平原河网区水资源管理及防洪减灾适应性策略的制定提供科学参考。

5.2.1 基于事件尺度的降雨水文特征分析

在年际尺度上,水位的变化除了受降雨因素的影响外,还受到诸如蒸发、生产生活用水、生态需水和跨流域调水等水利工程调度因素的影响,导致基于降雨水位均值探讨两者年际响应关系的研究存在较大的不确定性。基于降雨事件的视角提取降雨水位响应特征参数,探究降雨水位关系的演变规律,聚焦于降雨事件及对应时段的水位涨落过程,能够在一定程度上降低年际尺度上降雨水位关系研究中外部因素对两者关系的干扰,更准确地刻画不透水面的变化及水利工程建设等对区域洪水演变特征的影响,从而更好地指导防洪减灾工作。因此,从降雨水位过程的事件尺度出发,构建降雨水位响应特征参数,讨论降雨水位的响应关系。

在考虑流域前期降雨和湿润条件对降雨水位关系的影响的基础上,构建了包括水位涨幅、水位上涨速率和退水速率的降雨水位响应特征参数:

$$\Delta WZ = WZ_{\max} - WZ_{\text{initial}} \tag{5.1}$$

$$UR = \frac{WZ_{\max} - WZ_{\text{initial}}}{\Delta t_{\text{up}}} \tag{5.2}$$

$$DR = \frac{WZ_{\max} - WZ_{\text{final}}}{\Delta t_{\text{down}}} \tag{5.3}$$

式中,ΔWZ 为降雨事件中的水位涨幅;$WZ_{\max}$ 为降雨事件中的最高水位;WZ_{initial} 为降雨事件发生前一天的水位,即起涨水位;UR 指水位上涨速率;Δt_{up} 表示自起涨水位上升至最高水位的时间间隔;DR 为退水速率;WZ_{final} 指最高水位之后的第三日水位。由于太湖平原区的退水过程一般历时较长,同时为了降低相邻的降雨过程对场次降雨水位响应的干扰,因此,以最高水位出现后,之后无降水发生的第三日水位值,作为退水过程的最终水位高度,用于比较不同时期降雨事件中退水速率的相对变化特征。场次降雨过程各参数的具体含义,如图 5.6 所示。水位上涨速率表示由起涨水位上升至最高水位的平均速率,用以表征区域汇流过程的变化特征。水位涨速越低,说明区域汇流速度越慢,对洪水的调控能力越强,反之亦然。水位涨幅是降雨及人类活动对水位变化影响的综合反映。退水速率能够表征区域河网行洪能力的大小,是区域防洪减灾能力的一种体现。

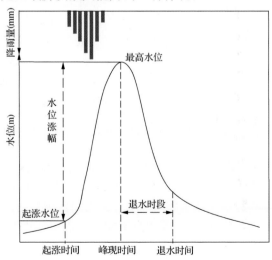

图 5.6　水位特征参数示意图

当序列整体不存在显著的变化趋势时,其子序列可能存在显著的变化趋势(Onyutha,2016b),而对子序列变化趋势及其显著性的识别,对指导防灾减灾工作更具指导意义。CRD趋势分析法能够以图形化的形式展示序列整体及子序列的变化趋势及显著性,可以为水文气象时间序列的趋势演变提供更为直观的表达(Onyutha,2016a)。其基本原理如下所述:

$$D_{(i)} = R_a(i) - R_b(i) = 2R_a(i) - (n - \omega_i) \tag{5.4}$$

式中,$R_a(i)$和$R_b(i)$分别是位于第i个位置上的数据小于和大于其他数据的次数;ω_i指位于第i个位置上的数据在样本序列中出现的次数;$D(j)$是缩放后的时间序列的差异,以此消除异常值的影响;n为样本数。

$$S_m(i) = \sum_{j=1}^{i} D(j), \quad 1 \leqslant i \leqslant n \tag{5.5}$$

式中,$S_m(i)$指缩放后时间序列的累积差异。由于对任意的序列,$S_m(i)$均为0,因此可将$S_m(n)=0$所在的直线作为参考线,以$S_m(i)$为纵轴、以时间为横轴在笛卡儿坐标系中绘制折线图,位于参考线上部和下部的子序列分别具有增加和减小趋势。

子序列变化趋势的显著性可通过下式计算:

$$T_{\text{CRD}} = \frac{6}{(n^3 - n)} \sum_{i=1}^{n-1} S_m(i) \tag{5.6}$$

$$y = \frac{1}{n^2 - n} \left(\sum_{i=1}^{n} \omega_i - n \right) \tag{5.7}$$

$$V(T) = \sum_{k=1}^{\infty} \frac{1}{n^k} \times \left(1 - \frac{10}{17} y^2 - \frac{7}{17} y \right) \tag{5.8}$$

$$Z_{\text{CRD}} = \frac{T_{\text{CRD}}}{\sqrt{V_0(T)}} \tag{5.9}$$

式中,T_{CRD}是CRD的趋势统计量,表示趋势的方向性,即增加或减少;y是数据联系的度量;$V(T)$是T_{CRD}的原始方差;$V_0(T)$是去除自相关影响后的方差;Z_{CRD}是CRD的标准化统计检验参数。CRD法利用Monte Carlo自举推断模型估算Z_{CRD}在显著性水平α%下的置信区间。利用Monte Carlo自举法得到新随机序列,在计算新随机序列的T_{CRD}之前,需检验每个序列是否存在自相关,若存在自相关,则采用Yue等(2002)提出的TFPW(Trend Free Pre-Whiting)法对序列进行去相关处理。

在获取子序列变化趋势的方向及其显著性后,通过Theil-Sen法(Theil,1950;Sen,1968)估算子序列的变化率,公式如下:

$$Slop = \text{Median}\left(\frac{x_j - x_i}{j - i} \right), \quad \forall i < j \tag{5.10}$$

式中,x_i和x_j分别是子序列中的第i和第j个数据。

CRD 趋势分析法基于滑动窗口法获取子序列,常用的滑动窗口法有变化窗口的向前滑动和向后滑动以及固定窗口的向前滑动三种。对于一个时间序列,如 1960,1961,1962,…,2016,若取子序列长度为 10 年,变化窗口的向前滑动将把时间序列分割成由 1960—1969,1960—1970,…,1960—2016 所组成的子序列;变化窗口的向后滑动将把时间序列分割成 2016—2007,2016—2006,…,2016—1960;固定窗口的向前滑动将把时间序列分割成 1960—1969,1961—1970,…,2007—2016。在用上述方法获取子序列后,分别计算子序列的 CRD 统计量 T_{CRD}。采用变化窗口的向前滑动法提取降雨水位响应特征参数的子序列,通过计算趋势统计量来揭示降雨水位响应特征参数的长期变化趋势。

5.2.2 数据来源及预处理

以太湖平原区 19 个水文站点 1960—2016 年的汛期逐日水位数据为基础,选择具有同步降雨观测记录的雨量站,逐站点提取场次降雨过程及对应时段的水位数据。由于缺少拱宸桥站的降雨数据,因此使用距其最近的临平站的降雨数据予以代替。降雨和水文站点的空间分布如图 5.7 所示。

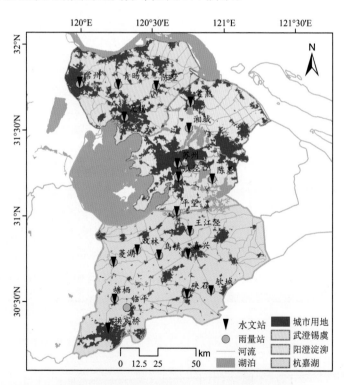

图 5.7 太湖平原区雨量站和水文站点空间分布图

基于提取的场次降雨数据及对应时段的水位数据,计算降雨水位响应特征参数。将引起降雨水位响应特征参数发生变化的场次降雨事件称为有效降雨事件。经初步分析后发现,部分降雨量较小或降雨历时较长的场次降雨事件,并没有引起降雨水位响应特征参数的变化,因此将该部分降雨事件予以剔除,最终获取 7 146场有效降雨事件。有效降雨事件发生频次的最大值和最小值出现在无锡站和陈墓站,分别为 484 场和 262 场。根据日降雨量将场次降雨事件划分为小雨、中雨、大雨和暴雨四个等级。如表 5.1 所示,中雨事件最为频繁,共计 3 139 场,占场次降雨事件总量的 43.93%;小雨事件次之,共计 2 604 场;暴雨事件发生频次最小,共计 232 场,仅占场次降雨事件总量的 3.25%;大雨事件共计 1 171 场。无锡站的小雨和大雨事件发生频次均最大,分别为 193 场和 90 场。小雨和大雨事件发生频次的最小值出现在瓜泾口站(93 场)和陈墓站(31 场)。双林站的中雨事件发生频次最大,而湘城站的中雨事件发生频次最小,分别为 194 场和 105 场。暴雨事件发生频次的最大值和最小值出现在常州站(22 场)和菱湖站(4 场)。

表 5.1 太湖平原水位代表站汛期不同等级的场次降雨事件

站点	经度	纬度	小雨	中雨	大雨	暴雨	总计
常州	119.98	31.76	158	186	90	22	456
无锡	120.28	31.55	193	188	90	13	484
苏州	120.63	31.31	112	118	49	11	290
嘉兴	120.7	30.75	117	186	59	17	379
青旸	120.25	31.75	171	168	82	17	438
陈墅	120.53	31.66	189	173	89	20	471
常熟	120.75	31.63	111	161	64	15	351
湘城	120.74	31.47	112	105	52	16	285
瓜泾口	120.65	31.20	93	126	46	11	276
陈墓	120.88	31.18	102	118	31	11	262
平望	120.63	31.00	128	146	43	11	328
王江泾	120.72	30.88	147	164	60	8	379
菱湖	120.18	30.72	115	193	56	4	368
双林	120.35	30.78	137	194	46	7	384
乌镇	120.50	30.75	118	175	60	9	362
塘栖	120.08	30.55	140	177	64	8	389
硖石	120.67	30.53	145	188	77	7	417
软城	120.27	30.45	171	185	57	15	428
拱宸桥	120.13	30.33	145	188	56	10	399
总计	—	—	2 604	3 139	1 171	232	7 146

5.2.3　降雨水位响应关系的长期变化特征

时间变化特征:1960—2016 年,太湖平原和各水利分区汛期降雨水位响应关系的变化趋势如图 5.8 所示。太湖平原的汛期起涨水位整体上显著增加,平均值和平均变化率分别为 3.10 m 和 10.87 mm/a,其中武澄锡虞区的起涨水位均值(3.40 m)和变化率(13.72 mm/a)均最大。除 1977 年外,1983 年之前,平原河网区起涨水位均表现为下降趋势,此后起涨水位持续增加,并于 2008 年达到 0.05 的显著性水平。武澄锡虞区和阳澄淀泖区的起涨水位变化趋势与太湖平原相似,分别在 1983 年和 1982 年由下降趋势转变为持续增加趋势,均在 2002 年显著增加。1975 年以前,杭嘉湖区的起涨水位呈下降趋势,此后波动增加,但并未呈现出显著的上升趋势。

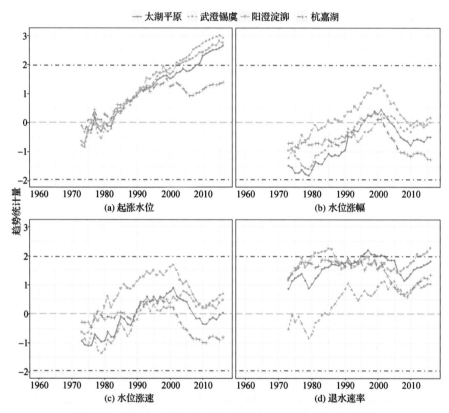

图 5.8　1960—2016 年太湖平原汛期降雨水位响应关系的变化趋势

太湖平原的水位涨幅整体上不显著地减小,变化率为 −0.25 mm/a。1960—1995 年平原区水位涨幅以减小趋势为主,并且减小的幅度逐渐缩小,在 1996—2003 年呈现短暂的上升趋势,其中 1999 年的上升幅度最大。2004 年之后,水位涨幅转变为下降趋势,其中,2004—2010 年的水位涨幅下降较快。除 2000—2006 年及 2015—2016 年外,武澄锡虞区的水位涨幅均呈下降趋势;阳澄淀泖区的水位涨幅呈增加趋势的时段大于太湖平原和其他水利分区,在 1987—2009 年均表现为增加趋势。杭嘉湖区的水位涨幅仅在 1994—2001 年表现为上升趋势,其他时段均在下降,2002 年以后下降趋势较为明显。太湖平原各水利分区水位涨幅的增加或减少趋势均不显著。

除杭嘉湖区的水位涨速不显著地减少外,太湖平原、武澄锡虞区和阳澄淀泖区的水位涨速均不显著地增加,其中武澄锡虞区的上涨速率最大,为 0.21 mm/d。太湖平原的水位涨速在 1960—1989 年和 2007—2015 年呈下降趋势,其他时段表现为增加趋势,且 2001 年的增加幅度最大。武澄锡虞区和阳澄淀泖区的水位涨速分别在 1991 年和 1980 年由减小趋势转变为增加趋势,此后均呈增加趋势。1989 年之前,杭嘉湖区的水位涨速以减小趋势为主,且年际间的波动较小,1990—2001 年水位涨速增加,此后迅速减小。

太湖平原和各水利分区的退水速率均呈增加趋势,但区域差异明显,其中武澄锡虞区的退水速率增幅最大,为 0.27 mm/d。平原区的退水速率在 1995—2002 年显著增加,在 2003—2009 年增加幅度迅速减小,2010 年之后表现为持续的快速增加趋势。武澄锡虞区的退水速率在 1986 年由减少趋势转变为持续的波动增加趋势,但增加趋势均未达到 0.05 的显著性水平。阳澄淀泖区的退水速率在 1980—1987 年和 2012—2016 年显著增加,其他时段不显著地增加。杭嘉湖区的退水速率呈不显著的增加趋势,1999—2009 年间增加幅度迅速下降,此后大幅增加。为应对日益严峻的洪水威胁,近年来太湖平原的圩区数量不断增多,建设标准不断提高,大量的自由调蓄水面被占用或被并入圩内,减少了圩内洪水的外排通道并降低了圩内河网的调蓄能力。暴雨期间通过闸泵工程的运行,将圩内的洪水抽排至圩外河道,提高了圩内洪水的消退速率。同时,配合望虞河和太浦河等流域性、区域性骨干河道的拓浚及沿江沿海引排水利工程的建设,圩外河道洪水北排长江和南排杭州湾的速度得以提高,在上述因素的综合影响下,太湖平原区场次降雨中的退水速率持续增加,说明近年来太湖平原区应对洪水的能力在逐步提高。但暴雨期间圩内向外河集中排涝,使骨干河网的最高水位不断上升,区域防洪和圩区排涝矛盾突出。

综上可知,城市化背景下太湖平原汛期的降雨水位关系发生了明显变化,防洪标准的提高及不透水面积的增加,导致场次降雨事件中起涨水位和水位涨速呈增加趋势,致使峰值水位增加;而区域外排能力的提高,加快了区内洪水汇入区外收纳水体的速度,导致水位涨幅下降及退水速率增加。这说明城市化背景下水利工程建设运行是影响太湖平原汛期降雨水位关系的重要因素。

空间变化特征:太湖平原汛期降雨水位响应特征参数的变化趋势及变化率如图 5.9 所示。平原区约 94.74% 站点的起涨水位显著增加,仅杭嘉湖西南部塘栖站的起涨水位不显著地下降。位于武澄锡虞区的青旸站起涨水位增幅最大,为 13.66 mm/a,杭嘉湖区北部的王江泾站增幅次之,为 11.46 mm/a。各城市站点的起涨水位增幅由北向南依次减小,常州站和嘉兴站的起涨水位增幅分别为11.25 mm/a 和 6.62 mm/a。约 68.42%站点的水位涨幅呈下降趋势,位于杭嘉湖西部的塘栖站和菱湖站水位涨幅显著下降。地处太湖平原北部的青旸站水位涨幅显著增加,其他呈增加趋势的站点集中分布在平原河网区中部,除湘城站外,所有站点均位于京杭大运河沿线。太湖平原水位涨速呈增加趋势的站点约占站点总量的 52.63%,主要分布在武澄锡虞区和阳澄淀泖区,青旸站和位于太浦河的平望站水位涨速显著增加。水位涨速呈减小趋势的站点集中分布在杭嘉湖区,其中塘栖站的水位涨速显著减小。太湖平原所有站点的退水速率均呈增加趋势,呈显著增加的站点主要分布在阳澄淀泖区,约占显著增加站点总量的 55.56%,但以武澄锡虞区青旸站的退水速率增幅最大,为 0.59 mm/a。除无锡站外,所有城市站点的退水速率均显著增加。

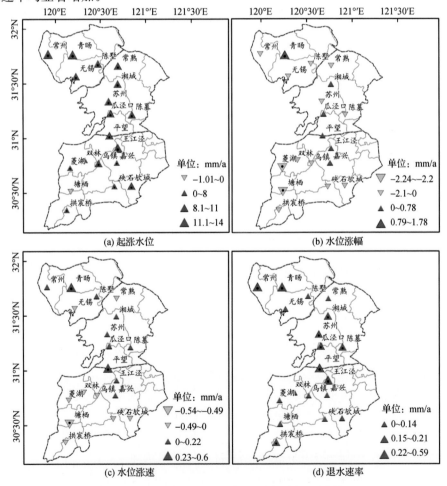

图 5.9　太湖平原降雨水位响应特征参数的空间分布格局

5.3　不同等级降雨的降雨水位响应模式

5.3.1　不同降雨事件的水位响应

1）小雨事件

太湖平原小雨事件中降雨水位响应参数的年代际变化特征如图 5.10 所示。1960—2010 年代，小雨事件中太湖平原起涨水位的均值为 3.05 m，整体上呈增加趋势，由 2.89 m 增加至 3.23 m，增幅为 11.76%。其中，武澄锡虞区的增幅最大，起涨水位由 1960 年代的 3.14 m 增加至 2010 年代的 3.64 m，增加了 15.92%；阳澄淀泖区和杭嘉湖区的起涨水位分别由 1960 年代的 2.82 m 和 2.76 m 增加至 2010 年代的 3.24 m 和 3.02 m，分别增加了 14.89% 和 9.42%。小雨事件中水位涨幅在年代际尺度上表现为下降趋势，杭嘉湖区的下降幅度最大，由 1960 年代的

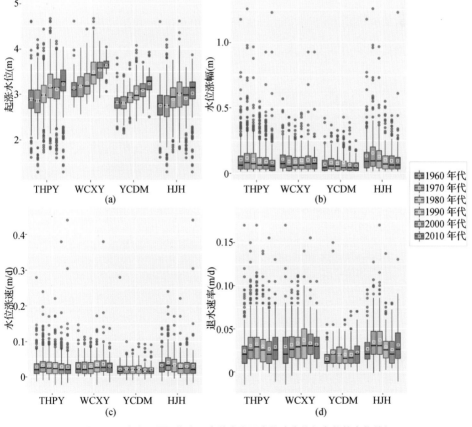

图 5.10　太湖平原汛期小雨事件中降雨水位响应特征参数的变化特征

（THPY：太湖平原，WCXY：武澄锡虞，YCDM：阳澄淀泖，HJH：杭嘉湖区）

130.72 mm 减少至 2010 年代的 94.08 mm,降幅为 28.03%;阳澄淀泖区的下降幅度次之,为 21.02%;武澄锡虞区的下降幅度最小,仅 8.02%。

小雨期间的水位涨速变幅较小,整体上呈微弱的下降趋势,变化幅度约为3.44%。阳澄淀泖区的下降幅度最大,为 5.34%;武澄锡虞区和杭嘉湖区的变化幅度均低于 3%。小雨事件中退水速率整体上增加了 19.35%,阳澄淀泖区的增幅最大,达 52.35%,武澄锡虞区的增幅最小,仅 8.04%。

2) 中雨事件

太湖平原中雨事件的平均起涨水位与小雨事件的平均起涨水位相近,约为3.05 m。平原区的起涨水位由 1960 年代的 2.85 m 增加至 2010 年代的 3.22 m,增加了 12.98%[图 5.11(a)]。与小雨事件不同,中雨事件中阳澄淀泖区的起涨水位增幅最大,由 1960 年代的 2.79 m 增加至 2010 年代的 3.27 m,增加了 17.20%,

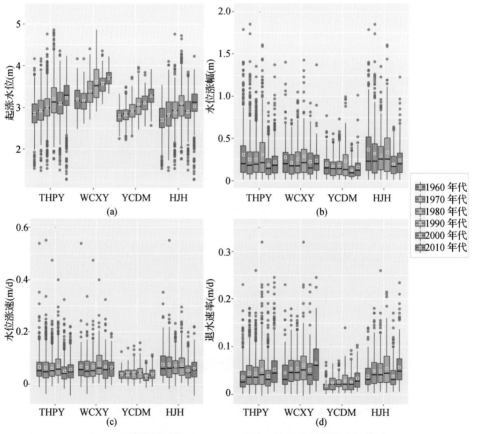

图 5.11　太湖平原汛期中雨事件中降雨水位响应特征参数的变化特征

(THPY:太湖平原,WCXY:武澄锡虞,YCDM:阳澄淀泖,HJH:杭嘉湖区)

且阳澄淀泖区起涨水位的波动范围小于武澄锡虞区和杭嘉湖区,这说明阳澄淀泖区中雨事件中起涨水位的变化较为稳定。武澄锡虞区和杭嘉湖区中雨事件的起涨水位分别增加了 16.02% 和 11.88%。除杭嘉湖区中雨事件的起涨水位最大值出现在 1990 年代以外,武澄锡虞区和阳澄淀泖区起涨水位的最大值均出现在 2010 年代。

太湖平原及各水利分区中雨事件中的水位涨幅均表现为下降趋势[图 5.11(b)],平原区的水位涨幅由 1960 年代的 30.51 mm 减少至 2010 年代的 21.77 mm,下降了 28.65%。与小雨事件类似,水位涨幅以杭嘉湖区的下降幅度最大,降幅为 33.57%;阳澄淀泖区和武澄锡虞区的下降幅度分别为 19.54% 和 13.74%,且阳澄淀泖区中雨事件的水位涨幅下降幅度小于小雨事件水位涨幅的下降幅度。

中雨期间太湖平原的水位涨速整体上表现为下降趋势[图 5.11(c)],下降幅度大于小雨期间的水位涨速,由 1960 年代的 6.53 mm/d 减少至 2010 年代的 5.49 mm/d,最小值和最大值分别出现在 1960 年代和 1990 年代。杭嘉湖区的水位涨速下降最快,降幅为 19.81%,武澄锡虞区的水位涨速下降了 5.48%,而阳澄淀泖区的水位涨速变化较小,整体上呈现微弱的增加趋势,增幅为 0.25%。中雨事件期间的退水速率明显大于小雨期间的退水速率,平原区的退水速率增加了 47.14%,最大值和最小值分别出现在武澄锡虞区和阳澄淀泖区,分别为 74.15% 和 47.46%[图 5.11(d)]。

3) 大雨事件

大雨事件中的降雨水位响应特征如图 5.12 所示。1960—2016 年,太湖平原大雨事件中的起涨水位高于中雨和小雨事件的起涨水位,均值为 3.12 m,但起涨水位的增幅小于中雨和小雨事件的起涨水位增幅,仅增加了 10.69%。武澄锡虞区起涨水位的增加值最大,近 57 年间共增加了 0.19 m,增幅为 19.42%;阳澄淀泖区和杭嘉湖区的起涨水位的增幅较为接近,分别为 11.63% 和 11.46%。大雨事件中的水位涨幅年代际的波动较大,太湖平原、阳澄淀泖和杭嘉湖区的水位涨幅最小值均出现在 1970 年代,而武澄锡虞区的最小值出现在 2000 年代。相较于 1960 年代,2010 年代平原区及各水利分区水位涨幅的波动范围均在缩小。杭嘉湖区大雨事件中的水位涨幅下降了 20.73%,阳澄淀泖区次之,下降了 9.48%,武澄锡虞区下降幅度最小,仅有 2.28%。

太湖平原大雨期间的水位涨速仍表现为下降趋势,但下降幅度小于中雨事件水位涨速的下降幅度,整体上下降了 10.36%。除阳澄淀泖区大雨期间的水位涨速增加外,武澄锡虞区和杭嘉湖区的水位涨速均呈下降趋势,分别下降了 14.42% 和 0.08%。大雨事件中太湖平原及各水利分区的退水速率均大幅增加,平均增加值为 33.97%,杭嘉湖区的退水速率增加值最大,增加了 117.11%,武澄锡虞区的退水速率增加值最小,共增加了 33.48%。

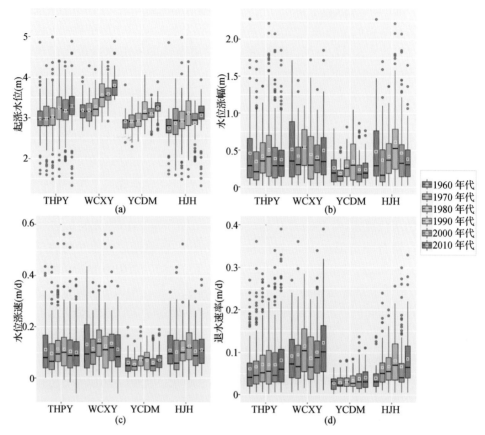

图 5.12　太湖平原汛期大雨事件中降雨水位响应特征参数的变化特征
（THPY：太湖平原，WCXY：武澄锡虞，YCDM：阳澄淀泖，HJH：杭嘉湖区）

4）暴雨事件

1960—2016 年，太湖平原暴雨事件中的起涨水位大于其他等级降雨事件的起涨水位，平均值为 3.21 m，但起涨水位的增幅小于其他等级降雨起涨水位的增加幅度，仅增加了 8.12%。其中，阳澄淀泖区和杭嘉湖区暴雨事件中的起涨水位增加值较为接近，分别为 9.77% 和 9.66%，武澄锡虞区起涨水位的增加值较小，仅为 7.58%［图 5.13(a)］。太湖平原暴雨事件中的水位涨幅增加了 27.41%，但各水利分区的变化趋势存在较大差异，武澄锡虞区的水位涨幅增加了 113.19%，而阳澄淀泖区和杭嘉湖区的水位涨幅分别减少了 16.11% 和 12.57%。武澄锡虞区 2010 年代的水位涨幅增加尤为明显，相较于 2000 年代，增加了 126.25%［图 5.13(b)］。

与其他等级降雨事件不同，太湖平原暴雨期间的水位涨速增加了 37.78%，其中武澄锡虞区的增幅最大，增加了 74.93%。2000 年代以前平原区和各水利分区

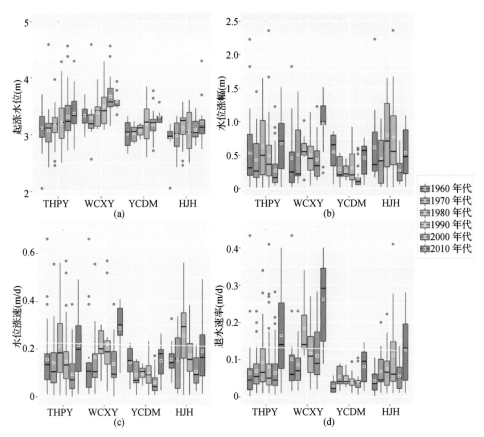

图 5.13　太湖平原汛期暴雨事件中降雨水位响应特征参数的变化特征

（THPY：太湖平原，WCXY：武澄锡虞，YCDM：阳澄淀泖，HJH：杭嘉湖区）

的水位涨速整体上呈减小趋势，至 2010 年代转变为大幅的上升趋势[图 5.13(c)]。暴雨期间退水速率大幅增加，平均增加了 152.64%，杭嘉湖区和阳澄淀泖区的退水速率分别增加了 197.42% 和 191.20%，武澄锡虞区的增幅最小，但也高达159.48%[图 5.13(d)]。退水速率的大幅增加均出现在 2010 年代，这主要得益于区域主要城市防洪大包围的投入运行。

5.3.2　降雨水位响应关系的区域差异

不同等级降雨条件下太湖平原和各水利分区的降雨水位响应关系存在明显的区域差异（图 5.14）。太湖平原及各水利分区的起涨水位、水位涨幅、水位涨速和退水速率随着降雨等级的提高而增加。从小雨事件到暴雨事件，起涨水位的增加幅度减小，在 0.19 m 以下，各等级降雨条件下的起涨水位的最大值和最小值均出现在武澄锡虞区和杭嘉湖区。

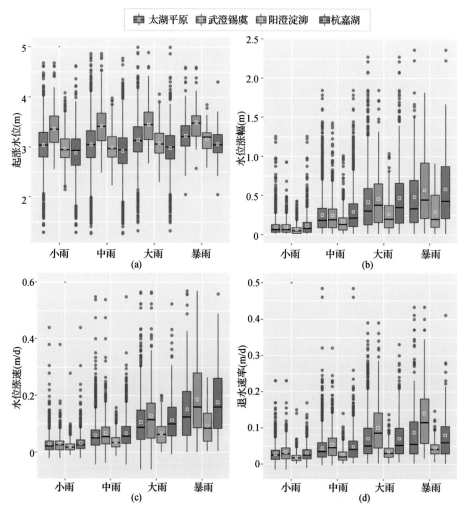

图 5.14　不同等级降雨条件下的太湖平原和各水利分区降雨水位响应关系的差异

　　小雨期间不同水利分区水位涨幅、水位涨速和退水速率的差异较小,武澄锡虞区的水位涨幅和退水速率最大,而杭嘉湖区的水位涨速最大,分别为 9.65 mm、3.3 mm/d 和 3.2 mm/d。中雨及以上等级的降雨事件中,不同水利分区水位涨幅、水位涨速和退水速率间的差异逐步扩大,最大值和最小值均出现在武澄锡虞区和阳澄淀泖区,武澄锡虞区暴雨期间的水位涨幅、水位涨速和退水速率分别是阳澄淀泖区的 1.88 倍、1.99 倍和 3.01 倍。这说明对于平原河网区,降雨量级是影响区域水文情势的主要因素,但同时,区域水利工程(圩区)建设也对水文情势产生一定的影响。对于不同区域,由于社会经济发展水平不同,水利工程建设也有所差异。武澄锡虞区圩区建设相对完善,对于区域洪涝情势控制能力相对较强,但对于较大量级降雨事件,圩区排涝能力也相对有限。

5.3.3 城市化下不同水网对降雨水位响应关系的影响

依据区域不透水面的空间分布格局将水位站点划分为城市站点和乡镇站点,通过对比分析不同站点间降雨水位响应参数的差异,揭示城市化水平的高低对降雨水位响应关系的影响程度,结果如图 5.15 所示。不同等级降雨条件下,城市站点的起涨水位均大于乡镇站点的起涨水位。随着降雨等级的提高,城乡站点间起涨水位的差异逐渐缩小,由小雨事件到暴雨事件两者间的差距由 0.22 m 逐渐减小至 0.08 m。

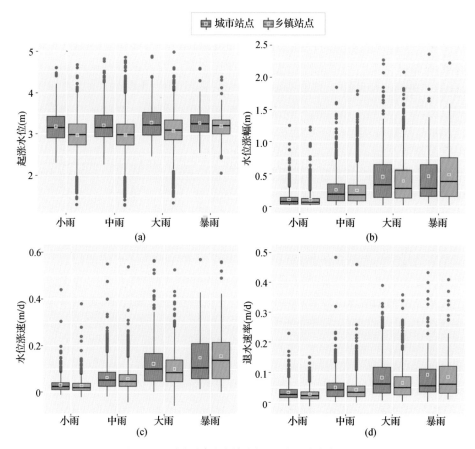

图 5.15 城市站点和乡镇站点降雨水位响应的差异

除暴雨事件外,城市站点的水位涨幅均大于乡镇站点,小雨和中雨事件中两者的差异较小;大雨事件中城市站点的水位涨幅明显大于乡镇站点,城市站点的水位涨幅是乡镇站点的 1.17 倍。与其他等级降雨不同,暴雨期间乡镇站点的水位涨幅大于城市站点,平均差异为 3.96 mm。

城市站点和乡镇站点水位涨速的变化特点与水位涨幅一致,城市站点小雨、中雨和大雨事件的涨水速率均大于乡镇站点,且大雨事件中乡镇站点与城市站点涨水速率的差异最大,平均差异为 2.33 mm/d。暴雨事件中城市站点的涨水速率比乡镇站点的涨水速率低 0.71 mm/d。除暴雨事件外,不同等级降雨事件中城市站点的退水速率均大于乡镇站点,由小雨事件至大雨事件城市站点和乡镇站点退水速率的差异逐渐扩大,由 0.61 mm/d 增加至 1.78 mm/d。

综合上述分析表明,太湖平原暴雨事件中的水位涨幅和水位涨速分别增加了 27.41% 和 37.78%,城市化导致暴雨期间的产流量增加和汇流速度加快。而暴雨期间的退水速率增加了 152.64%,工程措施使得区域调节洪水的能力显著增强。以场次降雨事件及其对应时段的水位变化过程为切入点,构建了降雨水位响应特征参数,提取了 7 146 场汛期降雨事件,并计算了相应时段的降雨水位响应特征参数,分析了降雨水位响应关系的长期变化趋势,探讨了不同等级降雨条件下降雨水位响应的差异,揭示了城市化对降雨水位响应关系的影响。太湖平原的汛期起涨水位和水位涨幅分别呈显著增加和不显著减小的趋势,各城市站点起涨水位的增幅由北向南依次减小,起涨水位不显著增加的站点主要分布在杭嘉湖区,而水位涨幅呈增加趋势的站点主要分布在京杭大运河沿线地区。太湖平原的汛期水位涨速和退水速率分别呈不显著增加和显著增加的趋势,水位涨速增加的站点主要分布在武澄锡虞区和阳澄淀泖区,而杭嘉湖区西南部的水位涨速不显著减小;阳澄淀泖区退水速率显著增加的站点约占区域显著增加站点总量的 55.56%。太湖平原大雨和暴雨事件中的起涨水位增幅低于小雨和中雨事件的起涨水位增幅;小雨、中雨和大雨事件中的水位涨幅和水位涨速均呈下降趋势,而暴雨事件中的水位涨幅和水位涨速分别增加了 27.41% 和 37.78%。不同等级降雨条件下,太湖平原的退水速率均增加,且暴雨期间的增幅最大,达 152.64%。不同等级降雨条件下,城市站点的起涨水位大于乡镇站点,随着降雨等级的提高,城乡站点间起涨水位的差异逐渐缩小,而退水速率呈先增加后减小的趋势。除暴雨事件外,城市站点的水位涨幅和水位涨速均大于乡镇站点,且大雨事件中两者的差异最大。

5.4　平原河网区水文过程变化的驱动机理

快速城市化导致的区域不透水面增加、河湖水系退化及水面率的衰减等,在增加降雨产流量、加快汇流速度的同时,降低了城市区域河湖的调蓄能力和河道行洪、泄洪能力;而城市防洪标准的提高及防洪排涝工程的建设,使得城市化地区排涝能力大幅提高,暴雨期间集中排涝造成区域骨干河道水位长时间居高不下,最终导致区域防洪压力剧增、防洪排涝矛盾突出。平原河网区河道坡降小、水流流速低及流向不定,洪水演进过程复杂。平原河网区暴雨洪水过程受到城市化的显著影响(如不透水面、水利工程等),但对于何种程度的不透水面率及水利工程措施会对区域暴雨洪水过程产生影响,目前尚未形成统一认识。因此,迫切需要量化城市化各影响因素对暴雨洪水过程的影响程度,优化平原河网区水利工程调度措施,协调城郊洪涝矛盾,为区域防洪减灾提供指导。以快速城市化的武澄锡虞区为典型,基于水文水力耦合模型模拟分析城市水利工程调度运行对中心城区和区域骨干河道短历时暴雨洪水过程的影响机制。

5.4.1　水文水力学耦合模拟

为了提供稳定的边界条件并充分利用已有的水文资料,将常州市的新北区、钟楼区、天宁区和武进区全部纳入模型的模拟框架,此范围略大于传统水文分区中的武澄锡虞区,但两者的差别很小,为了便于表述,仍称其为武澄锡虞区,模型模拟的范围如图 5.16 所示。

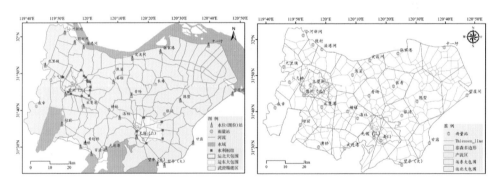

(a) 水系、气象水文站点及水利工程分布图　　　　(b) 产流区划分和降雨空间分配图

图 5.16　武澄锡虞区水文水力学模型构建概况

1) 水力学模型的构建

MIKE11 一维水力学模型由丹麦水力研究所建立,其理论基础是由运动方程和连续方程组成的圣维南方程组,水流的不可压缩性、各向同质性、河床坡度小及静水压均匀分布等是其基本假设(张培等,2018),其表达式如下:

$$\frac{\partial A}{\partial t}+\frac{\partial Q}{\partial x}=q \tag{5.11}$$

$$\frac{\partial Q}{\partial t}+\frac{\partial}{\partial x}\left(\frac{Q^2}{A}\right)+gA\frac{\partial h}{\partial x}+n^2 g\frac{Q|Q|}{AR^{\frac{4}{3}}}=0 \tag{5.12}$$

式中,A 为过水断面,m^2;Q 为流量,m^3/s;h 为断面平均水深,m;g 为重力加速度,m/s^2;q 为旁侧入流,m^3/s;R 为水力半径,m;n 为曼宁糙率系数;t 为时间坐标,s;x 为距离坐标,m。

MIKE11 使用无条件稳定的 Abbott-Ionescu 六点中心隐式差分格式对圣维南方程组进行数值离散,并根据水位—流量—水位交替的顺序设置河道横断面上的计算节点,采用"追赶法"按顺序交替求解每个计算节点的水位或流量值,但不能对任一个计算节点同时计算水位和流量值(Abbott et al.,1967)。MIKE11 模型可以动态地模拟水闸、泵站和涵洞等各类防洪排涝工程对城市化地区洪水发展和演进过程的影响,在复杂平原河网区的洪水预报、城市洪水风险管理和水利工程优化调度等方面应用广泛。

MIKE11 模型由河网、河道断面、边界条件、水位(流量)数据、水工建筑物的设计参数和调度规则等组成,所有模型文件均通过河网文件进行有效连接。模型各组成部分的构建过程如下所述:

(1) 河网文件

武澄锡虞区河湖纵横交错、水文水力联系复杂,综合考虑资料的可获得性及模型模拟的便利性,以骨干河道为基础对河网进行概化,仅考虑流域性和区域性骨干河道,将次要河道(包括断头浜)和湖泊分别概化为调蓄水面和调蓄节点。对常州市运北大包围和无锡市运东大包围内部及周边地区的河道进行了加密,将具有输水作用的重要次级河道也纳入模型模拟框架内。

以武澄锡虞区 2010 年代 1∶50 000 的数字线划图为底图,辅以常州市和无锡市的水系规划图、水利普查详查资料、2018 年的 Landsat8 遥感影像和外业调研资料,在厘清河网水系连接状况的基础上,对水系进行概化。将概化后的水系导入 MIKE11 的河网编辑器,定义河道的上下游并建立河网的连接关系。最终,将水系概化为以京杭大运河和望虞河为代表的流域性骨干河道及以锡澄运河、白屈港、锡北运河、张家港、澡港河和走马塘等为代表的区域性骨干河道,共计 138 条(图 5.16)。

(2) 断面文件

断面文件用于描述河道的几何特性,其形状决定了在特定水位条件下河道的水面宽和水量。原始断面文件由常州市、无锡市和苏州市水文局提供,经格式转换后,导入 MIKE11 的断面编辑器。采用模型的断面内插功能,断面布设间隔介于 300~1 000 m 之间,在曲度较大的河段及模型验证点周边对断面进行了适当加密。

(3) 水工建筑物概化及调度规则

常州市运北大包围和无锡市运东大包围是武澄锡虞区最为典型的中心城市综合防洪除涝工程,防洪标准基本达到了 200 年一遇,两者的设计排涝流量占武澄锡虞区总排涝流量(2 217 m³/s)的 35.59%。运北大包围工程建成于 2014 年,东、西分别以丁塘港和凤凰泾为界,南沿京杭大运河,北至沪宁高速公路,面积约 156.2 km²,设计总排涝流量为 374 m³/s,共包含 18 座规模不等的水利工程。其中,以大运河东枢纽、澡港河南枢纽和横塘河北枢纽等为代表的 8 座水利枢纽是运北大包围的主要节点工程。运东大包围工程于 2008 年基本建成,东至白屈港控制线,南沿京杭大运河,西抵锡澄运河,北达锡北运河。外围防线 68.5 km,面积约 144 km²,设计总排涝流量为 415 m³/s,主要由严埭港枢纽、仙蠡桥枢纽、利民桥枢纽和北兴港枢纽等 8 座节点工程和 11 座口门建筑物组成。主要节点水工建筑物的基本信息如表 5.2 所示。

表 5.2　武澄锡虞区中心城市大包围主要防洪工程及其基本参数

项　目	建筑物名称	建设规模		所在河道
		节制闸净宽(m)	泵站(m³/s)	
运北大包围	大运河东枢纽	2×16	100	京杭大运河
	丁横河枢纽	6	15	丁横河
	靡家塘枢纽	6	15	靡家塘
	横峰沟枢纽	6	10	横峰沟
	横塘河北枢纽	2×10	40	横塘河
	北塘河枢纽	12	30	北塘河
	永汇河枢纽	8	10	永汇河
	老澡港河枢纽	8	10	老澡港河
	澡港河南枢纽	2×10	50	澡港河
	南运河枢纽	12	30	南运河
	串新河枢纽	8	20	串新河
	采菱港枢纽	12	20	采菱港
	新闸控制工程	60	—	京杭大运河
	先锋闸	6	—	先锋河
运东大包围	江尖枢纽	3×25	60	古运河
	仙蠡桥南枢纽	2×20	—	梁溪河
	仙蠡桥北枢纽	16	75	老运河
	利民桥枢纽	16	60	古运河
	伯渎港枢纽	6	45	伯渎港
	九里河枢纽	6	45	九里河
	北兴塘枢纽	16	60	北兴塘
	严埭港枢纽	2×12	70	严埭港
	西漳北闸	6	12	咸塘河
	高桥闸	6	12	内塘河
	寺头港节制闸	2×6	—	寺头港
	三里桥闸	6	—	东塘河
	瓦屑坝闸	6	—	苏屑河

由于圣维南方程组不适用于水工建筑物处的洪水演进计算,因此需要依据水工建筑物的水力学特点进行特殊处理(徐祖信和卢士强,2003)。水闸和泵站是构成武澄锡虞区中心城市大包围的主要水工建筑物,参照各水工建筑物的位置和规模等设计参数,将其概化为MIKE11模型中的可控水工建筑物。模型可根据模拟过程中目标水文站点的水位或流量变化,依据既定的调度规则,对其运行方式进行调整,以反映在不同调度方案和优先级条件下,水利工程的运行对洪涝过程的影响。

根据《常州市城市防洪规划修编报告(2016)》,常州市运北大包围的调度规则为:① 当常州(三)的水位为4.3 m且有明显上涨趋势时,大包围沿线所有闸门关闭挡水;② 当三堡街水位达4.5 m时,大运河东枢纽开泵排水,其间,当三堡街水位有明显上升趋势时,其他水利枢纽开泵排水;③ 当常州(三)水位达4.8 m时,大运河东枢纽停机,当三堡街水位落至4.3 m时,其他水利枢纽泵站停机;④ 当降雨停止且天气转好,常州(三)水位落至4.5 m且有进一步下降趋势时,所有闸门敞开,大包围停止运行。

依据《无锡市城市防洪工程水情调度方案》,无锡市运东大包围的调度规则为:① 当无锡(二)水位临近3.8 m且有持续上涨趋势时,关闭大包围的所有闸门并开泵排涝;② 若南门水位小于3.3 m,则泵站停机,但仍关闭闸门;③ 当圈内水位高于圈外水位时,停止排涝,闸门敞开;④ 当无锡(二)水位小于3.8 m时,大包围停止运行。

为降低长江洪潮对武澄锡虞区的危害,同时为了提高洪水期间北排长江及枯水期引江的能力,武澄锡虞区长江沿线共建设了25座口门建筑物。本书考虑了10座大型通江口门,其基本信息如表5.3所示。

表5.3 武澄锡虞区沿长江主要防洪工程及其基本参数

建筑物名称	建设规模			所在河道
	节制闸净宽(m)	过闸流量(m³/s)	泵站(m³/s)	
小河新闸	23.6	340	—	新孟河
魏村枢纽	24	300	60	德胜河
澡港枢纽	16	190	40	澡港河
新沟河江边枢纽	48	460	180	新沟河
新夏港枢纽	10	45	45	新夏港
定波闸	24	240	—	锡澄运河
白屈港枢纽	20	100	100	白屈港
张家港闸	40	387	—	张家港
十一圩闸	14	180	—	二干河
走马塘江边枢纽	36	207		走马塘

根据《苏南运河区域洪涝联合调度方案(试行)》,长江沿线通江口门的调度规则为:① 当石堰水位大于 3.5 m 且闸内水位高于闸外水位时,小河新闸、魏村闸和澡港闸开闸排水;当石堰水位大于 4.5 m 时,关闸开泵。② 当常州(三)水位大于 4.0 m,且新沟河江边枢纽闸内水位高于闸外水位时,开闸排水;当常州(三)水位大于 4.4 m 时开启泵站。③ 当青旸水位大于 3.7 m 时,定波闸、白屈港枢纽、新夏港枢纽闸内水位高于闸外水位时开闸排水;当青旸水位大于 4.2 m 时开启泵站。④ 当无锡(二)水位大于 3.6 m 时,张家港、十一圩港闸和走马塘江边枢纽闸内水位高于闸外水位时开闸排水。需要指出的是,采用闸泵工程的实时调度运行记录对模型进行率定和验证,采用调度规则进行情景分析。

(4) 边界条件

由于平原河网区流量资料匮乏,因此采用 13 个遥测站点 5 min 步长的水位(潮位)数据作为水力学模型的上边界条件和下边界条件。同时,为表征降雨的空间异质性对洪水演进过程的影响,共收集了武澄锡虞区典型场次洪水 5 min 步长的遥测降雨数据。将上述 5 min 步长的数据合并为 1 h 后,作为主要的驱动数据输入模型。

(5) 模型参数

河道糙率是河床及岸壁对水流阻力的综合表征,受断面形状、河段形态、床面和岸壁粗糙度、含沙量、水流状态及河道植被等因素的影响(Saleh et al.,2013),是一维河道水力学模型的核心参数。河道糙率一般难以通过实测获取,通常需要进行率定。初始条件和河道糙率是 MIKE11 模型的主要参数,可将汛期水位的多年均值作为模型初始水位。根据水系特征及地形特点,并在参考相关研究(张培等,2018;杨帆等,2020)的基础上对区域主干河道的糙率进行初设值,并实测暴雨洪水过程对其进行率定。

2) 水文学模型的构建

NAM(Nedbør-Afstrømnings-Model)模型是集总式的概念性水文模型,最初由丹麦科技大学提出,在实践中不断完善后发展成为由丹麦水利研究所建立的MIKE11 降雨径流模块中的一员。NAM 模型将流域的储水层概化为积雪储水层、地表储水层、浅层储水层和地下储水层,通过模拟融雪径流、地表径流、壤中流和地下水径流对降雨产汇流过程进行模拟(Nayak et al.,2013)。地表储水层的储水量主要包括地表植物、洼地及耕作层等截留的水量,当地表实际储水量超过其最大储水量时,将产生地表径流,同时也会对浅层储水层进行补给。植物的蒸腾作用是浅层储水层水分消耗的主要方式,作物根区集中分布在浅层储水层。当浅层储水层的储水量超过其最大储水量时将产生地下水补给。因此,地表水、壤中流和地下水相互之间的转换关系取决于不同水文条件和物理特性下的土壤相对储水量。

NAM 模型既可模拟流域长期水文情势的变化,又可模拟短历时的暴雨洪水事件。地表储水层最大储水量、浅层储水层最大储水量、地表径流系数、地表径流和壤中流汇流时间是 NAM 模型中较为敏感的参数(林波等,2014),需在考虑水文特性并借鉴相似流域参数取值的基础上,根据实况降雨径流过程进行率定。NAM模型主要参数的含义及其取值范围详见 Madsen(2000)和刘晗等(2019)。将 NAM模型模拟的结果以旁侧入流的形式连接到 MIKE11 的河网文件中,从而构建基于复杂河网与众多子流域的一维河道洪水演进模型。

平原感潮河网的河道水流流向不定、地势低平,难以根据地形变化特征划分产流单元。在对河网进行概化及拓扑检查等前期处理的基础上,根据河网的空间连接关系,采用"欧氏距离"法划分产流单元。然后,在综合考虑地形、下垫面及水利工程布置等因素的基础上对产流单元进行调整,最终划分为 376 个产流单元[图 5.16(b)]。每个产流单元单独进行产流模拟,并将各产流单元的产流量以旁侧入流的形式分配到距其最近的河段,构建水文水力学耦合模型。考虑到降雨的空间异质性直接影响地表产流过程,采用泰森多边形法对站点降雨数据进行空间分配,以降低降雨的空间异质性对模拟结果的影响。

3) 模型率定与验证

采用 Nash-Sutcliffe 效率系数(NSE)、相关系数(R)、均方根误差($RMSE$)、标准差($Bias$)及 Kling-Gupta 系数(KGE)评估模拟值与实测值在数值大小和线型上的近似程度,各指标的表达式如下:

$$R = \frac{\sum\limits_{i=1}^{n} (w_{\text{obs}}^i - \overline{w_{\text{obs}}^i}) \times (w_{\text{sim}}^i - \overline{w_{\text{sim}}^i})}{\sqrt{\sum\limits_{i=1}^{n} (w_{\text{obs}}^i - \overline{w_{\text{obs}}^i})^2 \times \sum\limits_{i=1}^{n} (w_{\text{sim}}^i - \overline{w_{\text{sim}}^i})^2}} \tag{5.13}$$

$$RMSE = \sqrt{\frac{1}{n} \sum\limits_{i=1}^{n} (w_{\text{sim}}^i - w_{\text{obs}}^i)^2} \tag{5.14}$$

$$Bias = \frac{\sum\limits_{i=1}^{n} w_{\text{sim}}^i - w_{\text{obs}}^i}{\sum\limits_{i=1}^{n} w_{\text{obs}}^i} \tag{5.15}$$

$$NSE = 1 - \frac{\sum\limits_{i=1}^{n} (w_{\text{obs}}^i - w_{\text{sim}}^i)^2}{\sum\limits_{i=1}^{n} (w_{\text{obs}}^i - \overline{w_{\text{obs}}^i})^2} \tag{5.16}$$

$$KGE = 1 - \sqrt{(R-1)^2 + (\alpha-1)^2 + (\beta-1)^2} \tag{5.17}$$

式中,n 为实测序列的样本数;w_{obs} 为实测水位;w_{sim} 为模拟水平;$\overline{w_{\text{obs}}}$ 和 $\overline{w_{\text{sim}}}$ 分别为实测水位和模拟水位的平均值;α 为实测水位标准差和模拟水位标准差的比值;β

为 $\overline{w_{obs}^i}$ 和 $\overline{w_{sim}^i}$ 的比值。$R,Bias,NSE,KGE$ 越大,$RMSE$ 越小,模型效果越好。

通过开展水文试验观测,获取了 27 个雨量站和 25 个水位(潮位)站典型场次洪水 5 min 步长的遥测降雨和遥测水位(潮位)数据。选取常州(三)、采菱港、洛社、青旸、无锡(二)和陈墅站作为典型代表站对模型进行率定和验证。为保证模型的稳定性并获取完整的洪水涨落过程,在率定和验证过程中,模拟时段均延长为降雨历时的 1~3 倍。

2016 年 9 月 28 日至 10 月 1 日(20160929)和 2017 年 9 月 23 日至 9 月 25 日(20170925),武澄锡虞区发生区域性暴雨事件,20160929 场次降雨的平均雨量为 145.2 mm,降雨中心位于常州市境内,地处京杭大运河上游的九里站,场次累积降雨量最大,达 228.5 mm。20170925 场次降雨的平均雨量为 220.1 mm,降雨量的空间分布较为均匀,有 21 个雨量站的场次降雨量超过 210 mm,长寿站的降雨量高达 303 mm。因此,选择上述场次降雨事件对模型参数进行率定,代表站点的模型模拟结果及评价参数如图 5.17、图 5.18 和表 5.4 所示。两场暴雨过程中,各代表站点模拟与实测的水位涨落过程较为一致,其中,除洛社站外,20160929 场次暴雨模拟和实测的洪峰出现时间误差均小于 4 h,峰值水位误差范围为 −0.08~0.07 m,各站点模拟结果的平均 NSE、R、$RMSE$、$Bias$ 及 KGE 分别为 0.93、0.97、0.08、−0.80 和 0.96。20170925 场次暴雨的模拟峰值略高于实测值,但误差均小于 0.18 m,峰现时间误差在 2 h 以内,各站点模拟结果的平均 NSE、R、$RMSE$、$Bias$ 及 KGE 分别为 0.85、0.96、0.19、−2.91 和 0.93(表 5.4)。

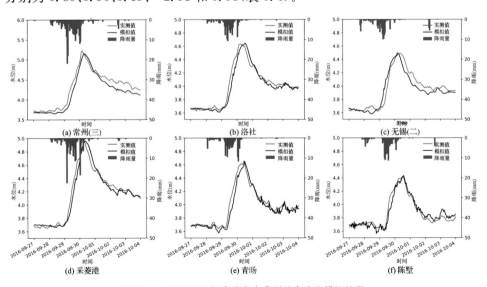

图 5.17　20160929 场次洪水中典型站点水位模拟结果

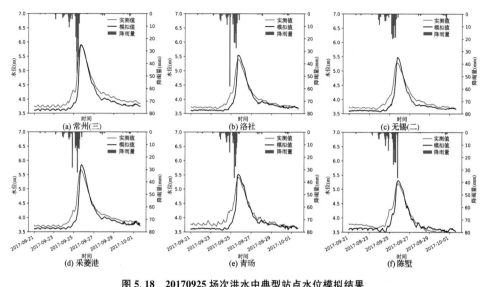

图 5.18　20170925 场次洪水中典型站点水位模拟结果

表 5.4　率定期和验证期的洪水过程模拟结果评价

洪水编号	站点	R	RMSE/m	Bias/m	NSE	KGE	峰值误差/m	峰时误差/h
20160929	常州(三)	0.98	0.14	−2.47	0.91	0.97	0.07	−3.00
	无锡(二)	0.95	0.09	−0.81	0.89	0.93	0.02	−2.00
	采菱港	0.98	0.07	−0.37	0.97	0.98	−0.08	−4.00
	青旸	0.97	0.07	−0.78	0.93	0.97	0.02	−1.00
	陈墅	0.96	0.06	0.21	0.92	0.95	0.01	0.00
	洛社	0.98	0.07	−0.60	0.95	0.98	−0.02	−6.00
20170925	常州(三)	0.97	0.22	−4.24	0.85	0.95	−0.01	0.00
	无锡(二)	0.96	0.18	−3.20	0.83	0.93	−0.17	−2.00
	采菱港	0.96	0.19	−2.75	0.88	0.92	−0.18	−2.00
	青旸	0.95	0.19	−3.16	0.87	0.91	−0.10	0.00
	陈墅	0.95	0.16	−1.48	0.87	0.94	−0.10	0.00
	洛社	0.95	0.17	−2.61	0.86	0.92	−0.15	0.00
20170610	常州(三)	0.95	0.24	−4.00	0.79	0.90	0.19	−2.00
	无锡(二)	0.93	0.20	−3.26	0.68	0.81	0.19	−3.00
	采菱港	0.95	0.17	−1.62	0.86	0.87	0.11	−2.00
	青旸	0.93	0.18	−2.63	0.76	0.87	0.14	−3.00
	陈墅	0.89	0.17	−0.05	0.72	0.81	0.02	−4.00

2017 年 6 月 10 日(20170610)武澄锡虞区发生暴雨事件,降雨主要集中在 4 点至 16 点之间,区域平均雨量为 169.62 mm,降雨中心位于区域西部的大运河沿线地区,常州站累积降雨量达 236 mm,最大小时降雨量为焦溪站的 51.5 mm。选用 20170610 场次降雨过程对模型进行验证,结果如图 5.19 和表 5.4 所示。各站点模拟水位与实测水位的涨落过程基本一致,各站点平均峰现时间误差均为 2.8 h。模拟峰值水位整体上小于实测值,但均低于 0.2 m。模拟结果的平均 NSE、R、RMSE、Bias 及 KGE 分别为 0.76、0.93、0.19、−2.31 和 0.85,模拟表现略差于率定期,但仍能较为合理地刻画洪水的发展过程,这说明建立的水文水力学耦合模型适用于武澄锡虞区的暴雨洪水过程模拟。

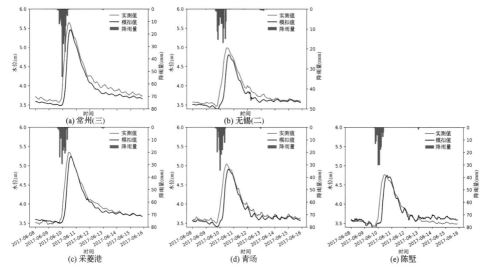

图 5.19   20170610 场次洪水中典型站点水位模拟结果

4)情景设置

基于水文水动力学耦合模型的情景模拟能够对预测降雨或设计暴雨情景下可能发生的洪涝灾害事件进行评估,从而刻画城市洪涝风险的空间转移特征,是城市地区防洪减灾的一项重要的非工程措施。由于 20170925 场次降雨的雨量较大且空间分布较为均匀,容易引发区域性的洪涝灾害,因此选取该场降雨作为典型降雨过程,对不同重现期的降雨进行时程分配,以此探讨土地利用变化对不同量级洪水过程的影响。具体过程如下:

利用 GEV 分布对 1960—2016 年武澄锡虞区各站点的年最大一日和最大三日降雨数据进行频率拟合,推求 5 年、10 年、20 年、50 年和 100 年一遇的时段降雨量。采用同频率分段控制法,获取不同量级降雨的时程分配。同时,采用同频控制法获取不同重现期的模型边界条件,即采用 GEV 法对 1960—2016 年代表站点的长序列日水位数据开展频率分析以获得不同重现期的水位,基于 20170925 场次降雨过程中的实测水位数据,利用同倍比放大法推求不同重现期的设计水位。

5.4.2　水文过程变化的主要影响因素

1)下垫面变化对水文过程的影响

基于验证后的水文水力学耦合模型,依托 1980 年代和 2018 年的土地利用数据,探讨城市化过程中土地利用类型的变化对降雨水位响应关系的影响。1980 年代至 2018 年,太湖平原的土地利用类型以耕地为主,呈减少趋势,由 1980 年代的 12 634.52 km² 减少至 2018 年的 8 458.01 km²,占区域总面积的比例由 77.24% 减少至 51.69%。城镇建设用地(其他建设用地)的占比由 1980 年代的 3.51% (8.15%)增加至 2018 年的 21.95%(13.77%)。在模型模拟的过程中,不考虑中心城市防洪大包围及沿江防洪工程对洪水演进过程的影响,仅改变不同产流区的土地利用类型。通过将不同重现期的设计暴雨与土地利用数据进行组合,共得到 10 种组合情景。这些情景反映了 2 种土地利用和 5 种降雨(5 年一遇、10 年一遇、20 年一遇、50 年一遇和 100 年一遇)情况,两两组合,得到 10 种情景。20170925 暴雨洪水事件平均雨量为 220.1 mm,降雨量的空间分布较为均匀,有 21 个雨量站的场次降雨量超过 210 mm,长寿站的降雨量高达 303 mm,故选取该事件作为典型。将 2017 年 9 月 23 日 4:00 的水位定义为起涨水位,9 月 27 日 18:00 的水位定义为洪水落平时的水位,计算不同情景下典型站点的水位涨幅、水位涨速和退水速率,揭示土地利用变化对不同重现期洪水的影响,结果如图 5.20 所示。

1980 年代至 2018 年,土地利用变化使不同重现期降雨条件下的水位涨幅、水位涨速和退水速率均表现为增加趋势,整体上降雨等级越高,土地利用变化对降雨水位响应关系的影响越明显。土地利用变化使典型站点的水位涨幅平均增加值由 5 年一遇的 0.08 m 增加至 100 年一遇的 0.19 m,这说明城市化进程中土地利用的变化,使城市化地区的产流量增加、洪水峰值增大。在 100 年一遇的情景下,位于中心城区的常州站、三堡街站、无锡站以及南门站的水位涨幅增加值低于位于郊区的采菱港站、陈墅站和青旸站。

土地利用变化对不同重现期降雨条件下,水位涨速的影响与水位涨幅类似,使水位涨速的增加值由 5 年一遇的 1.32 mm/h 增加至 100 年一遇的 3.80 mm/h,这表明土地利用的变化使城市地区的汇流速度加快。100 年一遇降雨条件下,水位涨速增幅的最大值出现在采菱港站,达 4.68 mm/h。土地利用变化同样使退水速率增加。城市化进程中不透水面积的增加,一方面,减少了降雨过程中的下渗

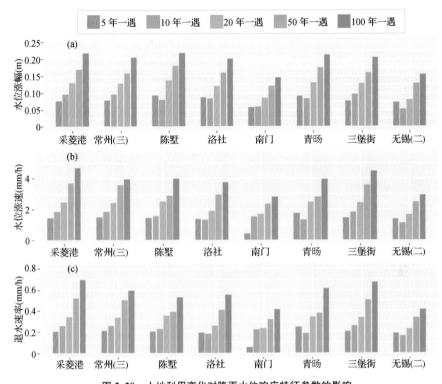

图 5.20 土地利用变化对降雨水位响应特征参数的影响

量;另一方面,大量具有良好持水能力的植被遭到破坏,使得雨水在地表的滞留时间减少,由此加速了退水过程。土地利用变化使武澄锡虞区的退水速率由 5 年一遇的 0.19 mm/h 增加到 100 年一遇的 0.56 mm/h。

2) 水利工程对水文过程的影响

为探讨不同重现期暴雨条件下水利工程的运行调度对降雨水位响应关系的影响,共设置了两套模拟方案。方案一,不同重现期暴雨条件下均不考虑中心城市防洪大包围和沿江防洪工程的影响,即在模拟时段内大包围及沿江防洪工程的闸门和泵站均设置为开闸关泵,称为无工程情景;方案二,不同重现期暴雨条件下中心城市防洪大包围及沿江防洪工程的闸门和泵站按调度规则运行,称为有工程情景。以不同重现期的暴雨及对应频率的水位(潮位)作为模型边界,共获取 10 种情景下典型代表站的洪水模拟结果,通过计算不同情境下的水位涨幅、水位涨速和退水速率,对比分析水利工程的运行对不同重现期洪水过程的影响。

不同重现期暴雨条件下,由水利工程运行引起的降雨水位响应参数的差异如图 5.21 所示,除位于运北大包围内部的三堡街站和运东大包围内部的南门站外,大包围工程的运行导致代表站点的水位涨幅在不同重现期下均表现为上升趋势。在 100 年一遇的情景下，水利工程的运行使三堡街站的水位涨幅下降了 855 mm，而常州（三）站的水位涨幅增加了 67 mm。当暴雨重现期小于 50 年一遇时，水位涨幅的差异随降雨等级的提高而增加，而 100 年一遇暴雨的水位涨幅差异小于 50 年一遇的暴雨。当遭遇高等级暴雨时，为保护流域整体的防洪安全，会限制大包围向流域骨干河道的排涝量，由此导致区域整体的水位涨幅差异减小。与大包围周边站点的水位涨幅的变化不同，大包围的运行使其内部站点在各重现期下的水位涨幅均在下降，且下降的幅度随降雨等级的提高而增大。为保护中心城区的防洪安全，暴雨期间通过闸门阻挡圩外高水进入圩内，并通过泵站将圩内涝水抽排至圩外骨干河道，使圩内河道的水位涨幅下降。

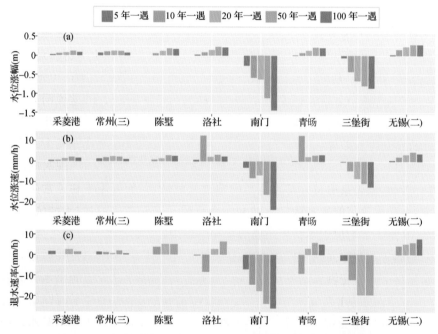

图 5.21 不同重现期降雨条件下水利工程对降雨水位响应特征参数的影响

水利工程的运行对水位涨速产生的影响与水位涨幅一致，整体上表现为圩内站点水位涨速的下降和圩外站点水位涨速的上升，在 100 年一遇的情景下，水利工程的运行使三堡街站和常州（三）站的水位涨速分别减小和增加了 12.57 mm/h 和 1.09 mm/h。水利工程的运行使大包围外部站点退水速率增加，而内部站点的退水速率减小。沿江防洪工程的运行，提高了区域洪水的外排能力，加速了洪水的消退过程。而位于大包围内部的站点，相较于无水利工程的情景，其洪水上涨幅度减小,洪水过程线变得较为平缓,因此退水速率呈减小趋势。综上可知,沿江防洪工程和城市大包围工程的运行对区域洪水的演进造成巨大影响,在很大程度上改变了降雨水位的响应关系。由于武澄锡虞区的城市大包围均投入运行于 2010 年代,因此近年来的降雨水位响应关系较其他时期发生了较大的变化。

3) 水系变化对水文过程的影响

河流水系变化对洪水过程的影响体现在如下方面:骨干河网变化影响区域行洪能力;一般河道的自由水面积较大,调蓄作用明显。从常州水网地区来看,一般河道从 1980 年代的 1 330.7 km 减少为 2010 年代的 899.6 km,减少了 32.4%;骨干水系的总量未发生明显变化,但河网结构发生了一定变化,尤其是京杭大运河常州市区段改线工程(新京杭大运河段),使水系结构得到优化。此外,武南河、武宜运河拓浚工程也对区域洪水产生一定影响。

以常州大包围为典型,通过设置不同水系情景,探讨水系变化对区域水文过程的影响。表 5.5 为不同河网水系条件下的洪水模拟过程及特征指标。对比来看,1980—2010 年代,一般河道衰减引起各站峰值水位有所上涨(0.03~0.04 m),但上涨幅度有限,其中采菱港和戚墅堰站的峰现时间还提前了 1 h,这说明一般河道的减少在一定程度上会加剧洪水危害。1980—2010 年代,骨干河网变化对各站峰值水位的影响有所差异,三堡街站峰值水位下降了 0.07 m,而其他三个站表现出不同程度的上升(0.05~0.08 m),其中戚墅堰站上升最多,各站峰现时间出现延迟现象。这主要与京杭大运河改线工程有关,该河道开通有效缓解了常州城区的防洪压力,将大量可能进入城区的客水南排和东移;而三堡街站位于城区,水位有所下降,其他三站均位于改线河道流经的河段,水位出现上涨。由此可见,骨干河网结构变化与调蓄水面减少都对洪水过程有一定影响,骨干河网主要通过影响水系连通与行洪来改变洪水过程,一般河道主要通过其调蓄功能影响洪水强度。从1980—2010 年代的水系整体变化来看,一般河道衰减明显,而骨干河网结构有所优化;从对洪水过程的影响来看,三堡街站的峰值水位下降了 0.03 m,高水位历时下降 4 h,城区洪水危险有所缓解,而其余三个站峰值水位均有明显上升(0.07~0.12 m),这也表明骨干河网对洪水过程的影响比一般河道更显著。综上所述,河网水系在调节区域洪水中发挥着不可忽视的作用,今后开展城市防洪与水系规划时,应加强一般河道的保护与骨干河网的优化。

表 5.5　河网水系变化的模拟峰值水位(时间)及高水位(>4.3 m)历时

| 站　名 | 骨干河道年代 | 2010 年代 | 2010 年代 | 1980 年代 |
	一般河道年代	2010 年代	1980 年代	1980 年代
常州(三)	峰值水位/m	5.74	5.71	5.65
	峰现时间	2015/6/17 13:00	2015/6/17 13:00	2015/6/17 12:00
	高水位历时/h	96	97	96
三堡街	峰值水位/m	5.72	5.68	5.75
	峰现时间	2015/6/17 13:00	2015/6/17 13:00	2015/6/17 12:00
	高水位历时/h	95	95	99
采菱港	峰值水位/m	5.62	5.58	5.55
	峰现时间	2015/6/17 13:00	2015/6/17 14:00	2015/6/17 12:00
	高水位历时/h	75	76	76
戚墅堰	峰值水位/m	5.62	5.58	5.50
	峰现时间	2015/6/17 13:00	2015/6/17 14:00	2015/6/17 13:00
	高水位历时/h	76	76	74

　　上述分析表明,土地利用变化、水利工程运行和水系变化均对暴雨洪水演变特征产生了重要影响。1980 年代至 2018 年,土地利用变化使不同重现期降雨条件下的水位涨幅、水位涨速和退水速率均表现为增加趋势,其影响程度随降雨等级的提高而加深,这表明城市化进程中的土地利用变化,通过影响产汇流过程对降雨水位响应关系产生了重要影响。水利工程的运行使圩区周边站点的水位涨幅、水位涨速和退水速率增加,而圩区内站点的水位涨幅、水位涨速和退水速率则减小。这说明城市圩垸工程的运行使洪水风险向包围外转移。河网水系也在区域防洪中发挥着不可忽视的作用:1980—2010 年代一般河道数量减少 32.4%,引起局部地区的峰值水位上升 0.03~0.04 m,峰现时间提前 1 h,使洪水危害有所加剧;骨干河道变化(以京杭大运河改线工程为主)对洪水过程的影响表现出空间差异,降低了包围内的河网水位(0.07 m),增加了包围外南部和东部地区的水位(0.05~0.08 m)。这也表明可通过优化水系结构来调节洪水过程。

6 水系变化下调蓄能力与洪涝变化

　　长久以来,人类活动的累积作用,使河网水系在数量、结构形态与连通等多方面受到不同程度的破坏性影响,在一定程度上偏离了自然规律,导致流域平原河网区的洪涝灾害加剧,发生洪涝灾害的频率提高,河流生态系统脆弱性加剧。河网水系被誉为关键的"绿色基础设施",具有重要的自然调蓄功能,能够高效削减洪峰。河网的调蓄容量在平原河网区的防洪排涝中发挥着重要作用。而太湖下游地区平原河网的调蓄容量约达到太湖整体调蓄容量的一半,对降低洪涝风险具有明显效力(王腊春等,1999)。汛期河网调蓄能力的发挥可以削减洪峰,迟滞洪水过程,缓解城市排水排涝压力;非汛期时,河网蓄水则补给地下水,调节河川径流。在平原河网区,河网水系不仅发挥着行洪排涝作用,而且通过调蓄作用影响洪水的时空分布。同时平原河网区湖荡遍布,对调蓄能力也有较大影响。一般而言,调蓄能力可分为两部分,即蓄水容量与调蓄容量。学者们已在太湖平原河网区开展了众多有关河网调蓄能力的研究(周峰,2013;Yang et al.,2016)。为此,本书以典型平原河网为例,通过选取槽蓄容量、可调蓄容量等反映调蓄功能的特征指标,探讨近50年来太湖平原河网调蓄功能的变化特征。同时以计算模型为辅助,定量描述武澄锡虞和阳澄淀泖区河网水系的蓄泄关系。

6.1　平原河网区调蓄能力变化

6.1.1　静态调蓄能力变化

1) 静态调蓄评价指标

(1) 槽蓄容量(S)和可调蓄容量(AS)

　　河网槽蓄容量(S)是指在一定的水位条件下河网所能容纳水体的体积总量,其大小可以直接反映该地区容蓄水量和水资源调度的能力,对于区域防洪排涝、水资源调度和水环境容量的确定均有非常重要的意义。在水文学上,一般采用观测断面法或者水沙平衡法计算河道的槽蓄容量(蒋金珠,1992)。近些年来,随着GIS技术的不断发展,DEM模型也常常被应用于河道的槽蓄容量的计算中(张夏林等,2006)。对于平原河网区而言,受到河网密集和形态复杂的影响,其槽蓄容量难以进行精确的计算。同时,平原河网区的湖荡众多,且往往与河道交织在一起共同承担调蓄洪水的功能。因此,为了计算方便,将水体的垂向形状概化为矩形从而计算河道和湖荡的槽蓄容量,即河道的槽蓄容量(Sc)为河道面积与常水位下水深的乘积,湖荡的槽蓄容量(*Sl*)为湖荡面积与常水位下水深的乘积。

河网可调蓄容量(*AS*)是指处于常水位状态的河网还可以容纳水体的最大体积总量。在本书中,河道的可调蓄容量(*ASc*)被认为是河道警戒水位和常水位之间的差值与河道面积的乘积,湖荡的可调蓄容量(*ASl*)被认为是湖荡警戒水位和常水位之间的差值与湖荡面积的乘积。警戒水位是指在河流、湖荡水位上涨到河段内可能发生险情的水位,一般有堤防的河流多取决于洪水普遍漫滩或重要堤段水浸堤脚的水位,是堤防险情可能逐渐增多时的水位。显然,从调蓄洪水的角度来看,相比河道与湖荡的槽蓄容量,其可调蓄容量更具有重要意义。另外,为了计算方便,依据行政区分别计算其河道与湖荡的槽蓄容量与可调蓄容量。同时,各行政分区的警戒水位和常水位(历年日均水位的中位数)从其代表水位站点获得。各区的警戒水位和常水位如表 6.1 所示。

表 6.1　太湖平原各区警戒水位与常水位　　　　　　　　单位:m

行政区域	常州	无锡	江阴	张家港	常熟	太仓	昆山	苏州	吴江	湖州	德清
警戒水位	4.30	3.59	4.00	3.90	3.70	3.70	3.70	3.80	3.70	3.70	3.70
常水位	3.33	3.07	3.20	3.10	2.92	2.92	2.66	2.80	2.86	2.53	2.56
行政区域	桐乡	嘉兴	嘉善	青浦	松江	金山	平湖	海盐	海宁	余杭	杭州
警戒水位	3.70	3.30	3.30	3.40	3.40	3.50	3.20	3.30	3.80	4.00	4.50
常水位	2.96	2.93	2.90	2.90	2.90	2.90	2.80	2.80	2.81	3.06	3.02

注:引自太湖流域片水文信息服务系统。

(2) 槽蓄能力(*CS*)和可调蓄能力(*CAS*)

上述河网水系的槽蓄容量和可调蓄容量可以从纵向上分析某一区域的静态调蓄功能变化,但是不同的区域其面积相差较大,这可能导致区域之间的槽蓄容量和可调蓄容量难以进行比较。为此,构建了槽蓄能力(*CS*)和可调蓄能力(*CAS*)指标,其计算公式如下所示:

$$CS = S/A \tag{6.1}$$

$$CAS = AS/A \tag{6.2}$$

式中,*A* 为流域集水区面积,km²。可以看出,槽蓄能力和可调蓄能力越强,河网水系的槽蓄功能和可调蓄功能就越好。显然,对于平原河网区的防洪排涝而言,河网水系的可调蓄能力无疑是表征其静态调蓄功能的核心指标。

2) 河网静态调蓄功能的时间变化

(1) 河网静态调蓄功能的总体变化

太湖平原区是我国城镇化发展最为迅速的地区之一,城镇化快速发展导致水系锐减,水系特征发生变化,从而影响了区域的调蓄能力。从表 6.2 和图 6.1 可以看出,近 50 年来太湖平原河网的槽蓄容量由 1960 年代的 55.87×10⁸ m³ 逐渐减小到 2010 年代的 45.30×10^8 m^3,槽蓄能力由 1960 年代的 34.16×10^4 m^3/km^2 逐渐减小到 2010 年代的 27.70×10^4 m^3/km^2,两者均减少了 18.9%。同时,河网的可调蓄容量由 1960 年代的 16.50×10^8 m^3 逐渐减小到 2010 年代的 13.19×10^8 m^3,可调蓄能力由 1960 年代的 10.09×10^4 m^3/km^2 逐渐减小到 2010 年代的 8.07×10^4 m^3/km^2,两者均约减少了 20.0%。显然,河网的槽蓄能力和可调蓄能力的变化方向与幅度均分别与河网的槽蓄容量和可调蓄容量一致。总体来看,近 50 年以来太湖平原河网的静态调蓄功能呈现出逐渐退化的趋势,且快速城市化时期河网静态调蓄功能的退化率大大高于缓慢城市化时期。

表 6.2　河网槽蓄容量与可调蓄容量变化

项　目	1960 年代	1980 年代	2010 年代	1960—1980 年代	1980—2010 年代	1960—2010 年代
槽蓄容量	55.87×10^8 m^3	51.80×10^8 m^3	45.30×10^8 m^3	−7.28%	−12.55%	−18.92%
可调蓄容量	16.50×10^8 m^3	15.34×10^8 m^3	13.19×10^8 m^3	−7.03%	−14.02%	−20.06%

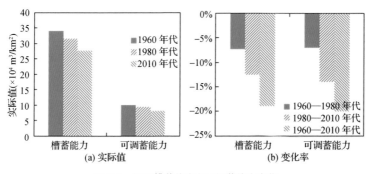

图 6.1　河网槽蓄能力和可调蓄能力变化

（2）河网静态调蓄功能的结构变化

河网的调蓄功能主要是由湖泊与河道两者共同承担的。为了分析静态调蓄功能的结构变化,计算得出 1960—2010 年代太湖平原湖泊与河道的槽蓄容量（能力）和可调蓄容量（能力）,具体如表 6.3 和图 6.2(a)(b)所示。可以看出,近 50 年来太湖平原河道的调蓄功能均强于湖泊,但河道与湖泊的调蓄功能都呈现出逐渐退化的趋势,且湖泊调蓄功能的退化率远远高于河道。其中湖泊的调蓄功能的退化率为 30% 左右,而河道的调蓄功能的退化率为 10% 左右。综上,一般情况下,湖泊的调蓄更新速度比河道差,加上其退化的速率远远高于河道,这导致湖泊的调蓄功能所占河网总调蓄功能的比例越来越小（低于 40%）,而河道调蓄功能所占的比例越来越大（高于 60%）。因此,湖泊面积的保护和恢复是太湖平原河网调蓄功能修复工作的首要任务。

表 6.3　河网槽蓄容量与可调蓄容量的结构变化

年代	槽蓄容量				可调蓄容量			
	湖泊	比例	河道	比例	湖泊	比例	河道	比例
1960	$24.43×10^8$ m³	43.73%	$31.44×10^8$ m³	56.27%	$7.64×10^8$ m³	46.30%	$8.86×10^8$ m³	53.70%
1980	$22.03×10^8$ m³	42.53%	$29.77×10^8$ m³	57.47%	$6.82×10^8$ m³	44.46%	$8.52×10^8$ m³	55.54%
2010	$17.21×10^8$ m³	37.99%	$28.09×10^8$ m³	62.01%	$5.21×10^8$ m³	39.50%	$7.98×10^8$ m³	60.50%

　　同样,河道的调蓄功能主要是由支流与干流两者共同承担的。为此,计算得出1960—2010年代太湖平原干支流的槽蓄容量(能力)和可调蓄容量(能力),具体如表6.4和图6.2(c)(d)所示。可以看出,近50年来太湖平原干流的调蓄功能均强于支流。同时,支流的调蓄功能呈现出逐渐退化的趋势(总退化率约为30%),但干流的调蓄功能有增强的趋势(总改善率约为7%)。同理,支流的调蓄功能本来就比干流差,加上支流的调蓄功能退化严重而干流的调蓄功能有所改善,这导致支流的调蓄功能所占河道总调蓄功能的比例越来越小(35%左右),而干流的调蓄功能所占的比例越来越大(65%左右)。因此,支流水系的保护是太湖平原河道调蓄功能修复工作的主要任务。

表 6.4　河道槽蓄容量与可调蓄容量的结构变化

年代	槽蓄容量				可调蓄容量			
	支流	比例	干流	比例	支流	比例	干流	比例
1960	$14.57×10^8$ m³	46.34%	$16.87×10^8$ m³	53.66%	$3.88×10^8$ m³	43.79%	$4.98×10^8$ m³	56.21%
1980	$11.77×10^8$ m³	39.54%	$18.00×10^8$ m³	60.46%	$3.19×10^8$ m³	37.49%	$5.32×10^8$ m³	62.51%
2010	$9.99×10^8$ m³	35.56%	$18.10×10^8$ m³	64.44%	$2.65×10^8$ m³	33.21%	$5.33×10^8$ m³	66.79%

3) 河网静态调蓄功能的空间变化

(1) 总体变化特征

　　为了分析太湖平原河网调蓄功能在空间上的变化,分别计算得到各城市的槽蓄能力、可调蓄能力及其变化率,其2010年代的槽蓄能力和可调蓄能力及其变化率如图6.3所示。可以看出,青浦的槽蓄能力高达$102.53×10^4$ m³/km²,而吴江、苏州、昆山和嘉善的槽蓄能力也都超过$40×10^4$ m³/km²。这可能跟这些城市的水面率较高有关,如青浦的水面率高达35.35%,其余四个城市的水面率也都高于15%。然而,2010年代河网槽蓄能力的低值区主要分布在常州、江阴、张家港、太仓、海宁和杭州等水面率较低的城市(其水面率均低于5%),且其槽蓄能力均低于$15×10^4$ m³/km²。同时,2010年代河网可调蓄能力的高值区也分布在水面率较高的中部地区,且其大小均超过$15×10^4$ m³/km²,而低值区主要分布在无锡、张家港、江阴、平湖、海盐和嘉兴,且其大小一般不超过$3×10^4$ m³/km²。此外,近50年来河网调蓄功能的变化存在较大的空间差异。其中,常熟、松江、金山和杭州的河

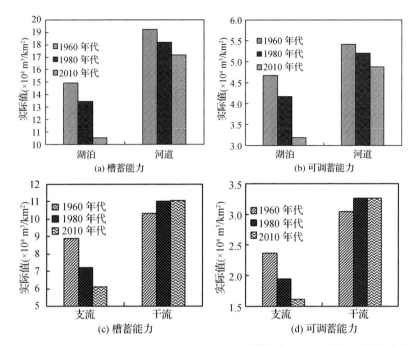

图 6.2 河网槽蓄能力和可调蓄能力的结构变化及河道槽蓄能力和可调蓄能力的结构变化

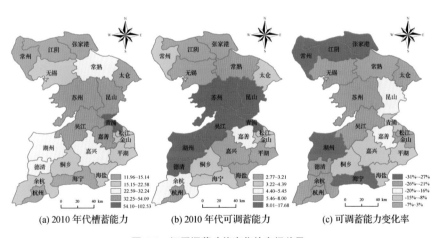

图 6.3 河网调蓄功能变化的空间差异

网调蓄功能退化不明显甚至有些改善,这可能跟这些地区主干水系建设工程有效缓解了末级河道填埋导致的调蓄功能退化有关。然而,常州、江阴、张家港、海宁和湖州的河网调蓄功能退化尤为严重,其退化率均在 30% 左右,这可能跟这些地区的快速城市化进程中末级河道填埋较为普遍有关。因此,常州、江阴、张家港、海宁和湖州应属于太湖平原河网水系保护的重点区域。

　　由前述内容可知,湖荡调蓄功能退化对太湖平原河网调蓄功能变化的影响最大。为此,对太湖平原各地区的湖荡槽蓄能力和可调蓄能力及其变化率进行计算,具体如图6.4所示。可以看出,湖荡的槽蓄能力和可调蓄能力最强的区域也位于太湖平原中部水面率较高的青浦、吴江、昆山和苏州。例如,青浦湖荡的槽蓄能力和可调蓄能力分别达到 81.76×10^4 m³/km² 和 14.10×10^4 m³/km²。然而,拥有较差的湖荡调蓄功能的区域分布在常州、江阴、张家港、太仓、海宁、海盐、桐乡、松江、金山和平湖等水面率尤其是湖面率较低的地区。例如,因湖荡剧烈消亡,2010年代松江和金山的湖荡调蓄功能几近消失,而常州、江阴、张家港、太仓、平湖和海宁的湖荡槽蓄能力不到 1×10^4 m³/km²。此外,近50年来太湖平原湖荡调蓄功能的变化也存在显著的空间差异。其中,桐乡和海盐的湖荡调蓄功能变化不明显,常熟的湖荡调蓄功能有显著的改善。这可能跟当地大规模的"退田还湖"工程有关,如常熟的尚湖被改造后其水面积增加为原来的6倍。然而,松江和金山的湖荡调蓄功能退化率为100%,太仓的湖荡调蓄功能退化率也将近100%。此外,常州、张家港、平湖和海宁的湖荡调蓄功能退化率在80%左右。因此,在太湖平原的湖荡保护规划中,这些地区应被列为重点保护地区。

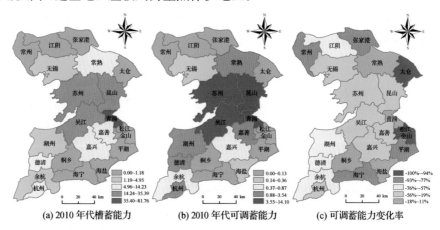

(a) 2010年代槽蓄能力　　　(b) 2010年代可调蓄能力　　　(c) 可调蓄能力变化率

图6.4　湖荡调蓄功能变化的空间差异

　　同样,考虑到支流调蓄功能退化对太湖平原河道调蓄功能变化的影响最大,对各地区的支流槽蓄能力和可调蓄能力及其变化率进行计算,具体如图6.5所示。可以看出,太仓、松江、金山和平湖的支流槽蓄能力均在 10×10^4 m³/km² 左右,而德清的支流槽蓄能力只有 2×10^4 m³/km² 左右,前者的支流槽蓄能力约为后者的5倍。同时,支流可调蓄能力最高的地区为太仓和海宁,均超过了 2.5×10^4 m³/km²,而德清、嘉善、嘉兴和海盐的支流槽蓄能力均不超过 1×10^4 m³/km²。由此可见,支流槽蓄能力的空间差异要远远大于其可调蓄能力。对比各地区的支流可调蓄能力变化率,可以发现金山、松江、吴江和常熟的退化率较小,而青浦和杭州甚至出现增强的趋势。但是,德清和海盐的支流调蓄能力退化率均超过 55%。因此,德清和海盐的支流急需得到保护。

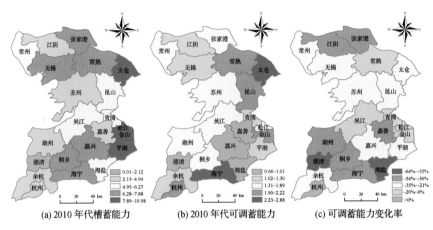

(a) 2010 年代槽蓄能力　　　(b) 2010 年代可调蓄能力　　　(c) 可调蓄能力变化率

图 6.5　支流调蓄功能变化的空间差异

(2) 典型区域静态调蓄能力的变化

以太湖平原经济最为发达、河网最为密集的太湖腹部地区为例,下面将从不同空间尺度对该区静态调蓄能力的变化特征展开对比分析。

① 市域尺度

为了分析不同行政单元的静态调蓄能力变化,对不同区域河网与湖荡的容蓄能力、可调蓄能力进行计算,其结果如表 6.5 和表 6.6 所示。可以看出,各行政单元河道单位面积槽蓄能力和可调蓄能力最强的是吴江、苏州辖区和昆山,最低的则为江阴、吴江和常州辖区。湖荡单位面积槽蓄能力和可调蓄能力最强的为吴江、昆山和苏州辖区,最低的为常州辖区、江阴和太仓。河网调蓄能力的分布与河网密度分布一致,而湖荡调蓄能力的分布与水面率分布一致的。

表 6.5　太湖腹部地区不同行政单元槽蓄能力　　　单位:×10⁴ m³/km²

区　域	1960 年代			1980 年代			2010 年代		
	河道	湖荡	总量	河道	湖荡	总量	河道	湖荡	总量
常州辖区	17.59	0.97	18.56	18.98	1.13	20.11	15.81	0.23	16.04
江阴	15.66	0.47	16.13	14.17	0.81	14.98	13.33	0.16	13.49
无锡辖区	18.02	2.52	20.54	12.96	3.47	16.43	14.74	2.15	16.89
张家港	14.72	1.02	15.74	13.50	3.62	17.12	14.75	0.32	15.07
吴江	16.93	62.81	79.74	17.73	42.3	60.03	16.04	37.70	53.74
太仓	17.96	0.74	18.70	15.08	0.91	15.99	15.61	0.21	15.82
昆山	24.31	27.80	52.11	24.61	25.96	50.57	21.71	20.93	42.64

表 6.5　太湖腹部地区不同行政单元槽蓄能力　　　单位:×10⁴ m³/km²

区　域	1960 年代			1980 年代			2010 年代		
	河道	湖荡	总量	河道	湖荡	总量	河道	湖荡	总量
常熟	24.88	9.14	34.02	26.46	9.20	35.66	22.95	10.13	33.08
苏州辖区	18.59	39.42	58.01	20.45	35.90	56.35	15.96	29.99	45.95

表 6.6　太湖腹部地区不同行政单元可调蓄能力　　　　单位：×10⁴ m³/km²

区　域	1960 年代			1980 年代			2010 年代		
	河道	湖荡	总量	河道	湖荡	总量	河道	湖荡	总量
常州辖区	10.73	0.58	11.31	11.34	0.68	12.02	9.45	0.14	9.59
江阴	7.52	0.22	7.74	6.81	0.39	7.20	6.41	0.07	6.48
无锡辖区	8.16	1.14	9.30	7.39	1.57	8.96	6.67	0.97	7.64
张家港	7.73	0.54	8.27	7.09	0.17	7.26	7.74	0.12	7.86
吴江	8.29	30.74	39.03	8.68	20.71	29.39	7.85	18.45	26.30
太仓	9.14	0.38	9.52	7.67	0.46	8.13	7.92	0.02	7.94
昆山	12.43	14.21	26.64	12.58	13.27	25.85	11.10	10.70	21.80
常熟	12.1	4.45	16.55	12.87	4.47	17.34	11.16	4.93	16.09
苏州辖区	8.37	17.74	26.11	8.39	16.15	24.54	6.55	13.49	20.04

图 6.6 为研究区不同行政单元单位面积总槽蓄能力和可调蓄能力变化趋势图。从图中可以看出，除个别地区在 1980 年代有少量增加外，其余地区的总槽蓄能力和可调蓄能力均呈减小的趋势。1960—1980 年代，除常州辖区、张家港和常熟的总槽蓄能力略微增加以外，其他地区都呈现不同程度的减小；相同时期，除常州辖区和常熟的可调蓄能力略微增加以外，其他地区都呈现不同程度的减小。而1980—2010 年代，除无锡、张家港以外，所有地区的总槽蓄能力和可调蓄能力均呈减小的趋势，且减小趋势基本上都要比前一时期大。综合来看，到 2010 年代研究区单位面积总槽蓄能力最高的是吴江、昆山和苏州辖区，分别达 53.74×10⁴ m³/km²、42.64×10⁴ m³/km² 和 45.95×10⁴ m³/km²，而可调蓄能力最高的也是吴江、昆山和苏州辖区，分别达 26.30×10⁴ m³/km²、21.80×10⁴ m³/km² 和 20.04×10⁴ m³/km²。

② 水利片区尺度

太湖腹部地区被主干河道划分为主要的两个水利片区，分别为武澄锡虞区和阳澄淀泖区。从表 6.7 可以看出，近 50 年来武澄锡虞区的槽蓄容量与可调蓄容量变化显著。武澄锡虞区河网的槽蓄容量由 1960 年代的 7.16×10⁸ m³ 逐渐减小到 2010 年代的 6.46×10⁸ m³，共减少了 9.78%。而河网的可调蓄容量由 1960 年代的 1.54×10⁸ m³ 逐渐减小到 2010 年代的 0.73×10⁸ m³，共减少了 52.6%。尽管河网的槽蓄容

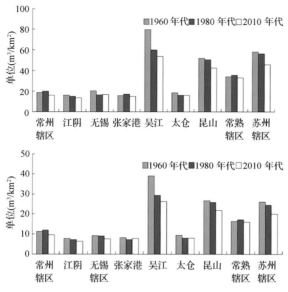

图 6.6 研究区不同时期行政单元单位面积总槽蓄能力和可调蓄能力

量远远大于其可调蓄容量,但是可调蓄容量的减少率远高于槽蓄容量。此外,快速城镇化时期河网的槽蓄容量与可调蓄容量的减少率均高于缓慢城镇化时期。

表 6.7 河网槽蓄容量与可调蓄容量变化

项 目		1960 年代	1980 年代	2010 年代	1960—1980 年代	1980—2010 年代	1960—2010 年代
阳澄淀泖	槽蓄容量	31.88×10^8 m³	31.9×10^8 m³	30.56×10^8 m³	0.06%	−4.2%	−4.14%
	可调蓄容量	5.47×10^8 m³	5.2×10^8 m³	3.3×10^8 m³	−4.94%	−36.54%	−39.67%
武澄锡虞	槽蓄容量	7.16×10^8 m³	7.11×10^8 m³	6.46×10^8 m³	−0.7%	−9.14%	−9.78%
	可调蓄容量	1.54×10^8 m³	1.47×10^8 m³	0.73×10^8 m³	−4.55%	−50.34%	−52.6%

由图 6.7 可以看出,近 50 年来阳澄淀泖区的河网槽蓄能力与可调蓄能力优于武澄锡虞区,两个地区均呈现逐渐减小的趋势。其中,阳澄淀泖区的槽蓄能力由 1960 年代的 80.00×10^4 m³/km² 逐渐减小到 2010 年代的 76.69×10^4 m³/km²,共减少了 4.14%。可调蓄能力由 1960 年代的 13.73×10^4 m³/km² 逐渐减小到 2010 年代的 8.28×10^4 m³/km²,共减少了 39.69%。武澄锡虞区的槽蓄能力到 2010 年代减少了 1.66×10^4 m³/km²,可调蓄能力 1960—2010 年代共减少了 1.92×10^4 m³/km²。显然,河网的槽蓄能力和可调蓄能力的变化方向与幅度均分别与河网的槽蓄容量和可调蓄容量一致。总体来看,近 50 年来太湖平原河网的静态调蓄功能呈现出逐渐退化的趋势,且快速城镇化时期河网静态调蓄功能的退化率大大高于缓慢城镇化时期。

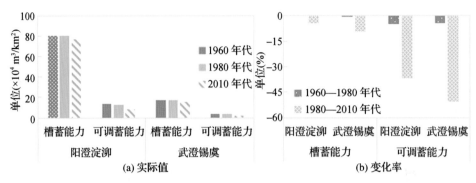

图 6.7　河网槽蓄能力和可调蓄能力变化

对太湖平原不同时期、不同范围、不同河道等级的河网槽蓄和可调蓄能力进行分析,结果表明:① 该区自 20 世纪 60 年代以来,河网和湖荡槽蓄能力和可调蓄能力呈持续下降的趋势。1960—1980 年代和 1980—2010 年代,分别减少了 7.57% 和 12.61%,下降速度和幅度明显加大,因此河网和湖荡调蓄效应与城市化水平之间呈逆向关系。② 从不同城市河网水系的调蓄效应结果来看,河网可调蓄能力的分布与河网密度分布一致,而湖荡可调蓄能力的分布与水面率分布一致。在太湖腹部地区 9 个行政单元中,区域河网水系槽蓄能力和可调蓄能力减少最大的为吴江,减小率超过 30%;其次为苏州辖区、昆山,减小率超过 17%;张家港减少幅度最小,但减小率也将近 5%。③ 从不同等级河道调蓄效应来看,二、三级河道的调蓄能力的下降对整个区域调蓄能力下降的贡献最大。二、三级河道的大量消失,导致区域水面率大大降低,并且区域不透水面面积的扩张,严重削弱了城市河流水系的可调蓄能力。因此,在城市化发展过程中,要注重保护河网水面,使其保证一定的水面率,从而减轻区域防洪排涝的压力。

综上,河网调蓄能力受到水面面积和河流结构的共同影响。在非高度城市化地区,低等级河流以及支流河道保护相对较好,对河网调蓄作用的贡献相对比较明显。河网调蓄能力更多地受数量众多的低等级河流的影响,其中单位面积可调蓄容量受低等级河流数量和结构的影响显著。由于低等级河流相对更易受城市化影响,城市化过程中被填埋的河流绝大部分是低等级河流,因此,低等级河流的消失将直接影响城市防洪能力,威胁城市的水安全,随着城市用地日益紧张,这种影响将是不可逆的。另外,河湖泥沙淤积严重也是太湖河湖调蓄能力下降的重要原因。据研究,由于农村经济的发展,现几乎已无劳动力提取河泥作为肥料,河网不断淤积(估计淤积量达 1~2 亿 t),加上水上运输繁忙,船形波造成河岸坍塌,长此以往泥沙淤积将成为突出问题。

6.1.2　动态调蓄能力变化

1）动态调蓄评价指标

目前已有的研究多从总量上对调蓄能力进行统计，这难以反映河网调蓄能力的时空动态变化，对区域防洪指示意义有限。因此，本书借助水文水动力学模型模拟结果，建立了基于洪水事件尺度的河网调蓄能力指标：场次洪水蓄水量（$AC1$）和场次洪水剩余蓄水量（$AC2$）。

如图 6.8 所示，$AC1$ 为起涨水位与洪峰水位间的蓄水总量，反映河网对一场洪水的滞蓄能力；$AC2$ 为洪峰水位与河岸高程之间的可调蓄空间，反映对该场洪水河网剩余的防洪能力。由于平原河网区的河道大多经历过整治，断面形状相对规则，因此为便于计算，将断面概化成梯形。场次洪水蓄水量（$AC1$）和场次洪水剩余蓄水量（$AC2$）的计算式可表示为：

$$AC1=B_1 \times L=\frac{[W-2k(Z_m-Z_1)]+[W-2k(Z_m-Z_2)]}{2}(Z_2-Z_1) \times L \quad (6.3)$$

$$AC2=B_2 \times L=\frac{[W-2k(Z_m-Z_2)]+W}{2}(Z_m-Z_2) \times L \quad (6.4)$$

式中，B_1 和 B_2 均为河道蓄水断面面积；Z_1 为河道起涨水位，即洪水发生前的河道水位；Z_2 为洪峰水位，即一场洪水过程的最高水位；k 为河道边坡系数，可根据断面形状计算获得；W 为河道宽度；L 为河道长度。为便于对比分析，将上述两个调蓄能力指标单位换算为 10^4 m³/km。

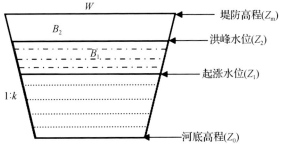

图 6.8　河道断面概化示意图

2）典型区动态调蓄评价

太湖平原内的运北防洪大包围是常州水网区城市防洪的有效屏障，常州市区及其周边又是典型的城市平原区，因此以该地区为例开展区域动态调蓄能力研究（图 6.9）。根据常州大包围及其河道断面特征，将 66 条河道划分为 123 个河段，以保证每个河段至少有一个断面用于调蓄能力计算。

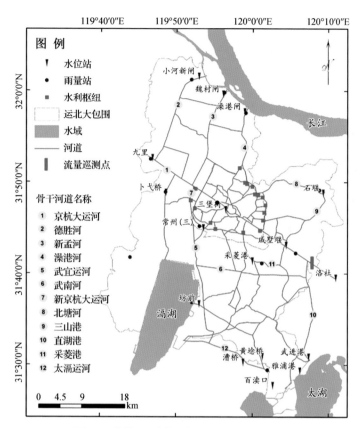

图 6.9　常州运北大包围圩垸位置及其水网概况

　　结合研究区不同人类活动因素变化,共设计了 6 种典型方案(表 6.8),对各方案下的洪水过程进行定量模拟。其中,通过 S1 与 S2 情景对比来揭示土地利用变化(1991—2015 年)对洪水过程的影响;通过 S1 与 S3、S4 情景对比来揭示河网水系变化对洪水过程的影响。考虑到不同等级水系在防洪中的作用有所差异,因此将河网划分为骨干河道和一般河道两种类型,骨干河道主要起行洪作用,而一般河道起次要输水和调蓄作用。通过 S1 与 S3 情景对比来反映一般河道(Ⅱ、Ⅲ级)变化,通过 S1 与 S4 情景对比来反映骨干河道(Ⅰ级)变化;通过 S1 与 S5、S6 情景对比来揭示大包围圩垸防洪对洪水过程的影响,其中 S5 为关闭闸门,S6 为关闭闸门且开启泵站(全面启用大包围)。值得注意的是,在典型场次暴雨洪水过程模拟分析中,采用水工建筑物(闸门和泵站)的实际运行调度资料,在设计暴雨洪水模拟分析中,通过调度规则对水工建筑物进行控制。

　　基于暴雨洪水模拟结果(20150616),统计得到各个河段的起涨水位和洪峰水位,根据公式 6.3 和 6.4 进行指标计算。图 6.10 为现状情景下场次洪水蓄水量

表 6.8 不同情景与典型方案

情景	特征描述	大包围圩垸防洪		河网水系		土地利用
		闸门	泵站	骨干河道	一般河道	
S1	现状条件	—	—	2010 年代	2010 年代	2015 年
S2	不透水面变化	—	—	2010 年代	2010 年代	1991 年
S3	一般河道变化	—	—	2010 年代	1980 年代	2015 年
S4	骨干河网变化	—	—	1980 年代	1980 年代	2015 年
S5	大包围关闸	关闭	关闭	2010 年代	2010 年代	2015 年
S6	大包围关闸排涝	关闭	开启	2010 年代	2010 年代	2015 年

(AC1)和场次洪水剩余蓄水量(AC2)的空间分布。从场次洪水蓄水量来看,各河道对洪水的调蓄能力存在明显差异,重要骨干河道的调蓄水量较大,其中新京杭大运河、德胜河、采菱港和澡港河等河道的蓄水容量超过 7.5×10^4 m³/km,其他骨干河道对洪水的调蓄能力偏低,在 5.0×10^4 m³/km 以下。这主要是因为重要骨干河道过水面积大且行洪能力强,加之近些年的河道拓浚工程,明显提高了对洪水的调蓄能力。图 6.10(b)为 20150616 场次洪水对应的剩余可调蓄容量,当出现洪峰时,该地区东部和南部河道的可调蓄空间较大,其中京杭大运河下游、太滆运河、直湖港和新京杭大运河均超过 15.0×10^4 m³/km,表现出较强的抗洪水风险能力,城区不少河段的可调蓄容量明显偏低,这说明包围内河网防御洪水的能力十分有限。

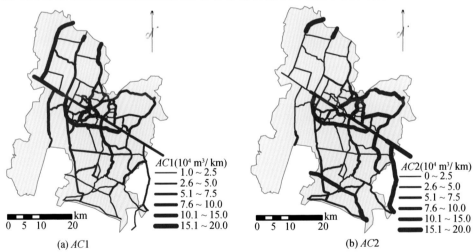

(a) AC1   (b) AC2

图 6.10 现状条件(S1)下场次洪水蓄水量(AC1)与场次洪水剩余蓄水量(AC2)

  洪峰水位是计算河网调蓄能力的关键,也是分割场次洪水蓄水量(AC1)和场次洪水剩余蓄水量(AC2)的重要参数。土地利用、水系变化及城市圩垸防洪等因素均对洪峰水位存在不同程度的影响,从而也会对河网调蓄能力产生影响。为便于对比分析,各情景下的河网调蓄能力指标均通过其与现状情景(S1)的差值(变化量)来呈现,如图 6.11 和 6.12 所示。

从图 6.11 来看,场次洪水蓄水量(AC1)的变化量存在一定差异。与 1991 年(S2)相比,2015 年(S1)的场次洪水蓄水量呈上涨趋势,这主要是因为不透水面增加引起汇入河道的总水量变大,但增量相对有限,最高增幅仅为 0.07×10^4 m^3/km。与 1980 年代(S3)相比,2010 年代的一般河道较少(S1),自由水面调蓄量下降,从而引起蓄水容量增加;其中,采菱港河段增加最多(0.27×10^4 m^3/km),这与该区域调蓄水面衰减较多有关[图 6.11(b)]。1980—2010 年代,骨干河网结构也发生较大变化,主要体现为新京杭大运河的开通,使区域排涝能力得到明显提高,尤其是向东与向南的排洪通道。从图 6.11(c)来看,在 2010 年代骨干水系条件下(S1),大量洪水向南和向东转移;其中,武宜运河、直湖港、太滆运河的场次洪水蓄水量增加均超过 1.0×10^4 m^3/km,这也表明骨干河网结构优化能在空间上对洪水起到一定的调节作用。

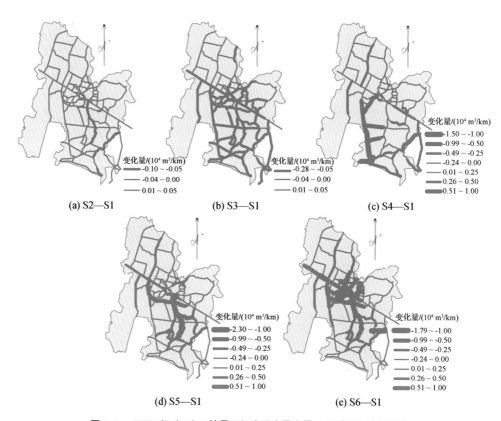

图 6.11 S2(S3/S4/S5/S6)情景下场次洪水蓄水量(AC1)较 S1 的变化量

相比之下,大包围圩垸防洪对场次洪水蓄水量(AC1)的影响尤其显著,且呈现出明显的空间差异。从图 6.11(d)来看,仅关闭大包围闸门(S5)时,河道行洪受阻,大包围上游及周边的场次洪水蓄水量出现增加,新京杭大运河、扁担河和新孟河增幅超 $0.5×10^4$ m³/km,其中新京杭大运河成为转移上游洪水的最主要通道;大包围下游河道蓄水容量以下降为主,采菱港下降最明显($-2.3×10^4$ m³/km),这主要因为大包围闸门关闭阻碍了河道向东和向南排泄。当全面启用大包围(S6)时,泵站与闸门联合运行进一步加剧了场次洪水蓄水量(AC1)的空间差异,包围内河道的洪水蓄水量大幅减少,包围外除新京杭大运河外,东部的丁塘港和南部的武宜运河蓄水容量出现明显增加,但对距离较远的河道影响不大。

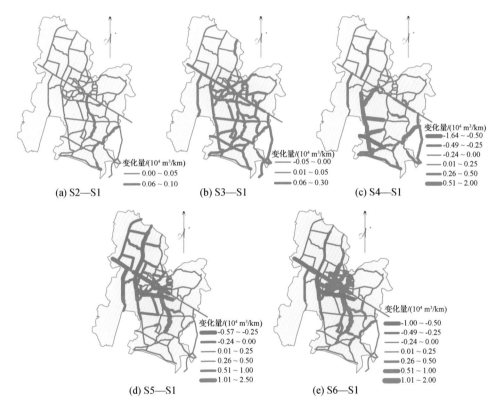

图 6.12 S2(S3/S4/S5/S6)情景下场次洪水剩余蓄水量(AC2)较 S1 的变化量

场次洪水剩余蓄水量(AC2)反映了河道对洪水的剩余防御能力,对防洪规划更具指导意义。从图 6.12 来看,1991—2015 年的不透水面变化使进入河道的洪水总量增加,从而引起河网可调蓄容量下降;1980—2010 年代的一般河道衰减也会引起河网可调蓄容量下降;而骨干河网结构的变化,主要引起南部河网可调蓄容量下降。相比来看,大包围圩垸防洪运行对河网可调蓄容量的影响更显著,且呈现出明显的空间差异。当全面启用大包围(S6)时,包围内河网可调蓄容量明显增加,腾出了更多的洪水调蓄空间,最大限度地缓解了包围内的潜在洪水危害。因此,大包围圩垸防洪也成为近几年城市防洪除涝的主要措施。

6.2 平原河网区调蓄能力与洪涝

平原河网区河道调蓄能力影响因素较多,涉及的区域范围也较广。同时调蓄能力的差异对区域洪涝淹没等有重要作用,因此本书以数据较为完备,同时空间差异较为明显的苏州市为典型,进一步开展调蓄能力影响因素研究,并探讨调蓄能力对洪涝的影响。

6.2.1 产水量与最大容蓄能力分析

1) 产水量模型

产流是流域下垫面对降水的再分配过程。水文过程中形成产流的最主要环节有降水和蒸发,除此之外,不同下垫面会导致不同的产流量。通过不同下垫面产流情况分析,研究高度城镇化下河网调蓄能力对产流量的响应。产水量的模拟步骤为:首先,划分子产水量单元;其次,数据整理分析,包括土地利用数据(土地利用数据重分类、统计各地类面积)、降水数据(降水日数、月尺度降水量整理)、蒸发数据(时间和站点的选择)等;再次,基于栅格数据,计算各子产水量单元的面;接着,模型参数的准备(包括城镇建设用地径流系数、水稻需水系数、蒸发系数等);最后通过编写代码,对研究区产水量进行模拟计算。

除降水与蒸发外,区内子流域的划分也影响着产流量的形成。区别于其他研究计算整体产水量,本书为提高模拟精度,依据逐日降水序列长度及雨量站点分布情况,选择区内 26 个雨量站点,并叠加研究区的行政分区,划分出 38 个子产流单元(图 6.13),并将矢量图层转化为栅格数据。结合历史洪水情况,降水特点及其分布的典型性,考虑到在 1991 年发生大规模洪水灾害后,太湖流域为提高区域防洪能力,大规模兴建了水利工程,因此选择 1991 年降水数据进行模拟分析。

按照产水量模型的原理,将土地利用类型重分类为 4 类:城镇用地、水田、旱地、水面(表 6.9)。选择 1991 年和 2015 年分析土地利用变化下区域产水量变化。

表 6.9　土地利用数据重分类

土地利用编码	土地利用类型	1991 年地类编码	2015 年地类编码
1	水面	4、9	2
2	水田	0、8	5
3	旱地	1、2、3、5、6	3、4
4	城镇用地	7	1

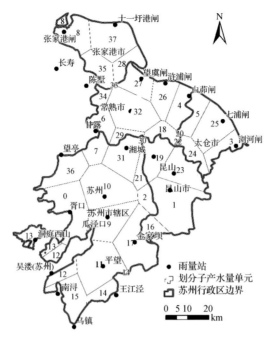

图 6.13　研究区子产水量单元的划分

就 38 个子流域统计各土地利用类型面积,计算公式为:

$$A_{i,j} = Sub_{i,j} \times 900 \tag{6.5}$$

式中,i 为子产流单元编码,j 为土地利用编码;$A_{i,j}$ 为第 i 个子产流单元、第 j 类土地利用类型的面积;$Sub_{i,j}$ 为第 i 个产流单元、第 j 类土地利用类型的栅格数目。

不同地类,产水量差别大,各地类产水量模型表示如下。

(1) 城镇建设用地产流:城镇建设用地透水性差,易产流,其产流模型可以表示为:

$$R_C = K_C \times P \tag{6.6}$$

式中,R_C 为月尺度建设用地产水量;K_C 为城镇径流系数;P 为月尺度降水量。

(2) 水田产流:依据水量平衡原理和水稻各生长期需水过程等条件,在水稻生长期各时段内,水田中水循环过程可用水量平衡方程表示为:

$$P + M - R - D = \Delta H \tag{6.7}$$

式中,M 为时段灌溉水量;R 为时段内田间需水量;D 为时段内排水量;ΔH 为时段内水田水深变幅。

水稻生育期田间需水量包括植株蒸腾量、棵间蒸发量、土壤下渗量。因此上式可改写为:

$$P + M - \alpha \times C_E \times E - F - D = \Delta H \tag{6.8}$$

式中,α 为水稻需水系数;C_E 为蒸发皿折算系数;E 为蒸发量;F 为时段下渗量;其他符号意义同前。

为了保证水稻的正常生长,必须使田间水深的变化保持在一定水平,水量低于该水深下限则及时灌溉,高于水深上限则及时排水,月内田间水深变幅和其他各项相比数值较小,可以忽略不计。因此有

$$P+M-\alpha\times C_E\times E-F-D=0 \tag{6.9}$$

水田的产水由排水及下渗形成的壤中径流两部分组成。在自然条件下,下渗水量从土壤中流出周期小于一个月,故土壤蓄水量的变化可以忽略不计,因此

$$G=F \tag{6.10}$$

$$R_R=D+G=P+M-\alpha\times C_E\times E \tag{6.11}$$

式中,G 为时段壤中流量;R_R 为时段水田产水量。

灌溉水量来源于区域内部水或外流域引水,因此这一部分水量已在产水量模型中计算,故需要在水田产水量中扣除。综上所述,时段水田产水量为:

$$R_R=P-\alpha\times C_E\times E\times D_P \tag{6.12}$$

式中,D_P 为月内降水日数比例;其他符号意义同前。

(3)旱地与非耕地产流:研究区以蓄满产流为主,故采用蓄满产流模型计算旱地与非耕地产流,其表达式为:

$$E_E=C_K\times E\times\frac{W_D}{W_M} \tag{6.13}$$

$$W_{MM}=W_M\times(1+B) \tag{6.14}$$

$$A=W_{MM}\times\left[1-\left(1-\frac{W_D}{W_M}\right)^{\frac{1}{1+B}}\right] \tag{6.15}$$

当 $P-E_E\leqslant0$ 时,不产流,即:

$$R_D=0 \tag{6.16}$$

当 $P-E_E+A<W_{MM}$ 时,

$$R_D=P-E_E-(W_M-W_D)+W_M\times\left(1-\frac{P-E_E+A}{W_{MM}}\right)^{(1+B)} \tag{6.17}$$

当 $P-E_E+A\geqslant W_{MM}$ 时,

$$R_D=P-E_E-(W_M-W_D) \tag{6.18}$$

式中,C_K 为陆面蒸发折算系数;W_D 为土壤初始含水量;W_M 为平均蓄水量(土层最大可能缺水量);A 为时段(日)初始最大土壤含水量;E_E 为旱地蒸发量;W_{MM} 为蓄水容量曲线的最大值;B 为蓄水量曲线指数;R_D 为旱地与非耕地产水量。

(4)水面产流:表达式为降水量与蒸发量之差,即:

$$R_W=P-C_E\times E \tag{6.19}$$

式中,R_W 为时段水面产水量;P 为时段降水量;C_E 为蒸发皿折算系数;E 为蒸

发量。

总产水量计算:各分区的总产水量为各下垫面产流深度乘相应的面积百分数后相加。可以用下式表达:

$$R_T = A_W R_W + A_R R_R + A_D R_D + A_C R_C \tag{6.20}$$

式中,R_T 为分区的总产水量;A_W、A_R、A_D、A_C 分别为水面、水田、旱地和城镇用地的面积权重。

在上述产水量模型中,主要参数有城镇径流系数 K_C、水面月蒸发折算系数 C_E、水稻需水系数 α、陆面蒸发折算系数 C_K、蓄水量曲线指数 B 和平均蓄水量 W_M。根据孙金华(2006)的研究,径流系数一般为 0.5～0.6,本书取 0.6。根据河海大学水文水资源学院的研究,土壤的初始含水量影响流域产水量,在太湖流域,取值在 50～120 mm 之间,但在此取值范围内,如果提前计算一个月,那么就可以消除土壤初始水量取值的不同所带来的误差。根据太湖流域的实际情况,W_M 取值 100 mm,W_D 为 W_M 的 50%,B 为 0。各参数设置情况如表 6.10 所示:

表 6.10　产水量模型参数设置

月　份	1	2	3	4	5	6	7	8	9	10	11	12
日数(d)	31	28	31	30	31	30	31	31	30	31	30	31
水面蒸发	1.06	1	0.9	0.87	0.91	0.94	0.94	0.99	1.03	1.06	1.09	1.08
陆面蒸发	1.06	1	1.08	1.04	1.09	1.32	1.32	1.39	1.44	1.27	1.09	1.08
蒸发量(mm)	28.5	41.6	33.8	59.5	89.5	71.3	122.3	147.1	111	97.3	58.2	31
降雨日数(d)	9	11	17	15	16	17	14	12	13	3	6	6
水稻需水系数	1.1	1.1	1.1	1.42	1.68	1.68	1.78	1.78	1.68	1.51	1.1	1.1

2) 产水量与最大容水量

将各月不同行政区产水量,按照汛期和非汛期、不同下垫面(1991 年和 2015年),在 1991 年雨型条件下进行分析,产水量模拟结果如图 6.14 所示。1991—2015 年,研究区下垫面变化主要以城镇建设用地的增加,其他地类的减少为特点。在 1991 年雨型条件下,因城镇用地快速扩张,不透水面率的增加,2015 年下垫面产水量大于 1991 年产水量。对比汛期与非汛期,在城镇建设用地增加的条件下,汛期产水量提高,平均占全年的 68%,其中常熟和昆山占 70%,苏州市辖区与太仓占 67%。苏州市辖区汛期与非汛期产水量最大。汛期是水稻的生长季节,消耗水量,同时水田也可以起到蓄水作用,因而汛期时降雨径流关系对农田面积的减少更为敏感。

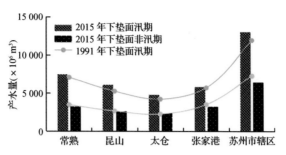

图 6.14　汛期和非汛期产水量对比分析

　　将产水量与最大容蓄量的比简称为"产容比",用以表征某地产水量与河网水系的容蓄能力倍比关系。比值越大,说明容蓄能力越弱;比值越小,说明容蓄能力越强。前面分析得出的 1980 年代和 2010 年代槽蓄容量与可调蓄容量之和即为河网最大容蓄量,本书采用单位面积河网最大容蓄量与产水量进行对比分析。在 1991 年雨型,即丰水年雨型条件下,研究区整体产容比提高了 4%,其中,常熟与昆山产容比提高近 10%,其次为张家港和太仓。可见,研究区苏州市辖区产容比调整得较为合理,即在产水量提高的基础上,提高了河网的容蓄能力和可调蓄能力。另外,城镇化水平相对较高的昆山、苏州市辖区的产水量增加最为显著,其他各区产水量增加幅度相对较小,产容倍比提高表明最大容蓄量的增加幅度小于产水量的增加幅度(表 6.11)。

表 6.11　各地区产水量与河网最大容蓄量比较

行政区	单位面积产水量($\times 10^4$ m³/km²)		产水量/最大容蓄量	
	1991 年	2015 年	1991 年	2015 年
常熟	91.44	93.20	5.72	6.31
昆山	82.65	91.85	5.28	5.75
太仓	99.15	110.15	11.09	11.38
张家港	114.55	112.93	14.22	14.68
苏州市辖区	65.15	66.25	5.70	5.73
苏州总	81.82	84.87	6.71	7.01

　　苏州总体的调蓄能力在提高,自 1960—2010 年代以来,河网的槽蓄能力和可调蓄能力略有上升,分别提高 5.32% 和 9.13%,而产水量为河网容蓄量的 5 倍多,河网的可调蓄能力压力大。而该区水利设施的大范围使用却较好地释放了这一压力。以下就水利设施对苏州市河网调蓄能力的影响进行定性与定量分析。

6.2.2 水利设施对河网调蓄能力的影响

由上文可知,河网槽蓄能力整体提升 5.32%,可调蓄能力整体提升 9.13%。而苏州在近半个世纪里,高度城镇化发展的过程中,伴随着水系衰减,其河网的调蓄能力却在提升,很重要的原因在于人为干扰下人工水利设施的大力建设。据水利普查资料整理统计,除去在建闸泵站,截至 2014 年已建成使用的枢纽、闸泵站的总装机流量约为 16×10^3 m³/s,运行的水泵数量为 2 812 台,水泵平均密度为 1 台/2 km²,每平方千米的总装机流量为 2.5 m³/s(表 6.12)。

表 6.12 不同时期苏州水利设施比例

建成时间	总装机流量(m³/s)	占比(%)	水泵数量(台)	占比(%)
1960—1979	258	1.62%	130	4.62%
1980—1999	4 089.58	25.63%	673	23.93%
2000—2014	11 609.85	72.76%	2 009	71.44%
总体	15 957.43	100.00%	2 812	100.00%

所有泵站按功能可分为三类:供水泵站、排水泵站、双向泵站,前两类为单向泵站,第三类为供排结合型。供水泵站的主要任务是生活供水、灌溉和工业供水等,排水泵站主要为排水所用,供排结合则兼而有之。近半个世纪以来,以单向排水泵站的建设数量最多,其次为供排结合泵站(图 6.15)。

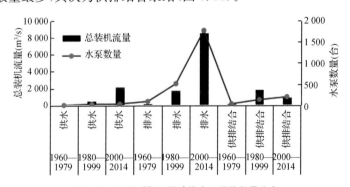

图 6.15 不同时期不同功能水工设施数量分布

由此可见,所有泵站的建设均以排水为主,灌溉和生活、工业供水为辅。苏州是密集的河网地区,除洪水在河道内蓄泄以外,涝水也有很大一部分在河道内汇集、排出。故排水泵站的数量最多,功能性最强。平原河网区,河道纵比降小,水流缓慢,夏秋季气温升高,苏州古城区的自流活水工程,使得古城区的水自北向南人为控制地流动起来,进而改善了苏州城内的水网环境。供排结合的泵站多用在苏州大包围的枢纽上,主要作用是排出洪涝水,反向供水调节城内水质,改善水生态环境。部分水利设施在苏州的空间布局见图 6.16。

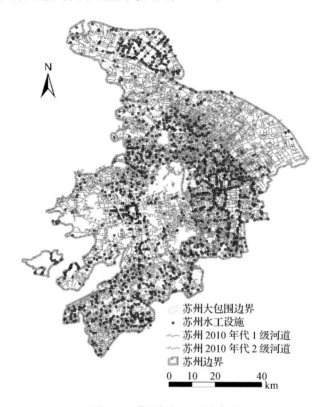

图 6.16　苏州市水工设施分布图

　　平原河网区的河网水系天然具备洪涝水的可调蓄功能,随着城镇化进程的不断加快,在人类活动的剧烈干扰下,泵站枢纽对于河网的后天可调蓄能力又起着巨大作用。从图 6.17 可以看出,2010 年代可调蓄能力最强的是昆山,为71 020.72 m^3/km^2;其次为苏州市辖区,可调蓄能力为 46 567.23 m^3/km^2;常熟和太仓的河网可调蓄能力在 $3×10^4～5×10^4$ m^3/km^2 之间;张家港相对较弱,为15 146.79 m^3/km^2;苏州总体河网可调蓄能力为 $21×10^4$ m^3/km^2。由图 6.17 可知,泵站枢纽越多的区域,河网可调蓄能力越强。

　　根据苏州分圩情况表提供的张家港、常熟、太仓、昆山、苏州市辖区排涝模数以及枢纽泵站数量,得出苏州排涝能力空间差异图(图 6.18)。排涝模数按照水利设施的规模和数量并结合区域面积计算得出,苏州整体排涝模数在 26.68～106.72 $m^3/(s·km^2)$ 范围内,其中,苏州市辖区整体排涝模数为 105.85 $m^3/(s·km^2)$,在县市行政区内,排涝模数最大;其次为昆山和太仓,均在 56.7 $m^3/(s·km^2)$ 以上。张家港相对较弱,为 28.45 $m^3/(s·km^2)$。

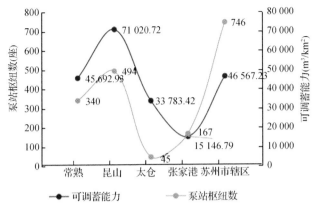

图 6.17　泵站枢纽对可调蓄能力的影响

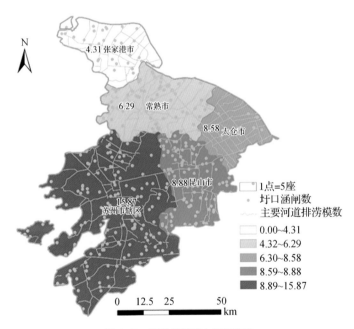

图 6.18　苏州排涝能力空间差异

排涝能力与枢纽泵站数量密切相关。据水利普查资料,苏州市辖区范围内,共有 746 座枢纽泵站,位居各区之首,其次为昆山,有 494 座,常熟有 340 座,张家港有 167 座,而太仓行政区划范围较小,有 45 座。平原河网区,又属于城市高度发展的经济发达地区,排涝能力对于防洪排涝、保障经济社会资产具有重要意义。苏州市的防洪排涝主要是:上接沿镇江、常州到无锡的大运河来水,下受上海高度发达地区转移的防洪压力,同时还需要顾及太湖汛期的承蓄能力,以及长江汛期水位的顶托作用,防洪调蓄压力大。而大规模的枢纽闸站的建设,使得地区排涝能力有很大改善,不再局限于河网、湖荡的自然调蓄作用。整体防洪排涝时期,枢纽泵站能做到汛期有条不紊地运行调度,保证不受汛期的梅雨、台风或其他极端天气事件的降水侵袭。

6.2.3　不同河网水系下洪涝淹没分析

前文分析了河网的槽蓄能力和可调蓄能力,以及水利设施情况、排涝能力的空间差异,可以发现主干河网在苏州河网的槽蓄能力和可调蓄能力中发挥主要作用。同时,河网的排涝能力因大量的水工闸坝的作用,表现为经济水平高的地区排涝能力强。为了进一步分析河网的调蓄能力,对苏州河网不同重现期洪水水位下的空间淹没、洪水风险情况进行研究。

1) 分析方法与数据处理

河网水系的调蓄能力包括河网的槽蓄能力、可调蓄能力、排涝能力及河网溢水后区域的淹没情况等。洪涝淹没的分析框架如图 6.19 所示:

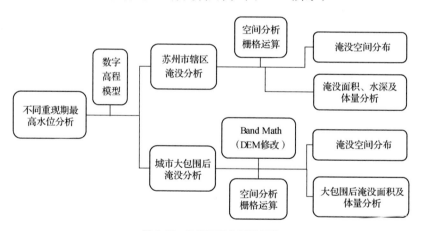

图 6.19　洪涝淹没分析框架图

本书采用的数字高程数据是由美国太空总署(NASA)和国防部国家测绘局(NIMA)联合测量所得。2000 年,"奋进"号航天飞机搭载 SRTM 系统,对全球北纬 60°至南纬 60°之间总面积超过 1.19×10^8 km² 的雷达影像进行数据采集工作。2003 年发布由国际热带农业中心(CIAT)利用新的插值算法(Reuter et al. ,2007)得到的 SRTM 地形数据,此方法填补了 SRTM90 的数据空洞。研究中根据数据的适用性,采用 90 m 分辨率 SRTM3 地形数据,其像元面积约为研究区面积的 0.125‰。

根据太湖流域综合规划,在 2013 年雨型下,苏州市辖区防洪标准为百年一遇。

基于降雨与水位频率、产流与最大容蓄能力关系分析结果,结合河道最大容蓄能力与水位关系线,求得苏州不同雨型条件下,考虑大包围情况下的最高水位值,从而绘制研究区洪涝淹没图。运用 ArcGIS 空间分析的栅格计算器,计算苏州数字高程模型(Digital Elevation Model,DEM)中,不同雨型下的苏州空间淹没情况。同时,因为苏州属高度城镇化地区,圩垸建设成熟,对于抵御洪水发挥了重要作用,所以在此以典型城市大包围——苏州城市大包围为例,探讨大包围对苏州市辖区的影响。

苏州城市大包围面积约为 83.5 km²,堤长约为 23 km,顶高 5.7~5.9 m,顶宽 3~5 m,排涝能力为 159.35 m³/(s·km⁻²)。根据圩堤标准中的顶高度,将大包围范围内高程依据顶高进行修改。

2) 河网洪涝淹没空间变化

本书选择的区域为苏州 6 463 km² 范围,由于研究区范围较大,且数据资料有限,因此选用水文学分析方法,依据频率计算分析得出的不同雨型条件下的水位值,并结合数字高程模型,运用遥感图像处理平台(The Environment for Visualizing Images,ENVI)中的 Band Math 工具,对苏州市辖区河网不同雨型条件下的淹没进行分析,淹没空间结果如图 6.20 所示。同时,考虑城市大包围对河网调蓄的作用,同样利用 ENVI 中的 Band Math 工具,对苏州市辖区范围内城市大包围内的高程依据堤防顶高进行修改,模拟大包围的防御洪水范围,从而得到城市大包围下的苏州市辖区淹没情况,如图 6.21 所示。

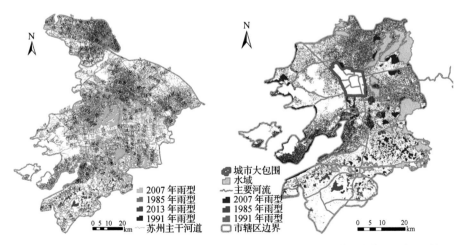

图 6.20 苏州市不同雨型下洪涝淹没情况   图 6.21 有城市大包围后苏州市辖区洪涝淹没情况

从不同情况下的淹没范围来看,2007 年降水条件下基本淹没水域、沿太湖和内陆低洼地区,而随着降水重现期的增加,淹没范围逐渐扩大到了 1991 年降水条件下,除地势高的丘陵以外,几乎所有地区都将受到不同程度的淹没。而苏州城市大包围位于 9 个"苏州"代表性水位站所在片区,其建成对防洪排涝的最大作用在于人工建设的众多枢纽泵站。周边有大规模的枢纽 8 座,其中,澹台湖枢纽和大龙港枢纽规模最大,总装机容量为 3 400 kW,总流量为 60 m³/s。8 大枢纽和众多圩口涵闸、规模小的泵站,构建起了一个坚不可摧的防洪工程,所以即使遇到特大暴雨,苏州城市大包围内受到洪水侵害的风险也较小。

3) 河网洪涝淹没水量分析

通过对 9 个典型水位站点所在片区的苏州淹没范围进行模拟研究得出(表 6.13),2007 年降水条件下,苏州总体淹没范围在 8.08%;1985 年降水条件下淹没范围增加一倍多,达到 18.17%;2013 年降水条件下的淹没范围达到 22.08%;当达到 1991 年降水的强度时,苏州淹没范围达到 29.35%。由此可以看出,当雨型从 2007 年到 1985 年,降水强度变大,重现期变大时,淹没面积增大最为快速,随后淹没面积增加放缓。具体而言,不同雨型条件下,对于地形起伏差异较小的 5 个行政区而言,淹没的程度有异。1991 年降水条件下淹没面积比重最大的为张家港,其次为常熟和太仓,随后依次为苏州市辖区和昆山。2013 年降水条件下,淹没面积比重最大的为张家港,随后依次为太仓、苏州市辖区、常熟和昆山。

从淹没水深和体量来看,2007 年降水条件下,淹没水深为 0.73 m,淹没水量为 3.8 亿 m³;1985 年降水条件下,淹没水深为 1.31 m,淹没水量为 15 亿 m³;2013 年降水条件下,淹没水深为 1.48 m,淹没水量为 21 亿 m³;1991 年降水条件下,淹没水深为 1.53 m,淹没水量为 29 亿 m³。按照 1991 年 7 月 16 日太湖最高水位 4.83 m 计算,太湖河网调蓄水量为 20.3 亿 m³(王腊春等,1999)。苏州目前的河网最多可承受 2013 年降水条件下的洪水,1991 年降水条件下,需要借助湖荡 10.5 亿 m³ 的调蓄容量才可承载。事实上,当发生洪水灾害时,降水事件往往多点连片发生,形成"多地齐下"的态势,因此理想状态中,借助河网、湖荡等,可以实现防御千年一遇最高水位的目的。在现实情况中,河网的调蓄能力还与河网水系的形态结构、河网连通、河湖连通性有巨大关系。

从淹没面积的变化情况分析,2007 年到 1991 年降水条件下,太仓的淹没面积增加最大,约增加了 15 倍,其次为常熟,淹没面积增加了 3.8 倍,张家港淹没面积增加了 1.1 倍,而增加面积最小的昆山,也达到 16%,总体上苏州淹没面积将增加 1.3 倍。从淹没水深分析,苏州总体增加了 1 倍多。常熟增加最大,高达 1.6 倍,其次为苏州市辖区和张家港,均增加了 1.3 倍,昆山的淹没水深增加了 54%,而太仓的淹没水深则减少了14％。由此可知,当降水条件从2007年雨型变化到1991年雨型时,苏州总的淹没面积占苏州总面积的29％,淹没水深为1.53 m,淹没面积和淹没水深均增加了1倍多。

苏州平原河网区,大包围建设密集,有城市的地方就有由枢纽泵站、圩口闸组成的大包围,而所有大包围建设在数字高程模型当中暂时无法得到体现,所以在苏州整体的淹没模拟分析基础上,以苏州市辖区为例,研究考虑城市大包围时市辖区的淹没情况(表6.14)。从淹没面积来看,2007年降水条件下淹没面积为149 km²,占苏州市辖区面积的5％;1985年降水条件下,淹没面积为339 km²,占11％;1991年降水条件下,淹没面积为460 km²,占16％。从淹没水深分析,2007年降水条件下,淹没水深为0.69 m;1985年降水条件下,淹没水深为1.50 m;1991年降水条件下,淹没水深为1.65 m。

考虑城市大包围后,从不同雨型条件下的情况分析得出:降水强度提高,重现期越大的年份,城市大包围对防洪减灾的作用越明显,但达到一定强度后城市大包围的作用有限。在1991年降水条件下,苏州市辖区淹没面积和淹没体积均减少26％,在1985年降水条件下,均减少37％,在2007年降水条件下,则分别减小18％和23％。

表6.13 不考虑城市大包围时不同雨型条件下苏州淹没面积及水量

区域	2007年雨型		1985年雨型		2013年雨型		1991年雨型	
	淹没面积 ($\times 10^6$ m²)	淹没水量 ($\times 10^4$ m³)	淹没面积 ($\times 10^6$ m²)	淹没水量 ($\times 10^4$ m³)	淹没面积 ($\times 10^6$ m²)	淹没水量 ($\times 10^4$ m³)	淹没面积 ($\times 10^6$ m²)	淹没水量 ($\times 10^4$ m³)
B1	38.66	2 822.64	119.03	14 954.36	137.34	17 255.03	146.50	18 405.36
B2	49.06	5 162.36	110.58	18 451.93	127.60	21 290.69	136.10	22 710.06
B3	53.87	1 561.04	91.64	14 633.66	105.74	16 884.99	143.51	29 289.09
B4	33.97	3 040.88	82.57	12 214.47	95.27	14 093.61	154.50	25 201.85
B5	19.02	997.64	26.95	3 137.61	31.09	3 620.32	48.61	7 175.58
B6	63.19	4 027.97	68.76	4 342.26	79.34	5 010.3	84.63	5 344.32
B7	181.55	13 123.54	418.40	62 409.89	482.77	72 011.42	607.89	100 053.7
B8	53.21	3 367.33	112.19	9 216.46	201.65	43 743.48	280.24	46 659.71
B9	29.92	4 216.16	143.98	14 681.86	166.13	16 940.61	295.11	35 757.48
B10	522.45	38 319.54	1 174.09	154 042.5	1 426.92	210 850.4	1 897.10	290 597.2

注:分别根据平望、瓜泾口、湘城、苏州、陈墓和昆山6个水文站地理位置,按照泰森多边形方法,将苏州市辖区划分为4个区域(B1、B2、B3、B4),昆山市划分为2个区域(B5、B6)。B7、B8和B9分别代表张家港、常熟和太仓。B10代表苏州市整体区域。

表 6.14 考虑城市大包围时不同雨型条件下苏州市辖区淹没面积及水量

不同雨型	区域	栅格数	最小值	最大值	平均值	淹没面积 （×10⁶ m²）	淹没水量 （×10⁴ m³）
1991 年 雨型	B1	33 586	−27	2	1.39	146.51	18 405.36
	B2	31 291	−26	3	1.07	136.50	22 674.11
	B3	32 898	−28	3	1.57	143.51	29 289.09
	B4	7 672	−10	2	0.38	33.47	5 506.531
	苏州市辖区	105 447	−90	3	4.41	459.99	75 875.09
1985 年 雨型	B1	27 286	−21	2	1.13	119.03	14 954.36
	B2	25 351	−21	2	0.86	110.58	18 451.93
	B3	21 006	−23	2	0.91	91.64	14 633.66
	B4	4 111	−8	2	0.2	17.93	2 680.84
	苏州市辖区	77 754	−73	2	3.10	339.18	50 720.79
2007 年 雨型	B1	8 862	−19	1	0.16	38.66	2 822.64
	B2	11 245	−20	1	−0.03	49.06	5 162.36
	B3	12 349	−21	2	0.43	53.87	1 561.04
	B4	1 710	−7	1	0.01	7.46	664.86
	苏州市辖区	34 166	−67	2	0.57	149.05	10 210.9

6.3 平原河网区洪涝蓄泄关系分析

6.3.1 平原河网区排水能力计算方法

用于平原地区水网排涝流量计算的方法和模型众多,大致可分类为根据历史径流资料的数理统计方法推求设计排涝流量和依据降雨径流关系确定设计排涝流量两种形式。前者计算直截了当,结果可靠性较高,但需要具备一定长度年限的(一般至少有 15～20 年)、未经人类活动干扰的历史径流观测数据,这在高度城市化发展的平原河网区一般难以获得,致使此法难以被利用。后者根据的是降雨径流之间必然存在的某种密切关系进行计算。这种关系可分为率定和非率定两种关系,对排涝流域的各种雨型进行产汇流分析,进而建立率定的降雨径流关系,这将大大提高排涝流量计算的可靠度和精度,然而这种方法仍然受到历史径流观测资料的限制;而利用非率定的降雨径流关系计算排涝流量无须历史径流资料,只侧重考虑排涝区域的自然物理特征,并且具有形式简单、参数有限、易于应用等优点(许迪,1994)。

因此,以连续法计算模型为基础,对平原河网水系的蓄泄关系进行定量描述,以期能加深人们对河网调蓄能力和排洪能力之间关系的认识,提高人们对洪水的控制能力,从而对城市建设中涉及河网的规划活动起到更加有效的指导。

6.3.2　连续法泄洪流量计算模型

该模型的控制参数为断面上游的排涝系统的容水量,即排涝系统所能容纳的涝水量,在本书中指的是平原河网的可调蓄容量。其基本原理由如下连续方程表述:

$$pdt = qdt + dv \tag{6.21}$$

式中,$p = k_3 iA$ 表示地表排水系统的径流量,其中 k_3 表示地表径流系数,i 表示折算雨量的平均密度,A 表示排水面积;q 表示泄水量;v 表示河网水系的可调蓄容量。

根据水力学原理,经过推导可得(许迪,1994):

$$q_{max} = 105 n V_a^{\frac{1-n}{n}} (k_3 \alpha)^{\frac{1}{n}} \tag{6.22}$$

式中,q_{max} 表示河网最大排泄水量;V_a 表示单位面积可调蓄容量;n 和 α 为有关参数,可以查表得到。

6.3.3　区域河网洪涝排泄能力

1)总排泄水量变化

太湖腹部地区(包括武澄锡虞区和阳澄淀泖区)地势地平、河网结构复杂,高度城镇化发展致使区域洪涝灾害频发。以该区为典型,开展蓄泄关系研究对水系改善和洪涝治理具有重要的指导意义。利用 1991 年降雨资料,计算太湖腹部地区不同时期的单位面积最大容水量和最大排泄水量,其结果如表 6.15 所示。从表中可以看出,随着该区河网水系可调蓄能力的不断下降,区域河网的单位面积最大排泄水量由 1960 年代的 $44.15 \times 10^4 \ m^3/km^2$ 下降到 1980 年代的 $40.79 \times 10^4 \ m^3/km^2$,到 2010 年代下降为 $35.65 \times 10^4 \ m^3/km^2$,年均减少 $0.17 \times 10^4 \ m^3/km^2$。这表明城市化进程中随着河网水系调蓄能力的下降,区域河网的排水能力不断降低,导致防洪压力不断加大。

表 6.15　研究区不同时期河网可调蓄能力和单位面积最大排泄水量

单位:$\times 10^4 \ m^3/km^2$

年　　代	可调蓄能力	单位面积最大排泄水量
1960	18.55	44.15
1980	17.14	40.79
2010	14.98	35.65

在 1991 年降雨条件下,研究区单位面积总产水量为 $64.73 \times 10^4 \ m^3/km^2$,河网水

系可调蓄能力和最大排泄能力分别仅为 17.17×10^4 m³/km² 和 40.79×10^4 m³/km²，可以看出研究区的天然河网可调蓄能力和排涝能力不能满足区域防洪的要求，因此导致 1991 年全流域的洪涝灾害。1991 年雨型在 2010 年土地利用条件下的单位面积总产水量为 96.75×10^4 m³/km²，而此时河网水系的可调蓄能力和排涝能力已分别减少为 14.98×10^4 m³/km² 和 35.65×10^4 m³/km²，因此如果在 2010 年发生 1991 年的降雨，那么区域洪涝灾害要比 1991 年更加严重。

2）各行政单元蓄泄能力变化

在研究区排涝能力总体变化分析的基础上，进一步统计分析不同城市在城市化进程中的蓄泄能力的变化，其结果如表 6.16 所示。从表中可以看出，研究区各行政单元泄水排涝能力最强的是吴江、苏州辖区和昆山，最低的则为江阴和常州辖区，单位面积的河网排泄水能力基本上为可调蓄能力的 2～3 倍。从变化趋势来看，除个别地区在 1980 年代有少量增加外，其余地区的排涝能力总体上都呈减小的趋势。1960—1980 年代，除常州辖区和常熟的单位面积最大泄水量略微增加以外，其他地区都呈现不同程度的减小；而 1980—2010 年代，除张家港外的排涝能力均呈减小的趋势，且减小趋势基本上都要比前一时期大。

表 6.16　各行政单元河道可调蓄能力和单位面积最大排泄水量

区域	可调蓄能力 （×10⁴ m³/km²）			单位面积最大排泄水量 （10⁴ m³/km²）			1960— 1980 年代 （%）	1980— 2010 年代 （%）	1960— 2010 年代 （%）
	1960 年代	1980 年代	2010 年代	1960 年代	1980 年代	2010 年代			
常州辖区	11.31	12.02	9.59	26.92	28.61	22.82	6.28	−20.24	−15.23
江阴	7.74	7.20	6.48	18.42	17.14	15.42	−6.95	−10.04	−16.29
无锡辖区	9.30	8.96	7.64	22.13	21.32	18.18	−3.66	−14.73	−17.85
张家港	8.27	7.26	7.86	19.68	17.28	18.71	−12.20	8.28	−4.93
吴江	39.03	29.39	26.30	92.89	69.95	62.59	−24.70	−10.52	−32.62
太仓	9.52	8.13	7.94	22.66	19.35	18.90	−14.61	−2.33	−16.59
昆山	26.64	25.85	21.80	63.40	61.52	51.88	−2.97	−15.67	−18.17
常熟	16.55	17.34	16.09	39.39	41.27	38.29	4.77	−7.22	−2.79
苏州市辖区	26.11	24.54	20.04	62.14	58.41	47.70	−6.00	−18.34	−23.24

3）排泄水能力与区域产流量的比较

将研究区 9 个行政区的降雨静态产流量与河网水系的可调蓄容量进行比较，其结果如表 6.17 所示。从表中可以看出，在 1980—2010 年代期间，随着区域排涝能力不断减弱和区域产流量不断增加，产水量与河网排涝能力之间的矛盾越来越突出。从变化幅度来看，江阴市的增加幅度最大，达 133.67%；昆山、常州辖区和苏州市辖区次之,分别达 83.43%、76.44% 和 71.55%,这也与前文城镇建设用地面积的增加幅度呈良好的相关性。

表 6.17 各行政单元降雨产流量与河网排泄水能力比较

地 区	产流量 (×10⁴ m³/km²)		泄水量 (×10⁴ m³/km²)		产流量/泄水量 (×10⁴ m³/km²)		变化率 (%)
	1991	2006	1980s	2000s	1991	2006	
常州	71.83	101.09	28.61	22.82	2.51	4.43	76.44
江阴	70.85	148.94	17.14	15.42	4.13	9.66	133.67
无锡	69.88	99.02	21.32	18.18	3.28	5.45	66.17
张家港	70.37	100.98	17.28	18.71	4.07	5.40	32.53
吴江	57.63	87.49	69.95	62.59	0.82	1.40	69.67
太仓	74.66	107.3	19.35	18.90	3.86	5.68	47.14
昆山	67.53	104.46	61.52	51.88	1.10	2.01	83.43
常熟	63.23	93.66	41.27	38.29	1.53	2.45	59.65
苏州市辖区	36.91	51.71	58.41	47.70	0.63	1.08	71.55

注:1980s 泄水量近似于 1991 年泄水量。

整体上太湖流域平原地区河网水系的静态调蓄功能退化明显,湖荡与支流调蓄功能的退化尤为显著,这增加了区域的洪涝风险,但同时区域洪涝风险特征在人为活动干扰下发生变化。在动态调蓄方面,城市圩垸防洪大幅减少了包围内场次洪水蓄水量(AC1),为河网防御洪水腾出更多可调蓄空间;同时削弱了大包围以外沿线河网的场次洪水剩余蓄水量(AC2),但对距离较远的河道影响不大。典型区域内城市大包围的建设使得城市洪涝灾害风险向周边区域转移,可调蓄能力与闸站数目一致性较好,表现为闸站数越多的区域,其可调蓄能力相对越强。但是高度城镇化平原河网区,水利设施虽然能快速有效地提高河网的蓄泄能力,但此种方式不具有可持续性。应重视综合防灾,从土地规划、非工程措施等软性手段上着力进行洪涝灾害防治。

7 平原河网区水系演变与水环境变化

平原地区河网密集、湖泊众多,但在河流填埋、河床堵塞和水闸工程阻隔等人类活动干扰下,河网水系的结构和连通性发生了巨大变化,致使河网的调蓄能力和自净功能发生了改变,从而引发了一系列的水资源、水环境和河流健康问题,严重制约着人类社会的可持续发展。

长江三角洲作为我国城镇化发展水平最高、社会经济最发达的地区之一,在我国占有举足轻重的地位。然而,近年来剧烈的人类活动影响了该地区河网水系的良性发展,使得大量天然河网水系遭到破坏,河网形态趋于单一化(袁雯等,2006;杨明楠等,2014)。同时,纵横交错的道路、水库、闸坝和其他水利工程的建设也不同程度地破坏了河网的连通性,增强了河道的脆弱性(夏军等,2012;方佳佳等,2018),在很大程度上抑制了河道污染物的迁移和转化,出现了严重的水质恶化和河流生态系统健康问题。因此,平原河网区水系变化下水环境变化特征、河流健康评估以及两者的关系研究成了亟需和重点研究的问题,这将为该地区的水系改善以及河流健康管理提供重要的支撑。

7.1 平原河网区河流水环境变化特征

7.1.1 水环境质量的总体变化

随着工业化和城市化进程的不断推进,太湖平原作为长三角典型的平原河网区,其排放的污染物急剧增加,加之河网水系的衰减及其连通性受阻所导致的自净功能衰退,整个平原河网区的水环境迅速恶化。本书根据《地表水环境质量标准》(GB 3838—2002),采用单指标评价方法统计得到 2005—2019 年太湖平原 120 个河道监测断面的水质情况。由表 7.1 可以看出,近十五年来太湖平原不存在 I 类水质的河道监测断面,且 II 类水质的河道监测断面的数量比例除 2019 年外也几乎为零。除了个别年份之外,处于 III 类水质的河道监测断面的数量比例均不超过 3%。同时,处于 IV 类水质的河道监测断面的数量比例也非常小,其中大多数年份都不超过 5%。相比之下,处于 V 类水质的河道监测断面的数量比例略微高一些,但一般也不会超过 10%。值得注意的是,在所有年份中,处于劣 V 类水质的河道监测断面的数量比例均占据绝大部分,其中个别年份甚至超过 90%。总体来看,近十五年来的河网水质并没有表现出明显的改善趋势。这说明 2005—2019 年太湖平原河网水质污染十分严重,水环境保护工作亟须深入且任重道远。

表 7.1　各年各水质等级的监测断面数量比例　　　　　　单位:%

年　份	Ⅰ类	Ⅱ类	Ⅲ类	Ⅳ类	Ⅴ类	劣Ⅴ类
2005	0	0	1.15	1.44	4.90	92.51
2006	0	0	7.63	8.19	6.78	77.40
2007	0	0	2.84	8.76	11.86	76.55
2008	0	0	1.08	9.11	12.58	77.22
2009	0	0	1.34	7.52	8.72	82.42
2010	0	0	1.63	5.01	7.51	85.85
2011	0	0	1.88	3.04	6.97	88.11
2012	0	0.09	1.63	4.04	7.47	86.77
2013	0	0.08	1.26	3.85	5.61	89.20
2014	0	0	2.40	3.96	6.59	87.04
2015	0	0	0.84	0	5.88	93.28
2016	0	0	0	0.84	4.20	94.96
2017	0	0	0	1.68	7.56	90.76
2018	0	0	0.84	2.52	6.72	89.92
2019	0	1.68	1.68	2.52	15.13	78.99

在此统计分析 5 种典型水质指标(DO、NH_3-N、TP、TN、COD_{Mn})所对应的各种水质等级的数量比例,结果如表 7.2 所示。可以看出,有 57.12% 的河道监测断面中的 DO(溶解氧)含量较高(优于Ⅲ类水质),其中有 25.06% 的河道监测断面处于Ⅰ类水质,但仍然有 17.30% 的河道监测断面中的 DO 含量低于Ⅳ类水质限值,且有 9.01% 的河道监测断面处于劣Ⅴ类水质。同时,分别有 39.74% 和 55.03% 的河道监测断面中的 NH_3-N(氨氮)和 TP(总磷)含量低于Ⅲ类水质的限值,但分别有 38.39% 和 15.05% 的河道监测断面中的 NH_3-N 和 TP 含量高于Ⅴ类水质的限值。此外,COD_{Mn}(高锰酸盐指数)处于Ⅲ类和Ⅳ类水质的河道监测断面的数量比例较高,但处于Ⅰ类和劣Ⅴ类水质的河道监测断面的数量比例非常低(不超过 1%)。然而,有 85.64% 的河道监测断面的 TN(总氮)含量超过了Ⅴ类水质的限值(2.0 mg/L),被列为劣Ⅴ类水质,但优于Ⅲ类水质的河道监测断面的数量比例非常低,甚至为 0。总体来看,各种水质指标超过Ⅲ类标准的数量比例均较大(40% 左右),NH_3-N 的超标率超过 60%,TN 的超标率达到 98.08%。这说明近十五年来太湖平原河网中的 DO、NH_3-N、TP、TN 和 COD_{Mn} 等水质指标均严重超标,但 TN 是其主要的污染物。

表 7.2　不同指标的各水质等级数量比例　　　　　　单位:%

指　标	Ⅰ类	Ⅱ类	Ⅲ类	Ⅳ类	Ⅴ类	劣Ⅴ类
DO	25.06	18.21	13.85	25.58	8.29	9.01
NH_3-N	7.52	15.00	17.22	12.36	9.53	38.39
TP	0.31	16.04	38.68	19.37	10.55	15.05
TN	0	0.11	1.81	4.90	7.54	85.64
COD_{Mn}	0.62	21.92	39.47	33.93	3.49	0.55

7.1.2　水环境的季节变化特征

鉴于太湖平原河网区的环境问题较为严重,本书以太湖平原为典型,参照《地表水环境质量标准》(GB3 838—2002),采用单因素指标评价方法对该区的水质进行评价。2005—2014 年太湖平原汛期与非汛期的各类水质等级的河道监测断面的数量比例如表 7.3 所示。可以看出,汛期与非汛期各水质等级排序为劣Ⅴ类(>80%)>Ⅴ类>Ⅳ类>Ⅲ类>Ⅱ类>Ⅰ类,且超过Ⅲ类水质标准的河道监测断面数量比例较为接近,均超过 97.70%。同时,汛期处于Ⅱ类和Ⅳ类水质的河道监测断面数量比例大于非汛期,且处于劣Ⅴ类水质的河道监测断面数量比例小于非汛期。总的来看,2005—2014 年太湖平原的汛期与非汛期水质均较差,且汛期的水质要好于非汛期。

表 7.3　汛期与非汛期各水质等级的监测断面数量比例　　　　单位:%

时　期	Ⅰ类	Ⅱ类	Ⅲ类	Ⅳ类	Ⅴ类	劣Ⅴ类
汛期	0	0.16	2.05	6.36	9.47	81.96
非汛期	0	0.08	2.17	4.32	6.05	87.39

从各月不同水质等级的河道监测断面数量比例可以看出(表 7.4),除了 9 月和 12 月之外,河道监测断面各月的水质类别均分布在Ⅲ类至劣Ⅴ类上。其中,处于Ⅲ类水质的河道监测断面数量比例都很小,均不超过 4%。同时,处于Ⅳ类水质的河道监测断面数量比例也都不超过 9%。然而,水质类别低于Ⅳ类的河道监测断面数量比例都达到 88%以上,且处于劣Ⅴ类的河道监测断面数量比例最大(均超过 76%)。此外,1～5 月处于劣Ⅴ类的河道监测断面数量比例相对较大(90%以上),而 8～10 月处于劣Ⅴ类的河道监测断面数量比例相对较小(77%左右)。总体来看,太湖平原一年当中各月的水质都非常差,且超过Ⅲ类水质标准的河道监测断面数量比例相差并不大,但 1～5 月的水质污染最为严重,而 8～10 月的水质相对好一些。

表 7.4 不同月份各水质等级的监测断面数量比例　　　　　单位:%

月　份	Ⅰ类	Ⅱ类	Ⅲ类	Ⅳ类	Ⅴ类	劣Ⅴ类
1月	0	0	1.97	2.76	4.86	90.42
2月	0	0	0.44	3.11	4.67	91.78
3月	0	0	0.58	2.22	4.09	93.11
4月	0	0	0.40	4.60	4.60	90.40
5月	0	0	0.87	2.73	6.07	90.33
6月	0	0	0.57	5.73	10.69	83.02
7月	0	0	1.38	4.89	6.89	86.84
8月	0	0	3.42	8.56	11.47	76.54
9月	0	0.12	2.97	7.93	12.89	76.08
10月	0	0	3.15	7.87	11.42	77.56
11月	0	0	2.47	4.95	7.30	85.28
12月	0	0.19	2.71	5.03	5.61	86.46

7.1.3　水环境的空间变化特征

1）水环境的空间分布特征

为了更好地分析平原河网区水质变化的空间差异,本书试图从不同尺度对典型区域内的水环境质量进行评价和分析。

(1) 行政单元尺度

通过统计太湖平原各行政分区内各水质等级的河道监测断面的数量比例(表7.5)可以看出,2005—2014 年太湖平原各行政分区内的河网水质存在较大的差异。从Ⅲ类及优于Ⅲ类的水质等级的河道监测断面的数量比例来看,无锡辖区、江阴和太仓几乎为 0,这说明这三个城市的河网水质较差。同时,其他城市处于Ⅰ类和Ⅱ类水质的河道监测断面数量比例也几乎为 0,且处于Ⅲ类水质的河道监测断面数量比例均不超过 10%,这说明这些城市的河网水质也比较差。另外,吴江境内处于Ⅳ类和Ⅴ类水质的河道监测断面的数量比例均为 20%左右,张家港处于Ⅴ类水质的河道监测断面的数量比例也达到 13.42%,但其余各城市处于Ⅳ类和Ⅴ类水质的河道监测断面的数量比例均不超过 10%。然而,除了吴江之外,其余各城市处于劣Ⅴ类水质的河道监测断面的数量比例均超过 78%,且常州辖区、无锡辖区、江阴和太仓的数量比例都超过 90%,其中无锡辖区高达 98.00%。总体来看,近十年来各城市的河网水质相对较差,其中吴江的河网水质最好,苏州辖区和昆山次之,而无锡辖区、江阴、常州辖区和太仓则非常差。

表 7.5　不同地区各水质等级的监测断面数量比例　　　　　　单位:%

地 区	Ⅰ类	Ⅱ类	Ⅲ类	Ⅳ类	Ⅴ类	劣Ⅴ类
常州辖区	0	0.83	1.94	2.22	4.71	90.30
无锡辖区	0	0	0	0.18	1.82	98.00
江阴	0	0	0	0.99	4.80	94.21
张家港	0	0.31	0.78	7.02	13.42	78.47
常熟	0	0.17	0.78	2.85	7.37	88.83
太仓	0	0	0	2.58	3.82	93.60
昆山	0	0	3.34	8.74	8.98	78.95
苏州辖区	0	0.14	4.72	6.74	8.33	80.07
吴江	0	0	8.72	20.59	18.92	51.76

为了分析各水质指标变化在空间上的差异,在此统计了各行政分区内各水质指标超Ⅲ类标准的河道监测断面的数量比例(简称水质超标率),具体如表 7.6 所示。从水质指标来看,DO 的平均超标率达 43.61%,其中常州辖区和太仓的超标率均超过 60%,而吴江的超标率只有 22.08%;NH_3-N 的平均超标率达 58.52%,其中太仓的超标率高达 79.68%,而吴江的超标率也只有 22.82%;TP 的平均超标率达 45.34%,其最大值也出现在太仓(70.32%),最小值仍然出现在吴江(10.66%);TN 的平均超标率高达 98.12%,其中常州辖区、无锡辖区和江阴的超标率均高达 100%,而最小值仍然出现在吴江,但也超过了 92%;COD_{Mn}的平均超标率达 36.70%,其最大值与最小值仍然分别出现在太仓与吴江。从行政区来看,各城市的水质超标率最大值均出现在 TN 上,而最小值一般都出现在COD_{Mn}上,但无锡辖区和太仓的最小值出现在 DO 上,常熟和吴江的最小值出现在 TP 上。总体来看,近十年来太湖平原不同地区各水质超标率存在较大的差异,各水质指标中COD_{Mn}的超标率最低,而 TN 的超标率最高,各行政区中吴江的水质超标率最低,而太仓的水质超标率最高。

表 7.6　不同地区各水质指标超Ⅲ类标准的监测断面数量比例　　　单位:%

地　区	DO	NH_3-N	TP	TN	COD_{Mn}
常州辖区	62.05	59.83	59.49	100	36.57
无锡辖区	34.79	69.76	49.36	100	37.43
江阴	47.88	60.31	61.58	100	38.56
张家港	40.41	56.01	31.80	99.68	19.34
常熟	48.46	61.03	37.95	99.48	41.43
太仓	60.10	79.68	70.32	99.63	72.29

地　　区	DO	NH₃-N	TP	TN	COD_Mn
昆山	41.54	58.86	49.07	96.72	41.22
苏州辖区	35.16	58.40	37.83	94.98	29.17
吴江	22.08	22.82	10.66	92.56	14.29

（2）集水小区尺度

为了更加精细地刻画水质的空间变化特征，以高度城镇化地区武澄锡虞区为典型，依据该地区的自然地理划分概念，基于区域内主干河道和水质监测站点的分布情况，将其划分为 40 个集水单元(图 7.1)。根据各个集水区的水质站点数据，采用改进的熵权物元模型对各集水区水质状况进行评价，得到 2010—2014 年各集水区的水质等级。具体计算过程如下：

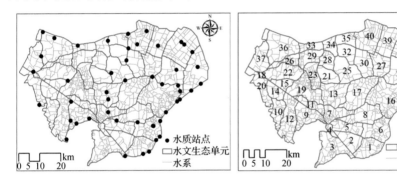

图 7.1　武澄锡虞区集水单元分布图

① 原始数据标准化

数值越大越优的水质指标的标准化公式为：

$$a_{ij} = \frac{q_{ij} - \min\{q_{ij}\}}{\max\{q_{ij}\} - \min\{q_{ij}\}} \tag{7.1}$$

数值越小越优的水质指标的标准化公式为：

$$a_{ij} = \frac{\max\{q_{ij}\} - q_{ij}}{\max\{q_{ij}\} - \min\{q_{ij}\}} \tag{7.2}$$

式中，a_{ij} 为 q_{ij} 标准化后的元素；$\max\{q_{ij}\}$、$\min\{q_{ij}\}$ 分别为第 j 个指标在全体评价对象中的最大值与最小值。

② 水质指标权重的确定

a. 计算比重 P_{ij}。传统的计算方法存在一个问题，当 $a_{ij}=0$ 时，$P_{ij}=0$，$\ln P_{ij}$ 就失去了数学意义。如果将 10^{-4} 用于修正原始公式，它不仅实现了使 $\ln P_{ij}$ 始终具有数学意义，而且将信息熵 H_j 控制在合理范围内（即 H_j 的数值不会产生过度的偏差，其微小的变化可控制在两位小数或更小）。因此，此处将 P_{ij} 重新定义为：

$$P_{ij} = (a_{ij} + 10^{-4}) \bigg/ \sum_{i=1}^{n} (a_{ij} + 10^{-4}) \qquad (7.3)$$

b. 定义每个指标的熵。根据信息熵的定义,在 m 个水质指标和 n 个被评价对象中,第 j 个指标的熵定义为:

$$H_j = -\frac{1}{\ln n} \sum_{i=1}^{n} P_{ij} \ln P_{ij} \qquad (7.4)$$

c. 确定每个指标的权重。定义第 j 个指标的熵值后,即可确定第 j 个指标的熵权。然而,传统的权重计算方法存在固有的不足(Zhang et al.,2014)。当指标的信息熵 H_j 接近 1 时,H_j 之间的微小差异可能导致对应的熵权的巨大变化。因此,为了解决这个问题,可以对熵权公式进行如下改进:

$$w_j = \frac{1 - H_j + \dfrac{1}{10}\sum\limits_{j=1}^{m}(1-H_j)}{\sum\limits_{j=1}^{m}\left[1 - H_j + \dfrac{1}{10}\sum\limits_{j=1}^{m}(1-H_j)\right]} \qquad \left(0 \leqslant w_j \leqslant 1, \sum_{j=1}^{m} w_j = 1\right) \quad (7.5)$$

③ 建立河流水质评价指标的物元模型并确定关联度

根据评价指标及其取值,结合物元分析理论,由 m 个特征向量构成河流水质 R_m 的物元矩阵。河流水环境质量的经典域物元矩阵 R_i(i 表示等级数,$i=1$,$2,\cdots,n$)是由相应等级和其值范围内的每个水质指标构成的。河流水质 R_p 的联合域物元矩阵可以根据指标及其取值范围在最小值与最大值之间建立,确定相关函数的值(余健等,2012),进而确定关联度 K_{ij} 的计算公式如下:

$$K_{ij} = \begin{cases} \dfrac{-\rho(x_j, Z_{ij})}{|Z_{ij}|}, & x_j \in Z_0, \\[3mm] \dfrac{\rho(x_j, Z_{ij})}{\rho(x_j, Z_{pj}) - \rho(x_j, Z_{ij})}, & x_j \notin Z_0 \end{cases} \qquad (7.6)$$

其中:

$$\begin{cases} |Z_{ij}| = |b_{ij} - a_{ij}|, \\[2mm] \rho(x_j, Z_{ij}) = \left| x_j - \dfrac{(b_{ij}+a_{ij})}{2} \right| - \dfrac{(b_{ij}-a_{ij})}{2}, \\[2mm] \rho(x_j, Z_{pj}) = \left| x_j - \dfrac{(b_{pj}+a_{pj})}{2} \right| - \dfrac{(b_{pj}-a_{pj})}{2} \end{cases} \qquad (7.7)$$

式中,$\rho(x_j, Z_{ij})$ 是点 x_j 与其对应的特征向量 (a_{ij}, b_{ij}) 的有限区间之间的距离;$\rho(x_j, Z_{pj})$ 是点 x_j 与其对应的特征向量 (a_{pj}, b_{pj}) 的联合域之间的距离;x_j 是对应的特征值。

④ 确定评价等级

综合相关度 K_i 是指评估对象 x_j 在其标准范围 i 之间的符合程度。根据相关度的最大识别原理,确定每个评估对象 T_0 的等级。

$$\begin{cases} K_i(x_j) = \sum_{j=1}^{m} w_j K_{ij}, \\ T_0 = \max\{K_i(x_j) \mid i=1,2,\cdots,n\} \end{cases} \qquad (7.8)$$

⑤ 水质级别指数的计算

为了不仅能够在不同级别之间进行比较,而且能够准确地测量同一级别内的差异(张晶尧等,2015),引入了级别指数 T_* 来判断对象之间的相对位置。水质状况由其值的大小决定。T_* 值越小,水质越好。

$$\begin{cases} T_* = \sum_{j=1}^{n} j T_j(Z) \bigg/ \sum_{j=1}^{n} T_j(Z), \\ T_j(Z) = \dfrac{K_i(x_j) - \min\{K_i(x_j)\}}{\max\{K_i(x_j)\} - \min\{K_i(x_j)\}} \end{cases} \qquad (7.9)$$

根据上述方法,计算得到 2010—2014 年各集水区的水质等级。从图 7.2 可以看出,各个分区的水质等级从 2010 年到 2014 年均发生了巨大改变,总体呈现出水质不断改善的趋势。就不同水质等级占比而言,Ⅱ类水质及以上的水质等级的区域数量 2014 年(8 个)是 2010 年(3 个)的 2.67 倍,并且 2014 年的 8 个区域中,有两个区域水质等级达到Ⅰ类(3、5);五年来Ⅲ类水质的集水区个数最多的年份为 2011 年,有 14 个,最少的年份为 2010 年和 2012 年,有 4 个,2014 年比 2010 年增加了 1.5 倍;2014 年Ⅳ类水质的集水区个数比 2010 年减少了 63.64%;水质等级为劣Ⅴ类的区域在 2014 年减少了 66.67%。就部分集水区而言,位于研究区无锡中心城区和常州的 6 个集水区(7、13、15、19、21、22)均有所改善,例如编号为 13 的区域在 2010 年时水质等级为劣Ⅴ类,2014 年为Ⅱ类水质,水环境质量实现了质的飞跃;但靠近江阴的编号为 25、17 的水质等级由 2010 年的Ⅳ类下降为 2014 年的劣Ⅴ类,成为 2014 年研究区水质最差的区域。这说明产业结构虽然使得研究区水质恶化,但是相关部门已经采取治理措施,并取得一定的成效,但部分集水区的水质状况依然较差,仍需要继续加强管理。

水质等级仅仅可以量化水质的状态,为了量化不同集水区水质的改善程度,引入了水质级别指数(T_*)来量化各个水质等级,可以比较出同类水质等级的差异。利用 2010 年和 2014 年的水质级别指数,计算得到每个集水区的水质改善率,如图 7.3 所示。从图中可以看出,研究区的水质状况在 2010—2014 年朝着转好的方向发展,大部分集水区的水质均发生了不同程度的改善。其中主要位于常州、江阴和张家港的编号为 12、18、25、32、37、39、40 的集水区水质的改善率在 0.01%~10% 之间;改善率在 10.01%~20% 之间的集水区占比最大,占整个研究区的 32.5%;位于研究区无锡城区的编号为 5、7、8、13、21、33 的集水区水质的改善率最大,在 20.01%~29.56% 范围内。

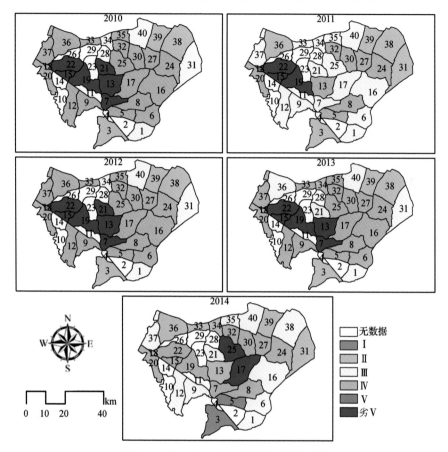

图 7.2　2010—2014 年水质等级的空间分布图

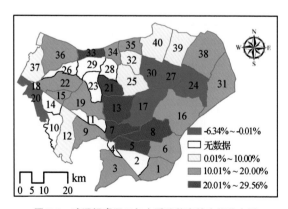

图 7.3　武澄锡虞区 5 年水质改善率的空间分布图

2) 水环境的空间集聚特征

为了更好地管理水质,以长三角河流污染最为严重的太湖平原腹部地区为典型,根据骨干河道以及水质监测断面(119 个)的空间分布,以乡镇为边界,将该区划分为 60 个单元。基于 Getis-Ord G_i^* 指数可以得到不同季节各水质指标(DO、NH_3-N、TP、TN、COD_{Cr})的空间集聚状况,如表 7.7 和图 7.4 所示。以 DO 为例,其低值区比高值区的集聚强度更大[图 7.4(a),表 7.7]。各季节 DO 低值区所占比例(12%~17%)大于高值区所占比例(7%~12%)。春季和冬季其低值区主要集中在西部,占比分别为 13% 和 17%。秋季低值区主要集中在东部,占比为 15%。夏季低值区分布较为分散,分布在东部和西部,占比为 12%。这表明,春季至冬季,低值区 DO 的集聚区域呈现出由西向东再向西转移的趋势,聚集强度则先减小后增大。

总体上,DO、NH_3-N 和 TP 的空间集聚呈现季节差异,从春季到冬季呈现由西向东再向西转移的趋势。同时,春季至冬季,DO 和 NH_3-N 的集聚强度先减小后增大,而 TP 和 COD_{Cr}(重铬酸盐指数)则呈现出相反的趋势。

表 7.7　水质空间集聚的季节性差异

水质指标	集聚性	集聚区域				集聚强度(%)				集聚区域的变化	集聚强度的变化(%)		
		春	夏	秋	冬	春	夏	秋	冬	春→冬	春→夏	夏→秋	秋→冬
DO	低	W	W,E	E	W	13	12	15	17	W→E→W	−1	+3	+2
	高	M	M	M	M	8	8	12	7	—	0	+4	−5
NH_3-N	低	M	M	M,S	M	3	13	13	7	—	+10	0	−6
	高	W	E	E	W	15	13	13	17	W→E→W	−2	0	+4
TP	低	S	S	S	S	5	12	8	2	—	+7	−4	−6
	高	W	W,E	W	W	17	23	22	13	W→E→W	+6	−1	−9
TN	低	S	S	S	S	3	13	10	5	—	+10	+7	−2
	高	W	W	W	W	15	13	20	18	—	−2	+7	−3
COD_{Cr}	低	N、S	S	S	M、N	17	18	13	18	—	+1	−5	+5
	高	W	W	W	W	18	20	22	17	—	+2	+2	−5

注:N、S、W、E 和 M 分别代表北、南、西、东和中部;蓝色填充表明水质指标在低值区和高值区之间存在明显的空间集聚。

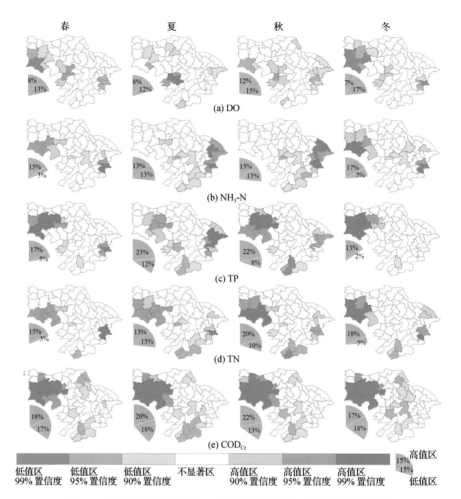

图 7.4　太湖平原腹部地区 2010—2019 年不同季节各水质指标的空间集聚

（蓝色代表低值区；红色代表高值区）

7.2　水系变化对河流水环境的影响

7.2.1　水系特征与河流水环境的关系

以城镇化为代表的人类活动给河流水系带来了一系列问题，例如水系衰退、连通性受阻、河流功能下降和水环境恶化。因此，在分析和探讨水质时空变化的基础上，厘清水质对水系结构和连通的响应关系对于水系保护和水质管理具有重要的意义。以太湖平原腹部地区为例，从河网水系的数量特征、形态结构特征、结构连通、功能连通四个方面，选取了河网密度（D_d）、水面率（W_p）、多重分形指数（$\Delta\alpha$、Δf）、α、β、γ 指数以及功能连通指数（F_c）等 8 个水系指标（表 7.8），采用 BP 神经网络(Back Propagation Artificial Neural Networks,BPANN)模型,定量揭示各水系指标对各水质参数的相对贡献率。

表 7.8 水系特征指标表

水系特征	指标	计算公式
数量特征	河网密度	参见表 3.2
	水面率	参见表 3.2
形态结构特征	$\Delta \alpha$	参见公式(3.7)
	Δf	参见公式(3.8)
结构连通特征	实际成环率	参见公式(4.1)
	线点率	参见公式(4.2)
	网络连接度	参见公式(4.3)
功能连通特征	功能连通指数	$C_{s(k)}(x) = \int_x^{+\infty} F(x)\mathrm{d}x$ $F_{c(i)} = \dfrac{C_s(i)}{n(i)}$

注:$C_{s(k)}(x)$为水闸通过概率,计算公式参见第 4 章;$F_{c(i)}$为单元 i 的功能连通指数,$C_s(i)$为单元 i 总的水闸通过概率,$n(i)$为单元 i 的总水闸数量。

BP 神经网络是应用最广泛的一种人工神经网络。它将大量简单的神经元相互连接成非线性系统,用以模拟人脑生物过程。由于影响水质的水系因素较为复杂,呈现出一种不确定的非线性复杂关系,因此,此处利用 BP 神经网络,定量揭示各水系指标因子对水质参数的相对贡献率。

选取河流结构指标(D_d、W_p、$\Delta \alpha$、Δf)和河流连通性指标(α、β、γ、F_c)作为模型的输入变量。选择 DO(溶解氧)、NH_3-N(氨氮)、TP(总磷)、TN(总氮)、COD_{Cr}(重铬酸盐指数)等水质参数作为模型的输出变量。基于 2010—2019 年 60 个行政单位汛期和非汛期水质数据对模型进行训练和验证,其中 80% 的数据用于模型训练,20% 的数据用于模型验证。最优隐藏节点数由训练数据性能最好的模型确定。

基于训练好的 BP 神经网络模型,采用 Garson 算法,利用连接权值估算各水系特征指标对水质变化的相对贡献率(Garson,1991),计算公式为:

$$S_i = \sum_{j=1}^{m} \frac{W_{ii} \times W_{jk}}{\sum\limits_{i=1}^{l} W_{ij} \times W_{jk}} \tag{7.10}$$

$$RI_i = \frac{S_i}{\sum\limits_{i=1}^{l} S_i} \times 100\% \tag{7.11}$$

式中，S_i 和 RI_i 分别为第 i 个输入变量对第 k 个输出变量的绝对贡献值和相对贡献值；l 和 m 分别为输入层和隐藏层；i、j 和 k 分别代表输入层、隐藏层和输出层序号。

图7.5显示了构建的模型对于训练和验证样本的表现。BP神经网络模型对于非汛期与汛期时5种典型水质参数的模拟效果均较好。训练期和验证期 R 均为 0.7，MSE 均不高于 0.02。模拟结果能较好地反映各水系特征因子对水质的影响。

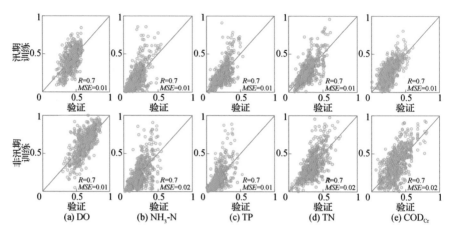

图7.5　模型对于训练和验证样本的表现

基于 Garson 算法，估算了各水系特征指标对各水质参数的相对贡献率（表7.9）。对于汛期而言，各水质参数受 W_p 的影响最大，其对 DO、NH_3-N、TP、TN 和 COD_{Cr} 的相对贡献率分别为 17.09%、21.41%、17.40%、19.63% 和 18.07%。其中 DO、NH_3-N、TN 和 COD_{Cr} 也受到了 Δf、$\Delta\alpha$ 和 D_d 的影响。同时 F_c 对 TP 的相对贡献率为 16.75%，仅次于 W_p。对于非汛期而言，W_p 对 DO 和 NH_3-N 的影响最大，相对贡献率分别为 18.70% 和 17.22%。而 Δf 对 DO 和 NH_3-N 的相对贡献率分别为 17.39% 和 15.36%。$\Delta\alpha$ 对 TP 和 TN 的相对贡献率最大，分别为 20.26% 和 20.85%。β 和 F_c 对 COD_{Cr} 也有影响，相对贡献率分别为 16.76% 和 15.83%。

从各水系特征指标对各水质参数的平均相对贡献率（表7.9）可以看出，汛期和非汛期水系结构的平均相对贡献率（大于 60%）均大于水系连通的平均相对贡献率（小于 40%），且汛期和非汛期影响水质的主要因素无显著差异。具体来看，汛期和非汛期影响水质的前3个因素分别为 W_p（18.72%）、$\Delta\alpha$（15.03%）、Δf（14.52%）和 $\Delta\alpha$（16.58%）、W_p（15.83%）、Δf（14.54%），同时非汛期 F_c 对水质的影响（12.85%）要高于汛期（11.15%）。

表 7.9 汛期和非汛期水系特征指标对水质参数的相对贡献率 单位:%

项 目		D_d	W_p	$\Delta\alpha$	Δf	水系结构	α	β	γ	F_c	水系连通
汛期	DO	11.89	17.09	14.31	16.88	60.17	7.47	15.20	8.18	8.98	39.83
	NH₃-N	16.90	21.41	14.60	11.31	64.22	7.96	11.74	7.62	8.45	35.77
	TP	13.96	17.40	15.41	11.13	57.90	8.84	6.75	9.76	16.75	42.10
	TN	13.85	19.63	18.87	15.85	68.20	4.21	12.02	4.54	11.03	31.80
	COD$_{Cr}$	14.24	18.07	11.96	17.43	61.70	6.63	14.39	6.73	10.55	38.30
	平均	14.17	18.72	15.03	14.52	62.44	7.02	12.02	7.37	11.15	37.56
非汛期	DO	13.33	18.70	14.35	17.39	63.77	5.24	11.85	5.67	13.46	36.22
	NH₃-N	12.88	17.22	12.60	15.36	58.06	6.95	14.77	8.61	11.61	41.94
	TP	16.07	13.09	20.26	14.31	63.73	6.83	11.85	6.18	11.40	36.26
	TN	13.39	17.20	20.85	12.91	64.34	6.57	9.76	7.36	11.97	35.66
	COD$_{Cr}$	12.02	12.92	14.83	12.71	52.48	7.82	16.76	7.11	15.83	47.52
	平均	13.54	15.83	16.58	14.54	60.49	6.68	13.00	6.99	12.85	39.52

注:水系结构的相对贡献率是 D_d,W_p,$\Delta\alpha$ 和 Δf 的贡献率之和;水系连通的相对贡献率是 α,β,γ 和 F_c 的贡献率之和。

7.2.2 水系连通与河流水环境的关系

河网在不同用地情况的影响下被截断,极大地影响了水系连通状况,使得太湖流域天然的河网自净能力发生改变,导致水质恶化等问题日益凸显。基于前述分析的整体苏南地区水系连通对水质的影响程度,此处以武澄锡虞区为例,将其划分为 40 个集水单元,进一步深入分析该区整体、局部上水系静态连通性及动态连通性与水质之间的相互影响,这将为调节水系格局分布和连通情况以及维护水环境质量起到积极的作用。

1) 水质对水系静态连通性的响应

水系静态连通性体现了河网水系的形态结构特征,是河网水系连通的基础和必要条件。一般主要包括数量特征、结构特征和连通特征。其中数量特征属于水系的原始描述指标,主要包括河道的长度、条数、面积、密度等;结构特征是指河道的等级、分支程度、位置分布等;连通特征是指河道之间的结构连通程度。故在此选择河网密度(D_d)、支流发育系数(K)、成环率 α、线点率 β、网络连接度 γ 作为形态连通指标来表征平原河网静态连通性,运用熵权法来确定各评价指标的权重,然后计算出水系静态连通度。

因河网密度(D_d)存在量纲,故对 D_d 进行无量纲化处理,将 D_d、K、α、β、γ 加权求和即为水系静态连通度 Q,即:

$$Q = w_1 D_d + w_2 K + w_3 \alpha + w_4 \beta + w_5 \gamma \qquad (7.12)$$

式中，w_1、w_2、w_3、w_4、w_5 分别为 D_d、K、成环率 α、线点率 β、网络连接度 γ 5 个水系静态连通指标的权重。

采用 Moran 指数对各因变量进行空间相关性检验，筛选出适合地理加权模型构建的 4 个水质指标，分别为 DO（溶解氧）、COD_{Mn}（高锰酸盐指数）、TP（总磷）、TN（总氮），则水系静态连通度对这 4 个水质指标的影响程度的空间差异变化如图 7.6 所示。

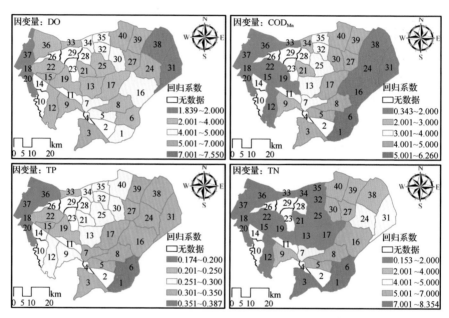

图 7.6　武澄锡虞区各水质指标与水系静态连通度之间局部回归系数（取绝对值）分布图

溶解氧与水系静态连通度的回归系数的取值范围为 1.84~7.55，均值为 4.08，这说明研究区的水系静态连通度对溶解氧的影响呈现出较大的空间差异性。总体而言，两者的回归系数在空间上呈现出西南方向较小、东北方向较大的规律，则水系静态连通度对溶解氧的影响程度呈现出由西南向东北方向不断增强的趋势。回归系数最低值区（<2.00）仅包含 3 个集水区，位于研究区的西北角；回归系数最高值区（>7.00）位于研究区的东北角，包括 31 号和 38 号集水区。

高锰酸盐指数与水系静态连通度的回归系数的取值范围为 0.34~6.26，均值为 3.32，可以看出水系静态连通对高锰酸盐指数的影响在空间上跨度也较大。两者的回归系数呈现出东部偏大、西部偏小的规律，则水系静态连通度对高锰酸盐指数的影响程度呈现出由东向西逐渐降低的趋势。回归系数最低值区（<2.00）仅包含 9 个集水区，位于研究区的中西部；回归系数最高值区（>5.00）位于研究区的东部边缘地区。

总磷与水系静态连通度的回归系数的取值范围为 0.17~0.39,均值为 0.28,这说明研究区的水系静态连通度对总磷的影响程度相对较小且空间差异性较小。总体上影响程度受回归系数影响,呈现出西北低、东南高,并逐渐增强的趋势。

总氮作为研究区最为重要的水质指标,其与水系静态连通度的回归系数的取值范围最大,最小值为 0.15,最大值为 8.35,均值为 2.79,总体上呈现出与高锰酸盐指数、总磷类似的空间分布特征。但回归系数最低值区(<2.00)包含的集水区数量最多,有 16 个,主要分布在研究区的西部和中部;最高值区(>7.00)位于研究区的南部边缘的 3 个集水区。

综上所述,水系静态连通度对大部分水质指标的影响程度较大,且存在较大的空间差异性。结合各水质指标与水系静态连通度的局部回归系数进行分析(图 7.7),水系静态连通度对总磷的影响最小,对溶解氧的影响最大,这可能是因为水系静态连通度影响河网的流动与交互作用,使水体中耗氧物质含量发生变化,进而会严重影响到溶解氧的含量。

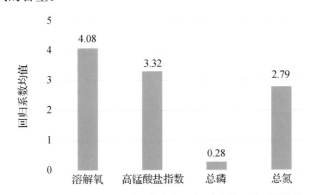

图 7.7　各水质指标与水系静态连通度之间局部回归系数均值

水质级别指数(T_*)是每个集水区的水质等级(T_0)量化后的结果,用于表征各个集水区水质状况的不同。将其作为因变量,并将水系静态连通度作为自变量,构建地理加权模型,得到水质级别指数对水系静态连通度的空间响应关系,如图 7.8 所示。

水质级别指数与水系静态连通度的回归系数的最小值为 0.39,最大值为 5.11,均值为 2.47,这表明水系静态连通度对研究区的水质的影响较大,且空间差异显著。回归系数总体上表现为由东南向西北方向逐渐递减,影响程度也表现为由东南向西北方向逐渐减弱,这与大部分水质指标对水系静态连通度的空间响应规律类似。回归系数高值区(>3.50)主要分布在研究区的东南部边缘地带。这主要是因为该地区分布着大量的水闸和调水工程,对水质的影响较大,进而使得水系连通对水质的影响较大。

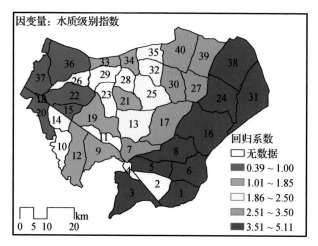

图 7.8　T_* 与水系静态连通度之间局部回归系数(取绝对值)分布图

2) 水质对水系动态连通性的响应

武澄锡虞区是典型的平原河网区,具有水系结构复杂、流速较慢以及流向可变的特征,水系的动态连通性体现为水文过程中水位的动态变化,在此利用站点之间的水位涨跌关系(参见第 4 章)评价水系的动态连通程度。对于 4 个具有水质数据的典型水位片区,采用熵权物元模型对其水质进行评价。最后根据回归分析等方法分析典型片区水系动态连通性对水质的影响。

(1) 各典型片区水质对水系动态连通性的响应

除甘露站位外,其他 3 个站位,水质级别指数(T_*)均与水文连通指数呈现显著的负相关关系(表 7.10),即水文连通指数越大,T_* 越小,水质越好。整体上 T_* 与水文连通指数拟合的方程系数的绝对值处于 5～9 之间,除常州站位外,其他 3 个站位均在 5～6 之间,变化趋势具有相似性。

表 7.10　典型片区水质与水文连通指数相关分析

指　标	站　位	DO	COD_{Mn}	NH_3-N	TP	TN	T_*
水文连通指数	常州	0.52*	− 0.22	− 0.37	− 0.53*	− 0.25	− 0.56*
	甘露	− 0.26	0.28	0.64*	0.59	0.62*	0.36
	白芍山	0.55*	− 0.66**	− 0.66**	− 0.33	− 0.61**	− 0.81**
	陈墅	0.74*	− 0.62	− 0.57	0.13	− 0.67*	− 0.64*

注:** 表示在 0.01 水平上显著相关,* 表示在 0.05 水平上显著相关。

对于常州站位[图 7.9(a)],水文连通指数与溶解氧呈现显著的正相关关系,相关系数可达到 0.52,与其他 4 个水质指标(高锰酸钾指数、氨氮、总磷、总氮)均呈负相关关系,其中与总磷为显著负相关,相关系数为-0.53。而溶解氧含量越高,其他水质指标越小,水质越好,T_*会越小。T_*与水文连通指数的相关系数为-0.56,呈现显著的负相关关系,连通性越好,水质越好。通过拟合水文连通指数与T_*,得到两者的回归关系表达式,具体为$T_*=-8.92×$水文连通指数$+11.95$。

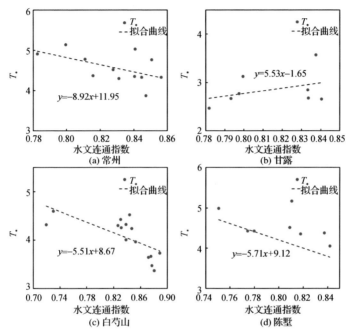

图 7.9　典型片区 T_* 与水文连通指数的回归分析

甘露站位与其他 3 个站位不同,水文连通指数与 T_* 的相关性与其他 3 个站位相反,但相关性较低,仅为 0.36。水文连通指数与溶解氧呈负相关关系,与其他 4 个水质指标均呈正相关关系,氨氮与总氮最为显著,分别达到 0.64 和 0.62。结合甘露站位水质等级[图 7.9(b)]与连通性结果,甘露地区水质年际变化较小,且连通性年际变化率也较小,这可能是导致该站位水文连通指数与 T_* 关系异常的原因。拟合得到水文连通指数与 T_* 的回归表达式:$T_*=5.53×$水文连通指数-1.65。

白芍山站位是 4 个站位中水文连通指数与 T_* 相关性最为显著的站位,相关系数为-0.81,拟合得到两者的回归关系表达式为 $T_*=-5.51×$水文连通指数$+8.67$。除总磷外,其他 4 个水质指标与水文连通指数的相关性均很显著。溶解氧与水文连通指数呈现正相关关系,其系数为 0.55;而高锰酸钾指数、氨氮、总氮与水文连通指数呈现更显著的负相关关系,相关系数分别为-0.66、-0.66 与-0.61。总磷含量与水文连通指数相关性尽管不是很显著,但也呈现负相关关系,其系数为-0.33。

陈墅站位水文连通指数与 T_* 的相关系数为 -0.64，两者具有较为显著的负相关性，它们的回归关系表达式为 $T_* = -5.71 \times$ 水文连通指数 $+9.12$。溶解氧和总磷与水文连通指数呈现正相关关系，其中溶解氧的相关性更为显著，相关系数为 0.74，而总磷的相关性较差，相关系数仅为 0.13。高锰酸钾指数、氨氮、总氮与水文连通指数均呈现负相关关系，相关系数分别为 -0.62、-0.57 和 -0.67，相关性较为显著。

（2）水质对水系动态连通性的总体响应

对于甘露站位外的 3 个站位，其水文连通指数与 T_* 均具有显著的负相关性，为了研究水质对水系动态连通性的总体响应，选择常州、白芍山和陈墅 3 个站位 2008—2014 年的数据进行回归分析。总体上水文连通指数与水质指标的关系如表 7.11 所示，可以明显看出 T_* 与水文连通指数具有很显著的负相关性，相关系数为 -0.80，这表明水文连通指数越好，T_* 越小，水质越好。通过线性拟合得到了空间上水文连通指数与水质级别指数的回归关系式，具体为 $T_* = -10.54 \times$ 水文连通指数 $+13.05$（图 7.10）。各水质指标中，水文连通指数与溶解氧、总氮均呈正相关关系，与溶解氧的相关性更为显著，为 0.57，而与总氮的相关性很弱，仅为 0.14；与高锰酸盐指数、氨氮、总磷均呈显著的负相关关系，相关系数分别为 -0.68、-0.64 和 -0.50，相关性较为显著。

表 7.11　水文连通指数与水质指标的相关关系

指　　标	DO	COD_{Mn}	$NH_3\text{-}N$	TP	TN	T_*
水文连通指数	0.57^{**}	-0.68^{**}	-0.64^{**}	-0.50^{*}	0.14	-0.80^{**}

注：** 表示在 0.01 水平上显著相关，* 表示在 0.05 水平上显著相关。

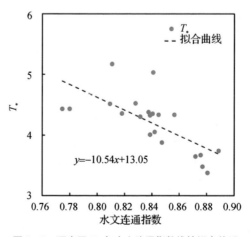

图 7.10　研究区 T_* 与水文连通指数线性拟合关系

7.2.3 水系变化与河流自净功能的关系

1) 自净功能

自古以来,河流在灌溉、供水、交通和渔业等许多方面支撑着人类的生存与发展。然而,越来越频繁的人类活动大大地削弱了这些直接或者间接服务于人类社会的河流功能,使得全世界范围内的许多河流出现景观破碎、水文变异和水质恶化等一系列问题(Moya et al.,2011)。因此,与人类健康密切相关的水质问题受到了国内外各界的广泛关注和积极响应,同时河道形态和水流特征等河流状况关键组分的变化也成了当前水文地貌学的研究热点之一(Boix et al.,2010)。尽管如此,至今为止只有很少人关注到数量、形态、结构和连通等河流状况的变化对河流功能的影响(Mutz et al.,2013)。

目前,国内外关于河流功能的研究主要有两种类型:一种是从生态学的角度评价河流生态系统服务功能的变化(Costanza et al.,1997;欧阳志云等,2004),另一种是从地理学的角度对河流功能进行区划研究(吴永祥等,2011)。尽管这两种类型的河流功能因归属不同学科而具有一定的差别,但其实质上是一致的。一般来说,河流功能包括地貌塑造、物质输送、气候调节、水质净化和生物多样性保护等自然生态功能,以及水源供给、蓄洪排涝、内河航运、水力发电、产品提供、景观娱乐和文化教育等社会经济功能。其中,自然生态功能是河流生命活力的重要标志,并最终影响人类经济社会的可持续发展。而社会经济功能是河流对人类社会经济系统支撑能力的体现,是人类维护河流健康的初衷和意义所在。

从某种意义上来说,河流功能其实是某一时期内人类对河流效用的主观需求。显然,并不是每一条河流都被要求同时具备上述诸多自然生态功能和社会经济功能。例如,平原河网区的河流因地势平坦往往不具备水力发电的功能。因此,相比其他非急需的河流功能,人类更为关注的是河流主要功能能否满足自身的需求。对于平原河网区水系而言,其蓄洪排涝、净化水质、内河航运和水源供给是其主要的河流功能(韩昌来和毛锐,1997)。

作为河网的重要功能之一,自净功能是指河网能够通过一系列的物理、化学和生物作用,降低进入河网水体中的污染物质浓度,使其完全或者部分达到污染前的状态(李红艳等,2012)。考虑到严重的水质污染为当前平原河网区面临的首要生态环境问题(Zhao et al.,2011),分析和探讨水系演变对河网自净功能的影响对水系复育和水质管理具有重要的意义。

2) 水系演变对河网自净功能的影响

根据河网自净功能的含义,本书认为河网水质超过其水功能区划标准是其自净功能被削弱乃至退化的重要标志。为此选取河网中超Ⅲ类水质标准的监测断面数量比例(简称水质超标率)作为河网自净功能的表征指标,以太湖平原为例,通过分析各行政区 2010 年代水系特征指标与其河网水质超标率的关系,揭示该地区水系演变对河网自净功能的影响。

(1)水系演变对河网总体自净功能的影响

统计得出 2005—2014 年太湖平原各行政区境内河网中超Ⅲ类水质标准的河道监测断面数量比例(即水质超标率,$RIII$),并将其与对应的 2010 年代水系特征指标进行相关分析,结果如表 7.12 所示。可以看出,水质超标率与水面率呈现出显著的负相关关系,并与干流面积长度比呈现出比较显著的负相关关系。这说明水面率越大,水质超标率就越小,即河网的总体自净功能状况就越好。同样,干流面积长度比越大,水质超标率就越小,其河网的总体自净功能也就越好。

表 7.12　河网水质超标率与水系特征指标的关系

指标	D_d	W_p	S_r	R_{AL}	K	D
$RIII$	0.391	−0.840**	0.618	−0.747*	0.451	0.498

注:** 表示在 0.01 水平上显著相关,* 表示在 0.05 水平上显著相关。

为了进一步揭示水系演变对河网总体自净功能的影响,将太湖平原各行政区的水质超标率与其 2010 年代的水系特征指标进行多元线性逐步回归分析。经 F 检验后,发现在 0.01 显著性水平上,水质超标率与水面率之间存在显著的回归关系,具体如下:

$$RIII = -0.401 W_p + 1.013 \tag{7.13}$$

可以看出,在所有的水系特征指标中,太湖平原的河网总体自净功能主要受到水面率的影响。一般来说,最理想状态下的河网总体自净功能就是其水质完全符合水功能区划的标准,即水质超标率为 0。依据回归方程可以求解得出最理想的河网总体自净功能要求水面率大于 100%。显然,这个结果并不符合实际情况。这说明水面率对太湖平原河网总体自净功能的影响是在一定范围之内的。也就是说,除了水面率等水系特征指标之外,太湖平原的河网总体自净功能还有可能受到降水特征、地形条件、土地利用状况和污染物排放强度等其他自然和人为因素的叠加影响(周文等,2012)。因此,在太湖平原的水环境治理规划中,应将河网水系与影响河网总体自净功能的其他因素综合在一起考虑。

(2)水系演变对各类水质指标自净功能的影响

将 2005—2014 年太湖平原各行政区境内各水质指标的超标率与对应的 2010 年代水系特征指标进行相关分析,结果如表 7.13 所示。可以看出,溶解氧的超标率与干流面积长度比呈现出显著的负相关关系。这说明干流面积长度比越大,河网中溶解氧的超标率就越低,即河网中溶解氧的自净功能状况就越好。同时,总氮的超标率与水面率和干流面积长度比呈现出显著的负相关关系,并与河流曲度呈现出一定程度的正相关关系。这说明水面率与干流面积长度比越大,河网中总氮的自净功能状况就越好。但从某种程度上来说,河流曲度越大,河网中总氮的自净功能状况越差。此外,氨氮、总磷和高锰酸盐指数等水质指标的超标率与水系特征指标之间并未检测到显著的相关关系,即河网中氨氮、总磷和高锰酸盐指数的自净功能状况与水系特征指标之间并不存在显著的相关关系。

表 7.13　各类水质指标超标率与水系特征指标的关系

指标	D_d	W_p	S_r	R_{AL}	K	D
DO	0.425	−0.651	0.563	−0.766*	0.374	0.428
NH_3-N	0.468	−0.633	0.360	−0.595	0.499	0.555
TP	0.260	−0.641	0.521	−0.653	0.343	0.266
TN	0.292	−0.928**	0.686*	−0.811**	0.375	0.388
COD_{Mn}	0.634	−0.369	0.213	−0.466	0.526	0.617

注: ** 表示在 0.01 水平上显著相关,* 表示在 0.05 水平上显著相关。

　　为了进一步揭示水系演变对河网各类水质指标自净功能的影响,将各类水质指标超标率与其 2010 年代的水系特征指标进行多元线性逐步回归分析。经 F 检验后发现溶解氧和总氮的超标率(RDO 和 RTN)与水系特征指标之间存在显著的回归关系(显著性水平分别为 0.05 和 0.01),具体如下:

$$RDO = -0.012\,R_{AL} + 0.926 \tag{7.14}$$

$$RTN = -0.416\,W_p + 1.020 \tag{7.15}$$

　　可以看出,在所有的水系特征指标中,溶解氧的超标率主要受到干流面积长度比的影响。根据回归方程可以求出,当干流面积长度比为 77.17 km^2/km 时,河网中溶解氧的自净功能状况最好,且干流面积长度比越小,河网中溶解氧的自净功能状况就越差。另外,在所有的水系特征指标中,总氮的超标率主要受到水面率的影响,且水面率越大,河网中的总氮自净功能就越好。但是,如同水质超标率一样,水面率对河网中总氮的自净功能的影响是在一定范围之内的,即除了水面率之外,河网中总氮的自净功能还可能受到降水特征、地形条件和土地利用状况等因素的叠加影响。

3) 河道形态特征对河流自净功能的影响

　　上述从宏观方面分析了水系演变对河网总体自净功能,以及对溶解氧、氨氮、总磷、总氮和高锰酸盐指数等水质指标的自净功能的影响。然而,已有的研究结果表明,弯曲度、断面形态和分形维数等河道的形态特征是影响河流自净功能的重要因素(蔡建楠等,2010;何嘉辉等,2015)。为此,本书构建河流自净功能的表征指标,并选取平均宽度(W_r)、弯曲度(S_r)和分形维数(D_0)等河道形态特征指标,通过分析两类指标之间的关系,揭示河道形态特征对河流自净功能的影响。不同于先前章节中介绍的河网盒维数,河道分形维数主要根据其中心线来计算,其计算公式为:

$$D_0 = \log n / [\log n + \log(d/L_r)] \tag{7.16}$$

式中,n 为构成河道中心线的线段数目;d 为河道中心线起止点之间的距离;L_r 为河道中心线的总长,即河道长度。

（1）研究河段概况及其形态特征

根据太湖平原120个河道监测断面的分布及其监测情况,选取与其他同级河流并无相交的同一河流同一时期内均有监测数据的河段作为研究对象。共计11条河段、22个监测断面（河段起止点）,其基本信息及形态特征参数如表7.14所示。

表 7.14　研究河段起止点及其形态特征参数

河　段	起　点	终　点	L_r(m)	W_r(m)	S_r	D_0
白屈港	严埭	马镇	10 211.09	49.01	1.100 6	1.016 8
常浒河	环城河交界处	世纪大道常浒河桥	2 407.49	52.51	1.004 7	1.001 2
娄江	西河大桥	正仪桥	11 182.52	58.77	1.010 9	1.001 8
七浦塘	涂松桥	七浦闸（上）	11 567.09	28.90	1.092 3	1.013 9
盐铁塘	直塘凌家桥	上岗桥（徐泾浜）	2 717.80	42.21	1.043 5	1.008 4
杨林塘	昆太交界处	西杨林塘唐龙桥	10 596.36	29.69	1.057 5	1.009 3
元和塘	莫城周塘河桥	杨园大桥	12 229.02	87.16	1.075 2	1.011 4
澡港河	九号桥	龙虎塘	11 904.79	49.20	1.052 8	1.009 0
张家港 1	塍南桥	西庄码头桥	31 269.44	63.72	1.302 6	1.039 5
张家港 2	沙家浜镇北桥	唐市南渡口	9 996.59	48.08	1.182 4	1.028 9
张家港 3	杨家浜桥	通城河桥	8 213.39	53.99	1.174 3	1.028 2

可以看出,此处所选的11条河段覆盖了从2 km至32 km的各种长度,具有明显的差异性。同时,各河段的平均宽度也介于28 m至88 m之间,同样具有良好的区分度。相比之下,除了个别河段之外,各河段的弯曲度和盒维数差别并不大,这主要是因为平原河网区河流受人类活动干扰后大部分属于顺直型河流。总体来看,选取的河段覆盖各种类型的河流,具有一定的代表性,可进行典型案例研究。

（2）研究河段水质指标沿程降解率

为了比较不同河道形态特征之间的差异,同时考虑到平原河网区河流具有流向不定的特点,以研究河段长度以及上下断面的水质指标浓度为基础,构建水质指

标沿程降解率作为河流自净能力的表征指标(蔡建楠等,2010),其计算公式如下:

$$R_k^d = \frac{1\,000 \times |C_{uk} - C_{dk}|}{L_r} \tag{7.17}$$

式中,R_k^d 为研究河段第 k 个水质指标的沿程降解率,mg/(L・m);C_{uk} 和 C_{dk} 分别为研究河段上下断面的第 k 个水质指标的浓度,mg/L;L_r 为研究河段的长度,m。

根据上述公式,可计算得出各研究河段的各类水质指标沿程降解率,具体如表 7.15 所示。从 DO 来看,常浒河的沿程降解率最高,为 1.786 1 mg/(L・m),但张家港 2 的沿程降解率为 0。从 NH$_3$-N 来看,常浒河的沿程降解率高达 2.027 0 mg/(L・m),但白屈港、澡港河、张家港 1 和元和塘的沿程降解率均小于 0.08 mg/(L・m)。从 TP 来看,仅有常浒河的沿程降解率高于 0.1 mg/(L・m),其余各河段均低于 0.1 mg/(L・m)甚至 0.01 mg/(L・m)。从 TN 来看,常浒河的沿程降解率高达 3.019 7 mg/(L・m),但其余各河段均低于 1.0 mg/(L・m)。从 COD$_{Mn}$ 来看,沿程降解率最高的常浒河也没有超过 0.9 mg/(L・m),且澡港河的沿程降解率为 0。总体来看,TN 的沿程降解率最高,平均值为 0.592 8 mg/(L・m),TP 的沿程降解率最低,平均值仅为 0.020 5 mg/(L・m),DO、NH$_3$-N 和 COD$_{Mn}$ 的平均沿程降解率均在 0.3 mg/(L・m)左右。

表 7.15　研究河段的各类水质指标沿程降解率　　　单位:mg/(L・m)

河　段	DO	NH$_3$-N	TP	TN	COD$_{Mn}$
白屈港	0.166 5	0.078 3	0.006 8	0.033 3	0.039 2
常浒河	1.786 1	2.027 0	0.101 4	3.019 7	0.872 3
娄江	0.339 8	0.166 3	0.007 5	0.236 1	0.026 8
七浦塘	0.475 5	0.116 7	0.014 1	0.214 4	0.121 0
盐铁塘	0.073 6	0.787 4	0.016 2	0.905 1	0.478 3
杨林塘	0.349 2	0.102 9	0.009 5	0.173 6	0.207 6
元和塘	0.114 5	0.033 5	0.006 0	0.031 9	0.057 2
澡港河	0.067 2	0.052 1			0
张家港 1	0.012 8	0.057 6	0.001 9	0.060 8	0.064 0
张家港 2	0	0.454 2	0.020 1	0.583 2	0.290 1
张家港 3	0.365 3	0.371 5	0.021 8	0.669 6	0.158 3
平均	0.341 0	0.386 1	0.020 5	0.592 8	0.210 4

(3) 河道形态特征对河流自净功能的影响

根据各研究河段的平均宽度、弯曲度和分形维数的分布特征,依次将其分成两大类。其中,河段平均宽度的分界点为 30 m,弯曲度的分界点为 1.10,分形维数的分界点为 1.01。分别对同一种形态特征分类后的两类水质指标沿程降解率进行独立样本 t 检验,结果如表 7.16 所示。可以看出,不同平均宽度的河段,其高锰酸盐指数的沿程降解率具有比较显著的差异性。同时,不同弯曲度的河段,其溶解氧的沿程降解率也具有比较显著的差异性。由此看来,河流的自净功能可能与其形态特征有关系。

表 7.16　各分类水质指标沿程降解率的独立样本 t 检验结果

指　标	DO	NH_3-N	TP	TN	COD_{Mn}
W_r	0.996	0.487	0.664	0.518	0.271*
S_r	0.033*	0.622	0.517	0.497	0.371
D_0	0.051	0.685	0.268	0.173	0.560

注:** 表示通过 0.01 显著性水平检验,* 表示通过 0.05 显著性水平检验。

为了进一步分析河流自净功能与河道形态特征之间的关系,将水质指标沿程降解率与河道形态特征指标进行相关分析,结果如表 7.17 所示。可以看出,溶解氧的沿程降解率与河道的弯曲度和分形维数存在比较显著的负相关关系。也就是说,河道的弯曲度越大,其溶解氧的沿程降解率就越低。同时,河道的分形维数越大,其溶解氧的沿程降解率也越低。这跟实际情况是相符的,在水质评价中,溶解氧的值越大代表水质越好,而溶解氧的沿程降解率越小,说明其水质保持程度越高。

表 7.17　水质指标沿程降解率与河道形态特征指标的关系

指　标	DO	NH_3-N	TP	TN	COD_{Mn}
W_r	− 0.047	0.153	− 0.067	− 0.074	0.117
S_r	− 0.632*	− 0.224	− 0.380	− 0.383	− 0.079
D_0	− 0.638*	− 0.200	− 0.384	− 0.384	− 0.037

注:** 表示在 0.01 水平上显著相关,* 表示在 0.05 水平上显著相关。

将各类水质指标的沿程降解率作为因变量,河道形态特征指标作为自变量,进行回归分析,可得出溶解氧的沿程降解率与分形维数存在如下关系:

$$R_{DO}^d = -10.988 D_0 + 11.410 \tag{7.18}$$

从影响水质的单因素来讲,理想的溶解氧沿程降解率应该为 0 甚至更小,这样才能保证同一河段的下断面水质优于上断面的水质。据此,结合上述回归方程可以求出河道分形维数的最小值为 1.038 4。也就是说,河道的分形维数不低于 1.038 4 时,其溶解氧的浓度才不至于下降,即保证河流水质不至于变差的最低河道分形维数为 1.038 4。

7.3 水系变化对河流健康的影响评估

7.3.1 河流健康概述

1) 河流健康内涵与评价方法

由于河流自身具有的变化性以及各个国家、地区在地理条件、基本国情以及价值观判断方面的差异,国际上对河流健康的内涵尚未达成统一的认识。最早将河流与生命的概念联系起来,源于20世纪50年代的苏联。随后,1972年美国政府颁布的《联邦水污染控制法修正案》(现称《清洁水法》),认为物理、化学和生物完整性良好的河流就是健康的(Callicott,1995)。之后相继出现了河流生态系统健康、河流系统健康、河流生境状况等概念,以及与之相对应的评价方法或指标体系。

国外相关研究中对河流健康的定义主要包括两种:一种是将河流健康视作一个开放的生态系统,强调河流生态系统的自然属性的内容,从生态系统观的角度,认为河流健康就是河流生态系统的健康。另一种定义则将河流健康视作河流生态系统价值取向同人类社会价值取向的交集,强调河流对人类的生态系统服务功能的发挥。相比之下,国内有关河流健康的研究起步较晚。2002年2月,原黄河水利委员会主任李国英在全球水伙伴中国地区委员会高级圆桌会议上,首次提出了"河流生命"的概念(李国英,2005)。第二届黄河国际论坛召开,"河流健康"这一理念成为研究的热点。国内对河流健康的定义自初始就将人类活动对河流健康的影响考虑在内。人类活动对河流生态系统的影响经历了外源性影响因素和内源性影响因素两个阶段。河流的社会服务功能也从无到有列入河流健康评价的范畴。

在河流健康评价的方法上,目前国外主要包括多指标评价法和预测模型法(表7.18)。预测模型法的关键在于选取无人为干扰或人为干扰非常小的河流理论上应存在的物种组成作为参照来进行河流健康的评价,但因需要参照点而有一定的局限性。而研究应用较多的是多指标评价法,通过对较多表征因子的赋值和计算使河流健康定量化,但在确定评价指标和评价标准上主观性较强,精度可能会有所欠缺。国内对河流健康指标的选取主要根据《河湖健康评估技术导则》(SL/T 793—2020),从生态系统结构完整性、生态系统抗扰动弹性、社会服务功能可持续性三个方面建立河湖健康评价指标体系,主要包括"盆"、"水"、生物、社会服务功能等4个准则层。评价方法采用综合赋分法。

表 7.18　国外主要河流健康评价方法分类

类　型	评价方法	设计者	内容简介	特　点
预　测 模型法	RIVPACS	Wright et al. (2000)	利用区域特征预测河流自然状况下应存在的大型无脊椎动物，并将预测值与该河流大型无脊椎动物的实际监测值相比较，从而评价河流健康状况	能较为精确地预测理论上应该存在的生物量；但由于该方法基于河流任何变化都会影响大型无脊椎动物这一假设，因此具有一定片面性
	AUSRIVAS	Oberholster et al. (2005)	针对澳大利亚河流特点，在评价数据的采集和分析方面对 RIV-PACS 方法进行了修改，使得模型对澳大利亚河流健康状况的评价具有广泛的适用性	能预测河流理论上应该存在的生物量，结果易于被管理者理解；但该方法仅考虑了大型无脊椎动物，未能将水质及生境退化与生物条件联系起来
多指标 评价法	IBI	Karr (1981)	着眼于水域生物群落结构和功能，构建了 12 项指标(如河流鱼类物种丰富度、指示种类别、营养类型等)评价河流健康状况	包含一系列对环境状况改变较敏感的指标，从而对所研究河流的健康状况做出全面评价；但对分析人员专业性要求较高
	RCE	Petersen (1992)	用于快速评价农业地区河流状况，包括河岸结构、河道宽/深结构、水生植物、鱼类、河床条件、以及河岸带完整性等 16 个指标，将河流健康状况划分为 5 个等级	能够在短时间内快速评价河流的健康状况；但该方法主要适用于农业地区，需进行一定的改进方能用于评价城市化地区河流的健康状况
	RHS	Raven et al. (1998)	通过土地利用、植被类型、河道数据、河岸侵蚀、沉积物特征以及河岸带特征等指标来评价河流生境的自然特征和质量	较好地将生境指标与河流形态、生物组成相联系；但选用的某些指标与生物的内在联系未能明确，部分用于评价的数据以定性为主，使得数理统计较为困难
	RHP	Rowntree et al. (1994)	选用河流无脊椎动物、鱼类、河岸植被、生境完整性、水质、水文、形态等七类指标评价河流的健康状况	较好地运用生物群落指标表征河流系统对各种外界干扰的响应；但在实际应用中，部分指标获取存在一定困难
	USHA	Suren (1994)	选用流域宏观指标(流域地貌、河流等级、降水)、河道中观指标(河岸稳定性、河道改变、流量等)、河岸植被中观指标(覆盖率、植被类型、优势种等)以及河床微观指标(底质稳定性、水生生物等)评估城市河流的生境状况	形成了较好的评估城市河流生境状况的方法和程序；但主要针对新西兰河流状况设置，应用到其他地区仍需进一步改进，且指标较多，评估难度较大

　　综上，国外研究重点主要在河流生态与环境保护的自然属性方面，注重生物生态相关因子的选取，较少关注反映社会功能需求的指标因子。国内的研究主要倾向于通过物理、化学手段以及少量生物监测评估河流水质状况。但近年来，也出现了一些对评价方法的具体探讨与尝试。同时，河流健康评价的指标存在明显的地

域差异,在研究和实践中应结合特定的地域来确定具体的指标。

2) 水系格局和水文过程变化对河流健康的影响

无论是水系格局还是水文过程的变化都会造成河流生态系统适应性的改变,从而影响到河流的生态环境和社会功能。周洪建等(2008)认为深圳城市化进程的快速推进导致水系变化显著,降低了城市河流生态系统功能,进而影响城市洪水的成灾机制,导致水灾频发。张洪波等(2008)从河流生态水文过程角度出发,研究了水库调度对黄河生态系统产生的影响。焦飞宇等(2013)从水质、水流、河床、河岸稳定性和生态系统多样性等方面分析了裁弯取直等河流治理工程对河流健康的影响。王淑英等(2011)将河流的横向与纵向连续性作为河流健康状况的诊断指标,并对东江河流健康进行了评价。河流生态系统作为一个整体,各个生境要素并非孤立地起作用,而是综合作用,并与不同生态要素形成复杂的耦合关系。

7.3.2 河流健康评估指标体系的量化

河流健康受到众多因素的制约,概括起来主要分为自然因素和人为因素。自然因素主要是指自然界的变化,如温度、降水、岩石风化、洪水等因素,这些因素的变化一般会引起河流自然形态和河流生态水文过程的改变,进而造成河流功能的减弱和河流生态系统的退化。人为因素主要是指人类活动对河流系统造成的影响,如快速城市化背景下土地利用变化和生产、生活污水排放所造成的水环境污染,以及泵站、水闸等水利工程建设所导致的河流生态系统完整性及河岸带生物栖息地环境的破坏等。无论何种因素所带来的影响,都在不同程度上危害着河流生态系统的健康和稳定,以及河流功能的发挥。

科学合理的河流健康评估体系的建立,是河流科学管理的前提,是从定性走向定量研究的关键环节,是河流健康评价的重要内容。如果从某些特定的角度或层面对河流健康状况进行评估,那么指标选取较为单一,评价结果往往只能从一个侧面反映河流所出现的问题,较难全面地反映河流的健康状况。同时,由于河流生态系统的内部结构及其相互之间联系的复杂性,因此将每一项因子都量化出来进行评价又是不可能实现的。因而本书从影响因素能显著作用于河流健康以及河流经济社会功能发挥的角度出发,选取河流的自然形态要素、流态要素、水质要素、河岸带栖息地环境要素以及河流社会经济功能要素构建河流健康的评估体系,对河流健康的变化趋势进行综合评估。

1) 河流自然形态要素

河流自然形态的改变是自然因素与人类活动作用于河流最直接、最显著的变化,具体反映在河流稳定度、自然度等河流形态结构的变化上。

（1）河网结构稳定度

由于河流自然形态的变化首先表现为水系格局的改变，而水系格局发生变化的直接表现为河道长度和面积的不同步演变，因此计算不同年份河流长度面积比可以反映河网结构的稳定程度。河网结构稳定度（SR）通过水网长度和水网面积的比值（长度面积比）来表征。见表 3.2 中 SR 公式。

（2）河网结构自然度

考虑到城市化过程中人为因素的干预，高度城市化地区部分支流水系受损甚至消失，河网水系的自相似结构可能在局部地区遭到破坏，在综合考虑水系长度及分枝层次的基础上，采用河网结构自然度表示河流水系自然结构受损程度，其计算公式为：

$$D_2 = \Omega \cdot \frac{Z}{L} \tag{7.19}$$

式中，D_2 为河网结构自然度；Ω 为河流级别；Z 为区域内河流的总长度；L 为主干河道总长度。河网结构自然度反映了河流数量和长度的发育程度，其值越大，说明河网构成层次越丰富，水系受人类影响较小，支撑主干河道的水系越发达；其值越小，说明河流受人类影响较大，部分支流水系受损甚至消失，河网趋于主干化。

2）河流流态要素

关于生态水文学的国内外研究成果表明，河流水文过程（或水文情势）是影响河流生态系统生物组成结构和功能的关键，能够改变栖息地的环境因子，并能形成自然的扰动机制，影响河流物种的种群结构，同时也是河流生态系统物质能量流动的驱动力，主要表现在流量、水位和泥沙等要素的生态效应方面。年径流量的变差系数是水文统计的一个重要参数，可以用来说明水文变量长期变化的稳定度，其值大说明变量变化剧烈，其值小则说明变量变化平稳，用均方差 σ 与数学期望的比值来表示，计算公式如下：

$$D_3 = \frac{\sigma}{\bar{x}} = \frac{\sqrt{\dfrac{1}{n-1} \sum_{i=1}^{n} (x_i - \bar{x})^2}}{\bar{x}} \tag{7.20}$$

式中，x_i 为年径流量；$\bar{x}$ 为年均径流量；n 为年数。年径流量的变差系数反映了年径流量总体系列的离散程度。D_3 值越大，说明年径流量的变化越剧烈，对水资源的利用越不利；D_3 值越小，则说明年径流量的变化越小，越有利于水资源的利用。

3）河流水质要素

水质包括水温、溶解氧、营养盐、有机污染物、重金属等诸多生态影响因子，这些因子可以直接影响水生生物营养物质的供给情况和生存环境，威胁到河流生态系统的健康。河流水质要素指标采用水质综合评价指数来表示，质量评价参照《地表水环境质量标准》(GB 3838—2002),对水质数据采用熵值权重评价法进行评价。熵值法是一种根据各指标传输给决策者信息含量的大小来确定指标权重的方法,某系统中指标提供的信息量越多,熵值越小,权重就越大;反之权重越小。计算方法及步骤同式(7.1)~式(7.5),评价指数的计算公式如下:

$$D_4 = \sum_{i=1}^{m} w_i P_{ij} (i=1,2,\cdots,m, j=1,2,\cdots,n) \tag{7.21}$$

4)河岸带栖息地环境要素

河岸带栖息地环境是河流生态系统的重要组成部分,通过改变河岸带或河流缓冲区的土地利用和景观格局情况作用于河流生态系统。作为河流生态系统和陆地生态系统的过渡带,河岸带受水流、生物环境和人类活动的共同影响,是河流廊道系统中较为活跃的地带。本书从斑块类型与景观两个层面出发,选取表征景观破碎度、多样性和物理连接度等景观格局指数,具体见表7.19。

表 7.19 景观格局指数表

景观指数	计算公式	表征的景观意义
斑块密度	$PD = N/A$	景观破碎度
平均斑块面积	$MPS = \dfrac{A}{N} \times 10^6$	同上
景观形状指数	$LSI = \dfrac{0.25E}{\sqrt{A}}$	同上
加权斑块分维数	$FRAC\_AM = \sum_{i=1}^{m} \sum_{j=1}^{n} \left[\dfrac{2\ln(0.25p_{ij})}{\ln a_{ij}} \times \left(\dfrac{a_{ij}}{A} \right) \right]$	同上
蔓延度指数	$CONTAG = \left[1 + \sum_{k=1}^{m} \sum_{l=1}^{m} \dfrac{p_{kl}\ln p_{kl}}{2\ln m} \right] \times 100$	同上
最大斑块指数	$LPI = \dfrac{a_{\max}}{A} \times 100$	景观优势度
香农多样性指数	$SHDI = -\sum_{i=1}^{m} [p_i \ln p_i]$	景观多样性
斑块连通性指数	$COHESION = \left(1 - \sum_{i=1}^{m} \dfrac{P_{ij}}{\sum_{i=1}^{m} P_{ij} \times \sqrt{a_{ij}}} \right) \times \left(1 - \dfrac{1}{\sqrt{A}} \right)$	景观物理连接度

注:N 为斑块数目;A 为景观总面积(m^2);E 为景观所有斑块边界总长度(m);a_{ij} 为第 i 类景观中第 j 个斑块的面积(m^2);p_{ij} 为第 i 类景观中第 j 个斑块的周长(m);p_i 为各种斑块类型占景观总面积的比例;p_{kl} 为随机 2 个相邻斑块同时属于类型 k 与 l 的概率;m 为斑块类型总数;$a_{\max}$ 为景观或某一种斑块类型中最大斑块的面积(m^2);p_{ij} 为第 i 类景观中第 j 个斑块的周长(m)。

(1)斑块密度

斑块密度(PD)为斑块数目与景观总面积的比值,是在类型和景观两个层次上的指标,表征景观破碎度。斑块密度越大,表明破碎度越高。斑块密度可以决定景观物种的空间分布特征,改变物种间的相互作用(如干扰的蔓延程度)和协同共生的稳定性。

(2)平均斑块面积

平均斑块面积(MPS)在斑块类型水平上为斑块面积与该类型斑块数量的比值,在景观水平上为景观面积与景观上斑块总数的比值。MPS越大,表明景观破碎度越高。MPS的变化能反馈较为丰富的景观生态信息,反映景观异质性。

(3)景观形状指数

景观形状指数(LSI)是度量景观破碎度和景观空间格局复杂性的指标,其值越大表明破碎度越高。斑块形状对动物的迁移、觅食,植物的生长与生产效率等生态过程均有影响。

(4)加权斑块分维数

加权斑块分维数(FRAC_AM)是景观水平上的重要指标,在一定程度上反映了人类活动对景观格局的干扰程度,其值一般在1~2之间。一般来说,人类活动干扰越强,分维数越低,因此自然景观的分维数一般较高,而人工景观的分维数一般较低。

(5)蔓延度指数

蔓延度指数(CONTAG)表示景观格局中不同斑块类型的聚集程度或延展趋势,其值一般在0~100之间。蔓延度越高,说明景观中的某种优势斑块类型连接度较高,反之则说明景观破碎度越高。

(6)最大斑块指数

最大斑块指数(LPI),反映人类活动的方向与强弱,指某一斑块类型中最大斑块占景观面积的比值,其值在0~100之间。其值大小决定了景观中的优势种、内部种的丰度等,其值变化可能改变干扰的强度和频率。

(7)香农多样性指数

香农多样性指数(SHDI)是一种基于信息理论的测量指数,反映景观的异质性,其值大于等于0,等于0时表示整个景观只有一个斑块。该指数对景观中各斑块类型的非均衡分布状况较为敏感,可以反映人类活动的强度。土地利用越丰富,破碎化程度越高,景观的不确定性因素就越多,其值越大,与生态学中的物种多样性有密切联系。

(8)斑块连通性指数

斑块连通性指数(COHESION)是度量相关斑块类型之间在地理上的连接性的指标,其值在0~100之间。斑块之间的聚集度越高,其数值越大。

5)河流社会经济功能要素

(1)万元GDP用水量

河流水资源既是维持生态系统的基本要素,又是支撑人类社会系统发展的战略资源。在有限的水资源总量下,水的各种用途之间存在竞争性,因此在对水资源进行开发时必须考虑到河流自身的需水量,以维持河流系统的连续性。万元 GDP 用水量是一种表示河流水资源开发利用情况的常见指标,是指每形成一万元国内生产总值(GDP)所用的平均水量。该指标反映了经济社会河流水资源的合理配置情况,以及河流与人类社会的和谐程度。计算公式如下:

$$D_5 = \frac{W}{G} \tag{7.22}$$

式中,D_5 为万元 GDP 用水量;W 为评价周期内的总用水量;G 为评价周期内国内生产总值(GDP)。

(2) 水功能区水质达标率

水功能区水质达标率反映了河流对不同水功能区供水功能的满足情况。水功能区水质达标率是按照《地表水资源质量评价技术规程》规定的技术方法确定水质达标比例的。按此规定,评价周期内水功能区达标次数占评估次数的比例大于或等于 80% 的水功能区确定为水质达标水功能区;达标水功能区个数占其区划水功能区总个数的比例为河流水功能区水质达标率。水质评价标准参照《地表水环境质量标准》(GB 3838—2002)。

7.3.3　水系变化对河流健康的影响

以平原河网区的湖州市区为典型,通过构建适宜的评价指标体系,深入探讨水系格局及连通变化与河流健康之间的关系,可为基于河流健康的水系格局和连通性的改善提供参考。

1) 河流自然形态要素的响应特征

根据 1991 年、2001 年、2006 年杭嘉湖地区的 TM 影像及 1∶50 000 的地形图,通过 GIS 提取出湖州市区的主干河道和河流支流(细小的末端支流舍去),得到该市的线状水系分布图。然后基于所选河流自然形态要素指标的量化公式,对河网结构稳定度和河网结构自然度进行评价,得到如下结果(表 7.20)。

表 7.20　湖州市区河流自然形态要素指标评价结果

指　标	1991 年	2001 年	2006 年	1991—2001 年(%)	2001—2006 年(%)
河网结构稳定度	—	1.06	0.67	—	−37
河网结构自然度	55.74	22.79	15.55	−59.11	−31.77

河网结构稳定度是河道长度和面积不同步演变的结果,其值大于 1 时表示河流面积衰减速度大于长度衰减速度,河网较为稳定;其值小于 1 时表示河流长度衰减速度大于河流面积衰减速度,河网稳定程度较低,受人类影响较大。由表 7.20 可以看出,河网结构稳定度由 2001 年的 1.06 降为 2006 年的 0.67,降低了 37%,河网结构稳定度减弱,说明随着城市化的快速发展,水系格局所呈现出的长度和面

积不同步演变的趋势越显著,长度的变化比面积的变化更为剧烈,从而导致河网结构稳定度减弱。

河网结构自然度表示河流水系自然结构的受损程度,反映了河流数量和长度的发育程度,其值越大,说明河网构成层次越丰富,水系受人类影响较小,支撑主干河道的水系越发达;其值越小,说明河流受人类影响较大,部分支流水系受损甚至消失,河网趋于主干化。由表 7.20 可以看出,河网结构自然度亦呈减弱的趋势,1991—2001 年降低了 59.11%,2001—2006 年降低了 31.77%,这说明水系格局受人类干扰程度加剧,河流主干化趋势明显,从而导致河网构成层次的简单化。

河流自然形态变化是影响因素作用于河流健康最直接、最显著的变化,与水系格局的变化息息相关。由研究区水系整体格局与连通性的变化和河流自然形态的变化可以看出,低等级河道的大量消失,以及河流的主干化趋势,使得支流发育的水源地与主干河道之间的连接度降低,水系的网络连通性显著降低,从而导致支撑主干河道的水系减少,河网结构稳定度和自然度显著减弱。

2) 河流流态要素的响应特征

对杭长桥、小梅口等 5 个水质监测断面的径流变化过程进行分析,得到各断面的年均径流量变化过程如图 7.11 所示。利用年径流量变差系数的计算公式,对 1997—2006 年间 5 个站点的径流情势进行分析,得到年径流量的变差系数。由表 7.21 可以看出,杭长桥、城北大桥、小梅口、三里桥和鼓楼桥 5 个站点的径流变差系数分别为 0.31、0.52、0.34、0.38 和 0.58。

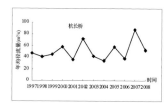
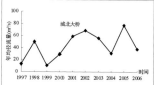
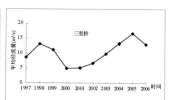
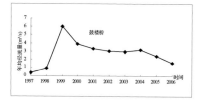
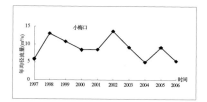

图 7.11　湖州市区各水质监测断面年均径流量变化图

表 7.21　湖州市区 1997—2006 年河流断面年径流量变差系数计算结果

参　数	杭长桥	城北大桥	小梅口	三里桥	鼓楼桥
均值(m³/s)	50.87	43.31	8.94	10.21	2.77
均方差(m³/s)	15.91	22.59	3.02	3.88	1.60
变差系数	0.31	0.52	0.34	0.38	0.58

以 5 个水质监测点为中心,根据站点间水位差的方法分别计算了 1998—2006 年各水质监测点所在主干河道的水文连通性以及各站点水文连通性的算术平均值。由表 7.22 可知,杭长桥、城北大桥、小梅口、三里桥和鼓楼桥 5 个站点的年平均水文连通性依次为 0.95、0.93、0.95、0.88 和 0.78。

变差系数越大,说明年径流量的变化越剧烈,对水资源的利用越不利;变差系数越小,则说明年径流量的变化越小,越有利于水资源的利用,即其值越大越不利,越小越有利。由以上分析可得,各站点水资源的利用优势为:杭长桥>小梅口>三里桥>城北大桥>鼓楼桥;水文连通性为:杭长桥≥小梅口>城北大桥>三里桥>鼓楼桥,两者基本一致,因此可见水文连通性越好,径流的变差系数越小,对水资源的利用越有利。

表 7.22　湖州市区站点的水文连通性

项　目	1998 年	1999 年	2000 年	2001 年	2002 年	2003 年	2004 年	2005 年	2006 年	年均值
以三里桥为中心	0.89	0.90	0.88	0.88	0.88	0.88	0.88	0.87	0.89	0.88
以杭长桥为中心	0.93	0.89	0.95	0.97	0.94	0.94	0.98	0.93	0.98	0.95
以城北大桥为中心	0.96	0.84	0.95	0.93	0.90	0.93	0.95	0.91	0.97	0.93
以鼓楼桥为中心	0.79	0.78	0.78	0.78	0.78	0.77	0.77	0.72	0.79	0.78
以小梅口为中心	0.95	0.90	0.97	0.91	0.95	0.96	0.94	0.94	0.98	0.95

3) 河流水质要素的响应特征

选取水质监测指标中对河流水环境影响较为突出的 DO、BOD_5、TN、NH_3-N、TP 和 COD_{Mn} 对 5 个水质监测点 1997—2008 年的水质综合评价指数进行评估。根据水质要素量化的熵值分析法,计算得到各站点的水质综合评价指数如表 7.23 所示,可以看出,湖州市区的水质综合评价指数均处于 0.2~0.3 之间,总体呈先降低后升高的趋势。

表 7.23　湖州市区水质综合评价指数

年　份	杭长桥	城北大桥	小梅口	三里桥	鼓楼桥	平均值
1997	0.27	0.26	0.28	0.27	0.28	0.272
1998	0.24	0.25	0.24	0.24	0.25	0.244
1999	0.21	0.23	0.20	0.20	0.23	0.214

年　份	杭长桥	城北大桥	小梅口	三里桥	鼓楼桥	平均值
2000	0.25	0.24	0.27	0.23	0.25	0.248
2001	0.27	0.26	0.27	0.29	0.26	0.270
2002	0.25	0.25	0.25	0.25	0.26	0.252
2003	0.25	0.25	0.25	0.25	0.23	0.244
2004	0.27	0.26	0.25	0.27	0.26	0.262
2005	0.25	0.26	0.26	0.26	0.26	0.258
2006	0.28	0.27	0.28	0.26	0.27	0.272
2007	0.29	0.26	0.29	0.27	0.27	0.276
2008	0.27	0.26	0.26	0.27	0.25	0.262

通过计算各站点的水质综合评价指数与水文连通性之间的关系,得到各站点的散点图。由图 7.12 可以看出,杭长桥的水质与水文连通性呈显著的线性正相关性,城北大桥的水质与水文连通性呈稍弱的线性正相关性,鼓楼桥和小梅口的水质与水文连通性也呈现出一定的正相关性,但三里桥的水质与水文连通性的相关性较差。各站点的水质与水文连通性的相关性大小在一定程度上可能受到其位置的影响。具体而言,杭长桥为湖州市区主干河道的重要节点,干扰其水质与水文连通性关系的因素较小,最能反映主干河流水质与连通性的相关性;鼓楼桥与小梅口均位于太湖入湖口,其水质与水文连通性均受到太湖潮汐顶托作用的影响,因而个别年份逆规律性比较明显;三里桥位于主干河流与支流的重要交汇口,其水质与水系连通性的相关性同时受到支流与干流的影响,而其支流所处位置,河网密度较大,因而影响此站点的因素更为复杂;城北大桥因受到杭长桥与鼓楼桥的共同影响,因而其水质与水文连通性的相关性介于两者之间。

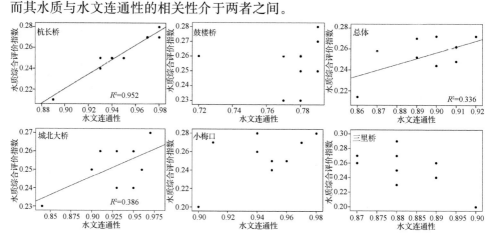

图 7.12　湖州市区各站点的水质综合评价指数与水文连通性之间关系的散点图

　　总体来看,河网水质与水文连通性呈一定的正相关性,即随着水文连通性的提高,水质综合评价指数有升高的趋势,这说明水系连通性越好,河流的自净能力越强,水质降解系数越大,水体的纳污能力也越强,从而使河流具有更大的环境容量。水质与水文连通性的相关性不是特别显著,主要是因为河网水质除了受水系格局变化下水文连通性变化的影响外,还可能受到其他众多因素的影响,如点源和非点源污染物的排放、土地利用/植被覆盖的变化,以及对不同河段水质整治措施的实施等。

　　4)河岸带栖息地环境要素的响应特征

　　以主干河道为中心,向外各建 200 m 缓冲区,并以此为对象,对其内的森林覆盖率和景观格局指数进行分析。根据湖州市区土地利用图,通过缓冲区分析,可以得到 1991 年、2001 年和 2006 年主干河道河岸带的土地利用情况。然后利用Fragstats3.3 软件从斑块类型和景观两个层面出发对缓冲区的土地利用图进行分析,得到缓冲区的景观格局指数如表 7.24 和表 7.25 所示。

　　(1)斑块类型的景观指数

　　由表 7.24 可以看出,加权分维数均低于 1.5,这说明该地受人类活动影响较为显著。根据 1991—2006 年三期斑块类型的破碎度和优势度指数可以得出,河岸带的优势斑块类型为水田,其次为城镇和水域,林地和旱地的斑块优势度较低,这说明研究区内的土地利用类型以水田为主,且水系受城镇化影响显著。再由斑块连通性指数可以看出,优势斑块的连通性较好,而非优势斑块的连通性则较差。林地、水田等多样性较高的斑块类型的优势度和连通性降低,城镇、旱地等对水系格局、连通及河流功能干扰较大的斑块类型的优势度和连通性则相对较高或呈增高的趋势,这对水系变化以及近水域的生态环境变化均会产生不利影响。

表 7.24　斑块类型的景观格局指数

项　目	年　份	PD	MPS	LSI	FRAC_AM	LPI	COHESION
水域	1991	1 702.26	77	38.73	1.44	2.15	95.2
	2001	484.68	65	20.44	1.39	0.29	92.49
	2006	629.2	80	23.15	1.38	0.74	93.66
水田	1991	836.05	982	27.82	1.37	21.92	99.27
	2001	2 335.26	165	48.64	1.44	3.27	97.42
	2006	1 288.56	542	30.44	1.36	16.48	98.79
旱地	1991	874.83	10	18.8	1.36	0.03	75.9
	2001	2 599.63	119	49.14	1.43	2.83	96.52
	2006	293.05	44	14.58	1.37	0.19	88.92

项　目	年　份	PD	MPS	LSI	FRAC_AM	LPI	COHESION
城镇	1991	935.17	40	18.9	1.32	1.15	92
	2001	2 459.43	105	35.73	1.13	8.5	96.57
	2006	2 210.81	108	39.84	1.41	6.89	96.68
林地	1991	107.74	24	9.38	1.49	0.06	87.06
	2001	248.35	61	11.56	1.28	0.2	91.08
	2006	25.86	27	4.12	1.32	0.02	81.36

① 水域：1991—2001 年水域斑块类型指标均呈下降趋势，说明人类活动对水系的干扰增强，水系结构变化较为显著，水系连通性降低，这可能是因为水域优势度显著降低，因而水域的破碎度也有所降低。2001—2006 年，各指标均呈上升趋势，人类活动干扰仍然加强，主干河道的形态结构变化并不明显，然而水域斑块的连通性及优势度有所增加，同时破碎度也有所升高。此处水系的物理连通性与水文连通性的趋势基本一致。从水域的整体变化趋势来看，水域的连通性呈下降趋势，且在整体景观中所占的优势度也呈显著的下降趋势，这对水生生物及水生态环境都是极为不利的。

② 水田：从 1991—2006 年水田斑块类型的景观指标来看，水田的优势度、连通性及破碎度都较高，但呈先下降后上升的趋势。水田的物种多样性相对丰富，其优势度的降低将不利于河岸带生态环境的良性发展。

③ 旱地：1991—2006 年旱地的整体连通性及斑块优势度均呈上升趋势，旱地的连通性较差，说明与其余斑块的邻接度较高。旱地的物种多样性较低，且受人类不合理利用的影响较易造成面状污染。河岸带旱地比例的增加，将会对河岸的生态环境造成不良影响。

④ 城镇：城镇是人类活动最为活跃的地带，亦是点源污染的发源地。其景观优势度和破碎度的增加，使生物迁徙、觅食等活动的阻力增加，将不利于河岸带生态系统的健康，且容易威胁到河流的水环境质量。

⑤ 林地：研究区林地的优势度和连通性均较低，且整体呈降低趋势，说明河岸带周围森林覆盖率较低。林地的破碎度也较小，说明林地的聚集度相对较高，较为集中。

（2）景观水平的格局指数

由表 7.25 中景观水平上的破碎度指数（PD、MPS、LSI、FRAC_AM、CONT-AG）可以看出，1991—2006 年主干河道河岸缓冲区的景观破碎度呈现先升高后降低的趋势；由景观优势度指数（LPZ）可以得出，优势景观所占比例及优势景观在其他斑块景观中的蔓延度呈现出先降低后升高的趋势；由景观多样性指数（SHDI）可以看出，景观多样性呈现出先升高后降低的趋势；由景观连通性指数（COHE-SION）可以得出，景观连通性呈现出先降低后升高的趋势。总体来看，该区主干河道受人类活动影响较大，周边的景观破碎度较高，景观多样性较低，各斑块间的物理连通性较高，斑块间相互影响较大，因此其他斑块的格局分布将会对河流水域产生更大的影响，影响物种的迁移及分布，使其河岸带栖息地环境以及河流水质受到干扰或破坏。然而从三期景观指数的变化趋势来看，人类活动影响下的河岸带景观格局呈现出从无序到有序的发展状态。

表 7.25　景观水平的格局指数

年　份	PD	MPS	LSI	FRAC_AM	CONTAG	LPI	SHDI	COHESION
1991	4 456.05	224	28.68	1.38	72.76	21.92	0.61	98.72
2001	8 259.53	121	46.57	1.41	50.22	8.5	1.26	96.82
2006	4 447.47	225	32.06	1.37	64.92	16.48	0.8	98.08

通过以上分析可以看出，景观的连通性降低，优势度下降，优势斑块的蔓延度下降，破碎度增加，说明斑块之间相邻的概率增加；香农多样性指数增加，说明景观多样性增加，景观异质性增强；从分维数指标来看，景观受人类活动干扰较大。三期数据中占景观优势的斑块分别为水田、城镇，其中水田的优势度呈下降趋势；城镇（人工景观）的优势度、连通性和破碎度均呈增加趋势，蔓延度较低，说明城镇斑块较为破碎，与其他斑块（自然景观）的邻接度增强，即城镇对自然景观的干扰程度增强。水域、林地等利于河流健康的自然景观的优势度较低，且呈下降趋势，破碎度有所下降，这可能与部分林地、水域等景观转化为其他类型景观，造成其本身数量和面积的减少有关；三期中水域物理连通性的发展趋势与计算的水文连通性的发展趋势较为一致，呈先下降后升高的趋势；另外，由各斑块类型的景观指数的变化规律可以发现，水域优势度及连通性的变化与其他斑块类型的景观指数密切相关，水域优势度与连通性的降低导致了水田、林地等斑块类型优势度和连通性的降低，旱地、城镇等连通性的增高。可以得出，河岸带自然景观在研究区内所占优势逐渐减退或丧失，而城镇等人工景观优势度逐渐升高，且对自然景观的入侵和干扰程度逐步增强，这对于河岸带的生态环境极为不利。

5）河流社会经济功能要素的响应特征

（1）万元 GDP 用水量

通过计算湖州市区万元 GDP 用水量（表 7.26），可以看出水资源开发利用配置趋向合理化，但是用水总量仍呈现出持续增加的趋势，对水资源的开发利用程度仍在加大。而湖州市区水资源总量受限，但其濒临太湖，且过境水系较为发达，因而需要加强过境河流的连通水道和渠道引水以达到提高水资源利用率的目的。由此可见水系连通对水资源利用的影响更加明显。

表 7.26　湖州市区万元 GDP 计算表

年　份	用水总量($\times 10^4$ m³)	GDP 总值(万元)	万元 GDP 用水量(m³/万元)
1993	20 836.5	609 714	341.7
1994	21 456.3	861 811	249.0
1995	22 143.0	1 067 747	207.4
1996	23 148.3	1 262 942	183.3
1997	23 746.4	1 374 293	172.8
1998	23 657.6	1 458 341	162.2
1999	23 818.0	1 603 600	148.5
2000	24 451.6	1 774 300	137.8
2001	24 491.0	1 826 697	134.1
2002	25 276.1	1 999 400	126.4
2003	26 386.7	2 304 907	114.5
2004	27 761.9	2 664 104	104.2
2005	29 276.7	3 054 658	95.8
2006	31 018.8	3 488 488	88.9

（2）水功能区水质达标率

根据湖州市统计年鉴的计算统计,2003—2006 年湖州市区水域功能区的水质达标率分别为 69.5%、57.5%、53.3%和 45.0%。可以看出,湖州市区水域达标率较低,且呈下降趋势,功能水质性缺水严重。水功能区水质达标率较低,说明水域的自然属性遭到较大破坏,已经影响到其社会属性,影响到经济社会对河流功能的需求。

6）水系变化对河流生态环境其他方面的影响

从水系变化对河流健康影响的研究来看,许多学者从生物学、生态学及水利工程学的角度出发,对水生动物资源、生物多样性、湿地生态环境及河道渠化程度等方面的影响进行了分析。

水系格局与连通的变化对生物种群的结构、分布以及生物的生产力均有影响。水系格局与连通的变化势必会影响水循环和河流的生态水文过程,而水文情势是众多水生植物、水蚤类动物、鱼类和众多无脊椎动物生命活动的主要驱动力之一。自然的水位涨落可为鱼类等提供较多的隐蔽场所,畅通的水流、一定范围内的流量变化以及优良的水质环境等可为鱼类的物质和能量来源、迁徙、生殖过程等提供良好的生存和生产环境。另外,河岸缓冲带等河道生境受人类干扰越低,自然景观所占比例越大,河道与河漫滩的连接度就越高,水系与自然生物环境的分离度就越低,越有利于维持较高的生物量及生物多样性(潘保柱等,2008)。

湿地是水陆相互作用形成的独特又敏感的生态系统,对于净化水质、储存水分、调节河湖水量、调节气候及保护生物多样性等具有重要作用(崔国韬等,2011)。而湿地生态环境的维持离不开水流,离不开一定水文情势的支持,湿地生态需水量的供给也只有通过水系连通才能实现,因而水系连通是湿地斑块间生物连通的媒介和生态过程的主要非生物驱动因子,在湿地生境演化过程中发挥着决定作用(崔保山等,2016)。在人类活动的剧烈干扰下,湿地水系连通发生了变化,其原有的生态平衡被打破,主要体现为湿地泥沙含量、水量、水流速度及水动力等条件的改变,使得湿地生境格局发生变化,进而影响到区域河流生态系统的健康。对于杭嘉湖地区而言,该地区湿地众多,较为著名的就有西溪湿地,因此为了维护湿地的多样性和生物种类的多样性,必须加强水系连通。

河道渠化和不同规模水工建筑的建设是人类改变水系格局的结果,人为干扰程度的增加也必将引起河道生境和河岸带景观格局的变化,使人工景观占据景观优势,而自然景观逐渐衰减和消亡,这对于河流生境及流域生物多样性都是极为不利的。

8　水系保护与防洪减灾

为减少洪涝灾害的发生,许多地区水利设施大力兴建,河道大面积渠化,河网大范围主干化,河流水系的形态格局因此发生了巨大变化,而目前随着城镇化进程的不断深入,河网水系的整治与保护正提倡以"拟自然状态"为原则。未来我国高密度集聚的城市群发展下河流水系协调以及自然资源环境的承载力及约束机制研究将受到更多关注,其中长江三角洲地区,高度城镇化与河网水系的相互关系尤为典型。联合国教科文组织、联合国环境署等组织共同牵头组建的未来地球计划指出,城镇化作为地球表层最剧烈的人类活动过程,其与自然生态环境要素之间的阈值、风险、临界值等是研究的前沿领域(方创琳等,2016),其中河流水系保护是重要一环。

关于阈值的含义,不同研究领域,各学者定义不同。Zehe 和 Sivapalan (2009)主要从自然地理范畴,认为阈值大致可分为三种类型:第一,自然过程状态下,自然要素之间相互作用、互相影响的阈值(坡面流形成过程中,颗粒物与坡面流之间的相互作用);第二,自然界中复杂系统里的响应阈值,由系统状态和边界条件控制;第三,涉及人类地球生态系统,在人为扰动下的自然要素的阈值。当扰动超过地球生态系统的弹性时,诱发系统的水文功能或其他功能发生实质性变化。第三种情况下,因推断远离人类经验,从而最难预测。林立清(2014)在研究不透水面变化下的水环境指标和水系沉积物重金属之间的阈值时,认为其阈值为当自变量不透水面阈值变化经过某个值或区间时,生态环境效应会发生较大改变的值或区间。方创琳和杨玉梅(2006)认为阈值是任何事物发展不能超过所依附的另一事物所能承载的能力。虽然各研究领域对其含义的理解不同,但共同之处在于均有"临界"和"限制"、"容量"和"载荷"之意。

因此,城镇化与河网水系之间的关系应得到更为广泛的关注、思考与研究。本书以长三角地区高度城镇化平原河网区为典型,剖析高度城镇化背景下河网水系的变化机制及城镇化与河网水系的交融关系,阐述城镇化作为约束条件,河网密度、水面率及河流曲度等的阈值区间,为该地区城镇化背景下水系保护与防洪减灾提供参考。

8.1　改善水系结构与防洪减灾

河网水系从其"自然发展"状态到与城镇化相伴相生的"拮抗""磨合"和"高水平协调"发展过程中,表现出耦合协调发展的特点。在快速城市化发展的背景下,随着人类活动的加剧,河网水系会发生较大程度的转变,从本书前面章节分析可知,高度城镇化下长三角平原河网水系在 20 世纪 80 年代出现转折点。随着城市的扩张和蔓延,出现了河网水系与城市的蔓延扩张、协调性耦合发展的问题,河网水系与城镇化的阈值区间显然属于"人为扰动"下,带有"限制""载荷"之意的阈值。这也是高度城镇化地区对于河网水系研究关注的焦点。以下对高度城镇化下苏州河网水系变化的耦合阈值区间进行逐步定量研究。

8.1.1 城镇化下水系阈值区间研究分析方法

首先,从数量特征、平面形态、结构特征等方面,构建平原河网区综合评价指标体系。基于此,对近半个世纪以来苏州河网水系时空变化进行综合评价。选择河网密度(D_d)、水面率(W_p)、干流面积长度比(R_{AL})、盒维数(D)、支流发育系数(K)和河流曲度(S_r)6 个指标开展研究。其次,采用回归曲线模型,定量探讨水系格局演变的主要影响因素,揭示水系形态结构对城镇化的响应特征。最后,构建协调度,探讨典型时期城镇化发展与水系结构综合状态的协调性问题。

1) 城镇化与河网水系发展趋势拟合分析法

1955 年,著名经济学家库兹涅茨提出经济学领域的"倒 U 型"曲线假说(Kuznets,1955),此处引入经济学领域的"倒 U 型"曲线假说,基于通过检验的城镇化与河网水系系统数据,构建河网密度(D_d)、水面率(W_p)、盒维数(D)和支流发育系数(K)与城市化率曲线模型,用以描述城镇化与河网水系的发展趋势关系,探讨城镇化下水系形态结构的响应及其拟合形态(Kijima et al. ,2010),进而分析研究近半个世纪以来,城镇化下河网水系的转折点及阈值问题。计算公式如下:

$$\ln R = \beta_0 + \beta_1 \ln U + \beta_2 \ln U^2 + \beta_3 \ln U^3 + \varepsilon \tag{8.1}$$

式中,R 为水系参数;U 为城市化率;β_0、β_1、β_2、β_3 为待定参数;ε 为随机误差干扰项。待定参数的符号,反映了城镇化与水系形态结构参数之间可能存在的 3 类(直线型、U 型或倒 U 型、N 型或倒 N 型)7 种曲线关系(表 8.1)。

表 8.1 城镇化与河网水系形态结构参数的曲线关系

序 号	一次项系数 β_1	二次项系数 β_2	三次项系数 β_3	曲线形态关系
1	0	0	0	一条水平线
2	—	0	0	单调递减的直线
3	+	0	0	单调递增的直线
4		+	0	U 型曲线
5	+	—	0	倒 U 型曲线
6	+	—	+	N 型曲线
7		+	—	倒 N 型曲线

2）协调度模型

协调度模型，其物理学含义是指两个或两个以上系统或运动形式通过各种相互作用而彼此影响的现象（吴跃明等，1996）。为揭示和预测城镇化对水系变化的影响程度，构建了水系综合指数和城市化率的协调度模型。其中，水系综合指数用反映水系数量、形态和结构三方面的 6 个指标表征（同上），并用熵值法求取各指标的权重，从而得出河网水系综合指数。进而，利用城市化率（Y）与河网水系综合指数（X）构建协调度模型。协调度函数说明两者的离散度越大，城镇化对河网水系的协调度越大（Li et al.，2012）。计算公式如下：

$$D_{\text{U,R}}=\sqrt{\left[XY\Big/\left(\frac{X+Y}{2}\right)^2\right]^k \cdot T} \tag{8.2}$$

式中，k 为层次系数，根据数据及实际情况，取 $k=2$；$T=\alpha X+\beta Y$，根据研究实际，认为城镇化率与河网水系综合指数具有同等重要性，所以此处取 $\alpha=\beta=0.5$。

该表达式可改为：

$$D_{\text{U,R}}=\sqrt{\left[(XY)\frac{4}{(X+Y)^2}\right]^2\frac{X+Y}{2}} \tag{8.3}$$

式中，$D_{\text{U,R}}$ 表示城镇化率与河网水系综合指数的协调度。该值越大，表示两者协调性越好，两个系统越将向着良性发展的方向发展。反之，则协调性越差，两个系统的不协调性提高，需要调整发展方向。

8.1.2　城镇化与河网水系的最佳协调度分析

在序列通过平稳性检验、协整检验及因果检验后，对近 50 年城市化率与水系变化的发展趋势进行一次、二次、三次回归曲线拟合分析，通过确定系数（R^2）、T 检验和 F 检验对分析结果进行检验。表 8.2 中的拟合结果表明，在 0.01 显著性水平下，河网密度、盒维数、支流发育系数与河网曲度均与城市化率的一次和三次曲线的拟合系数未达到 0.05 显著性水平，调整的 R^2 远未达到 0.5，也未通过 F 检验。但从河网密度、盒维数、支流发育系数与城市化率的二次曲线拟合结果来看，β_0、β_1、β_2 均达到了 0.05 显著性水平，调整的 R^2 都达到 0.96，同时也通过了 F 检验（显著性水平大于 0.01），所以存在显著的倒 U 型曲线关系。而水面率与城市化率则为显著的单调递减关系，即随着城市化率的增大，水面率呈现明显下降的趋势。

根据表 8.2 的结果，可写出 4 个水系参数的回归方程。其中，河网密度与城市化率的回归模型为：

$$\ln D_{\text{d}}=0.762+0.394\times\ln U-0.07\times\ln U^2 \tag{8.4}$$

盒维数与城市化率的回归模型为：

$$\ln D=0.182+0.242\times\ln U-0.042\times\ln U^2 \tag{8.5}$$

支流发育系数与城市化率的回归模型为：
$$\ln K = 0.192 + 0.721 \times \ln U - 0.126 \times \ln U^2 \tag{8.6}$$

河流曲度与城市化率的回归模型为：
$$\ln S_r = 0.08 + 0.035 \times \ln U - 0.008 \times \ln U^2 \tag{8.7}$$

表 8.2　城市化率与水系参数曲线拟合结果

项　目	曲　线	β_0	β_1	β_2	β_3	调整的 R^2	F 值	结　论
$\ln D_d$	一次	1.314*	−0.015	—	—	0.051	3.89	
	二次	0.762*	0.394*	−0.07*		0.965	741.147**	倒 U 型
	三次	0.982*	0.142	0.02	−0.01*	0.975	698.142**	
$\ln W_p$	一次	2.924*	−0.091*	—	—	0.968	1 623.809**	单调递减
	二次	2.834*	−0.025	−0.011		0.977	1 142.503**	
	三次	2.781*	0.035	−0.033	0.002	0.977	754.913**	
$\ln D$	一次	0.513*	−0.003	—	—	−0.011	0.407	
	二次	0.182*	0.242*	−0.042*		0.969	839.293**	倒 U 型
	三次	0.31*	0.096*	0.011	−0.006*	0.979	842.597**	
$\ln K$	一次	1.19*	−0.019	—	—	0.016	1.866	
	二次	0.192*	0.721*	−0.126*		0.965	748.484*	倒 U 型
	三次	0.604*	0.251	0.042*	−0.019*	0.976	734.994*	
$\ln S_r$	一次	1.19*	−0.019	—	—	0.016	1.866	
	二次	0.08*	0.035*	−0.008*		0.968	748.484*	倒 U 型
	三次	0.078*	0.039*	−0.01*	0	0.969	560.014*	

注：** 表示通过 0.01 显著性水平检验，* 表示通过 0.05 显著性水平检验。

根据二次回归模型，对方程(8.4)～(8.7)进行一阶求导，并令一阶导数值为零，可计算出河网密度倒 U 型曲线的转折点为 $\ln U = 2.81$，即城市化率为 16.68%，考虑数据的滞后期为 1，得出河网密度的转折点出现在 1982 年，此时河网密度为 3.73(图 8.1)。盒维数的转折点为 $\ln U = 2.88$，盒维数为 1.69，转折点出现在 1982 年。支流发育系数倒 U 型曲线的转折点为 $\ln U = 2.86$，支流发育系数为 3.39，考虑滞后期为 1，转折点出现在 1983 年。河流曲度转折点出现略早，在 20 世纪 70 年代。

河网水系随着城镇化进程的发展，在 20 世纪 80 年代中前期出现转折点。从河网水系发展及苏州城镇化进程特点等方面分析可知：首先，1960—1980 年代，苏州地区进行了大规模的新河道开挖、被填平河道及低等级河网的恢复、河道清淤疏浚、河湖复堤等整治拓浚工程(苏州市水利史志编纂委员会编，1997)。这使得 20世纪 80 年代中期以前，河网密度、盒维数和支流发育系数随着城镇化缓慢发展而

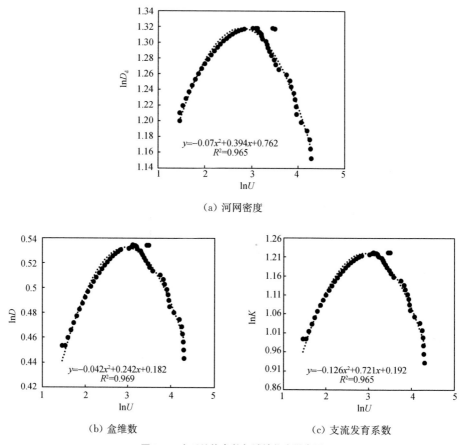

(a) 河网密度

(b) 盒维数　　　　　　　　　　(c) 支流发育系数

图 8.1　水系结构参数与城镇化率散点图

呈现正向增长态势。其次,80 年代以后,苏州行政区划在 1983 年进行了一次较大规模的调整,城镇化脚步加快,城镇化水平在此期间快速提升。再次,从苏州人口城镇化角度来看,苏州非农业人口比重在 80 年代中前期年增长率明显提高。此时,城镇化的快速发展,导致河网水系的良性发育和人为的良性干扰剧烈弱化,从而导致苏州河网水系与城镇化的发展在 20 世纪 80 年代中前期出现转折。河网水系随着城镇化的快速发展出现负向发展状态,河网密度、河网盒维数和支流发育系数伴随城镇化快速发展而降低。

　　此外,水面率与城市化率之间的相互关系表现出最为显著的单调递减关系,即随着城市化率的增大,水面率呈现明显下降的趋势。但水面率序列数据未通过单位根和协整性检验,在这个湖荡众多的水网地区,其水面率和城镇化关系还有待深入研究。

　　苏州作为全国城市化率最高的地市之一,最具代表性的特点就是其江南水乡,河网密布的自然形态。但城市的发展,人口的高密度集聚,必将受到自然环境的承载容量的制约。城镇化与河网水系的相互关系可划分为"自然发展、拮抗、磨合和高水平协调"四个阶段。近50多年的研究发现,水系与城市化率回归分析的倒U型曲线关系特征,已呈现出"先松弛,后紧密"的特点,目前城镇化与水系的关系处于"自然发展和拮抗"向"高水平协调"过渡的阶段。随着城镇化的继续深入,河网水系与人类活动逐渐相互适应,河网水系在人类环境保护意识逐渐增强的趋势下,未来可能呈现出"拟自然"良性发展状态。而事实上,随着人类社会的不断发展进步,高度城镇化地区防洪排涝水利设施的兴建,使得河网水系在较高技术水平上得到整治,以此恢复河流自动力过程及部分生态服务功能,河网水系"拟自然"良性发展的现象已初露端倪。因生态环境的自身禀赋变化,以及城市的高度快速发展和科技水平的提高,城镇化与河网水系的关系将过渡到"磨合和高水平协调"阶段。

　　城镇化与河网水系的综合指数在近半个世纪以来的协调性变化情况,用协调度模型表征。根据河网水系与城镇化发展趋势等分析方法,研究区协调度分析结果见表8.3。由表可知,研究区河网水系从河网密度、水面率、干流面积长度比、盒维数、支流发育系数和河流曲度等方面衡量,其整体发育情况表现出先正向提升而后负向下降的趋势,转折出现在1980年代中期。这一结果从协调度的角度验证了该区城镇化与河网水系发展趋势的分析结果。研究区城镇化与河网水系在近50年多里协调度提高,特别是在1980年代以后城镇化与河网水系协调度快速提高。这表明研究区高度城镇化下,人们对于河网水系的保护意识也随之提升,两者的协调关系渐好,但是否已达到最佳协调度,还有待进一步研究。

表 8.3　研究区河网水系综合指数与城镇化率及其协调度

项　目	1960 年代	1980 年代	2010 年代	2020 年	测度方法
河网水系综合指数	1.18	1.28	1.18	0.98	熵权法
城市化率	0.08	0.17	0.66	0.80	百分比
协调度	0.19	0.35	0.83	0.93	协调度函数

　　由协调度函数可知,在城市化率已知的情况下,寻找当前适应于城镇化发展的河网水系综合指数最优值的问题,就转化为求解根号下一元三次函数,具有现实意义(即在第一象限)值域所对应的 $f(x)$ 的最大值问题,由此定义:

$$f(x) = \frac{8\,Y^2 \cdot X^2}{(Y+X)^3} \tag{8.8}$$

$$D_p = \sqrt{f(x)} \tag{8.9}$$

式中,X 为河网水系综合指数;Y 为城市化率;D_p 为两者最佳协调度。

　　本书运用函数分析工具,利用平面直角坐标系函数图像绘制功能,得出1960

年代、1980年代、2010年代和2020年四个时期的函数图像，如图8.2所示。由此，城镇化与河网水系的最佳协调度问题即可转化为求图中 $f(x)$ 有效象限的最大值问题，进而可得出对应研究期内两者的最佳协调度。

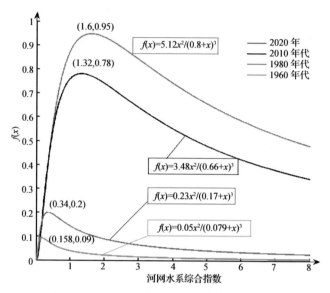

$f(x)=5.12x^2/(0.8+x)^3$

$f(x)=3.48x^2/(0.66+x)^3$

$f(x)=0.23x^2/(0.17+x)^3$

$f(x)=0.05x^2/(0.079+x)^3$

图8.2　研究区河网水系与城镇化协调度变形函数

分析结果表明：随着城镇化水平的不断提高，对城镇化与河网水系相辅相成、协调发展的要求越高，需要达到的最佳协调度标准也越高。从实际情况来看，1960年代到1980年代，苏州的城镇化水平发展较低，河网水系综合承载能力及调节能力较强，城镇化对河网水系破坏程度有限，河网水系与城镇化发展的协调度小，属于严重失调状态，此时城镇化与河网水系综合状况协调度也始终低于最佳协调度（0.09，0.2）。而到2010年代实际协调度趋近最佳协调度（0.78），但未达到，实际上，此时城市已进入快速发展时期，城市的发展很长一段时间需要以大量土地等资源和人口转移为支撑，河网水系空间被快速挤占，河网水系综合承载力下降，城市的发展受到河网水系破坏的制约，比如河网大量萎缩、衰减，洪涝灾害威胁增大，城市管理的理念由注重经济效益、土地城镇化扩张转为偏向河网水系的恢复和拟自然状态修复，城镇化与河网水系逐渐趋向于进入发展的良性协调状态（王朝科，2009）。到2020年，估计协调度仍略低于最佳协调度（0.95），还未完全进入城镇化与河网水系良性协调发展的状态。随着城镇化进程的不断推进，研究期内河网水系的综合水平仍然属于河网综合水平滞后型。

当前最优河网水系综合指数有待提高，根据最佳协调度分析，2010年代适应于该城镇化水平的最优河网水系综合指数为1.32。此时，最佳协调度表征为城镇化与河网水系综合水平发展互相促进,共同步入高水平协调发展新阶段。最优河网综合指数应当表征为最优河网密度、水面率、干流面积长度比、支流发育系数、盒维数及河流曲度的组合,而它们的最优涉及伴随着城镇化发展的阈值区间问题,下文对此进行了探索。而研究区至 2020 年,适应于 80% 城市化率的最优河网综合指数是 1.6。应当提高河网综合指数,从河网数量和形态、结构各方面调整,以满足当前和未来城市不断发展的需要。钱正英等(2006)提到,高度城镇化下人与河流和谐发展的内涵有两个方面:一方面,城镇化的推进,使得人类社会的发展必须开发、利用和改造河流;另一方面,对于河流的利用与改造必须有限、适度,应当总体上不损害河流的功能,保持河流的可持续利用。

8.1.3 平原河网区水系合理阈值区间

在前文开展的城镇化与河网水系耦合关系和协调性分析的基础上,进一步分析了高度城镇化下苏州河网水系变化的耦合阈位区间。

首先对水系形态结构参数和城市化率数据,进行双变量相关性分析,以此验证城市化率与河网水系指数的关联性。由表 8.4 可以看出,水系形态结构的 6 个指标中,河网密度、水面率、河流曲度、盒维数和支流发育系数 5 个指标与城市化率达到了显著性相关。盒维数虽达到显著性相关,但其相关性低于 0.5,故此处予以忽略,仅保留河网密度、水面率、河流曲度和支流发育系数。具体而言,河网曲度(S_r)与城镇化的相关性最高,达到了 98%,其次为水面率(W_p),达到了 94%。在城市建设过程中,为行洪泄洪的"便利",河网被"裁弯取直"的现象屡见不鲜,原本属于河网的空间转让给了其他土地利用与覆被空间。而干流面积长度比与城市化率的相关性未通过显著性检验,这也与城镇化与河网水系趋势分析中,数据检验部分的结果一致,因此起到了相互验证的作用。干流面积长度比通常在河道整治拓浚过程中,受人为主观因素影响,随机性较大,与城市化率高度相关。对水面率与城镇化率的趋势分析发现,水面率与城镇化率不存在倒 U 型曲线关系,但由表 8.4 可知,水面率与城镇化率相关性大,而事实上,在防洪排涝过程中,保证一定水面率一直是平原河网区的主要措施。因此,与城市化率显著相关的水系形态结构参数为河网密度、水面率、支流发育系数和河流曲度,以下就这些参数进行阈值区间的研究。

表 8.4 水系形态结构参数与城镇化率的相关性

项 目	相关性	河网密度 (D_d)	水面率 (W_p)	面积长度比 (R_{AL})	盒维数 (D)	河流曲度 (S_r)	支流发育系数 (K)
城市化率	皮尔森相关	− 0.58 **	− 0.94 **	0.17	− 0.43 **	− 0.98 **	− 0.51 **
	双侧显著性	0.00	0.00	0.20	0.00	0.00	0.00

注: ** 表示在 0.01 水平上双侧显著,即两者之间在 99% 水平上相关。

1）阈值约束范围

根据城市化率发展变化的指标值，通过上述相关分析计算式，定量分析相应条件下河网密度、水面率、支流发育系数和河流曲度的阈值区间，以确定城镇化下河流水系形态结构理想指标范围。首先确定城市化率(U_r)的取值范围。

城市的蔓延和扩张，伴随着人类生活方式和居住规模的改变与扩大，从而给区域水文水资源过程、生态环境等带来巨大改变。城镇化空间增长的上限确定，在区域发展与空间规划的研究领域已形成众多理论。例如，"门槛"理论，即地理环境限制条件、基本建设投资和技术以及城市人口等的限制。"精明增长"理论认为城市增长边界为空间上的明显城乡划分带。"区位理论"则主要针对土地利用的空间布局，对各类功能重合区进行界线划定，从而确定城市空间增长上限。本书主要依据当前世界上发达国家的平均城市化率、我国当前城市化率以及苏州城市规划中提到的城市化率，对研究区城市化率的上下限进行界定，界定思路如图 8.3 所示。

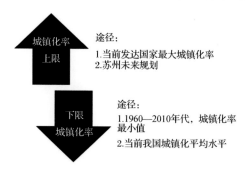

图 8.3　城镇化率范围确定思路

从全球范围，尤其是发达国家高度城镇化的地区进行分析。当代发达国家的城镇化水平以英国和美国为代表。英国平均城市化率早在 20 世纪初就已经接近 80%，到 2005 年，已经高达 90%（齐爽，2014）。而美国人口普查局数据显示，西部城市群在 20 世纪 60 年代末城市化率达到 80%，2010 年的统计结果显示全美城市化率为 81%，西部地区城市化率接近 90%，华盛顿哥伦比亚特区的城市化率最高，自 1890 年开始至今一直维持在 100%，有七个州的城市化率在 90% 以上。综上所述，当今发达国家的城镇化水平高，最高达到了 100%，城市化率平均最高也在 90% 以上，但考虑国情、地域差异，以及统计口径和方法的差异，本书城市化率的上限值将此部分分析作为背景参考，不作为上限值考虑。

就苏州目前城市化率情况进行分析，苏州市 2014 年的城市化率为 74%，远高于中国城镇化的平均水平 55%[①]，可称为高度城镇化的城市之一。在假设统计口径和方法一致的情况下，苏州目前的城镇化水平处于美国 20 世纪 80 年代的城镇化水平，相对于英国而言，处于 20 世纪初的城镇化水平。中国的城镇化在快速发展的同时，与发达国家相比还有很长一段路要走，同时也存在很多在城镇化快速发展的进程中需要及时扭转和解决的问题，比如水系密集的平原河网区，城镇化不断深入过程中，水系应当如何发展和保护，河网调蓄防洪能力可能达到什么程度。

考虑地域实际情况，依据苏州市关于城镇化发展的规划，在 2020 年，苏州城市化率将达到 80%[②]。因此，城市化率参数的阈值区间上限设定为 80%。同样，考虑地域实际情况及研究需要，下限值设定为 1960—2014 年苏州城市化率最小值，即 1960 年的 4.3%。综上，城市化率变动范围为[4.3,80]。

2）阈值区间的确定分析

随着研究区城镇的高效快速发展，河网水系与城镇化的互融关系及阈值区间的研究得到更多重视。根据河网水系与城市化率的发展趋势及关系，即表 8.2 及公式(8.4)～(8.7)，结合城市化率的值域范围，得出河网密度、水面率、支流发育系数、河流曲度与城市化率的函数式，求得河网密度、水面率、支流发育系数以及河流曲度的相应阈值区间，由此进一步分析河网可调蓄能力的相应区间(表 8.5)。

表 8.5　城市化率与河网水系阈值区间

阈值区间	河网密度(D_d)(km/km^2)	水面率(W_p)(%)	支流发育系数(K)	河流曲度(S_r)	河网可调蓄能力(m^3/km^2)
上限值	3.28	16.03	2.65	1.12	4.07
当前值	3.13	12.35	2.48	1.07	4.62
下限值	3.14	12.49	2.54	1.08	4.63

（1）河网密度的取值范围

当城市化率(U_r)为 80%时，河网密度为 3.14 km/km^2；而当城市化率(U_r)为 4.3%时，河网密度为 3.28 km/km^2。这表明城市化率达到 80%以后，河流密度至少为 3.14 km/km^2。而就苏州近半个世纪以来的水系河网密度值，以及前述城镇化与河网密度发展趋势分析可知，该值近期不会超过 3.32 km/km^2，也就是说，苏州河网密度阈值区间为其最小值不能低于 3.14 km/km^2。当前河网密度为 3.13 km/km^2，说明整个苏州当城镇化水平达到 80%时，河网密度还需略微提高。河网密度阈值

①　国家统计局城市社会经济调查司. 中国城市据统计年鉴(2014)[M].北京：中国统计出版社,2014.

②　苏州市人民政府. 苏州市新型城镇化与城乡发展一体化规划(2014～2020)[EB/OL]. (2015-06-10). https://www.suzhou.gov.cn/szsrmzf/zfwj/201506/18e691f7e09f4e4c8752677055d268d4.shtml.

区间是[3.14,3.28]。

（2）水面率的取值范围

已有研究就区域圩区排涝模数与水面率建立联系，探讨了合理水面率的问题。杭嘉湖平原圩区的研究（郑雄伟等，2012），采用多元回归模型，目标为使城镇排涝系统投资最经济，以水面率减去规划地面硬化率大于现状水面率为约束条件一，约束条件二为排涝模数大于最小排涝模数，满足 24 h 总产水量在 24 h 内全部排出。总体来看，杭嘉湖平原城镇 6 个圩区合理水面率约为 7.42%。另一杭嘉湖平原的研究，简单地从水面率与排涝模数之间寻找合理水面率（朱岳明和刘立军，2005），结果发现当水面率为 6% 时，最为合理，超过 6% 时排涝模数变化不大，改善防洪排涝局面的边际效益小；而当水面率小于 6% 时，排涝模数随着水面率变化 1% 而变化 1.6 $m^3/(s \cdot km^{-2})$。

当前研究区水面率为 12.35%，而对应于城市化率的下限值，水面率的下限值为 12.49%。整个苏州当城镇化水平达到 80% 时，水面率需要增加，最低应为 12.49%，才能满足城镇化推进的需要。就苏州近半个世纪以来的发展情况而言，当城市化率（U_r）为 4.3% 时，水面率不会超过 16.03%。由此可得，苏州水面率阈值区间为[12.49,16.03]。

（3）支流发育系数的取值范围

当城市化率（U_r）为 80% 时，支流发育系数为 2.54；而当城市化率 U_r 为 4.3% 时，支流发育系数为 2.65。这表明当城市化率为 80% 时，支流发育系数至少为 2.54。而就苏州近半个世纪以来的支流发育系数发展趋势分析，该值不会超过 2.65，也就是说，苏州支流发育系数阈值区间为[2.54,2.65]。

（4）河流曲度的取值范围

河流曲度描述河网形态结构早在 20 世纪中叶就在研究中广泛使用。河流曲度一般认为范围在 1～3 之间（Leopold et al.，2012），按照曲度值，可分为顺直型河流、低曲度河流、中曲度河流及高曲度河流。其中顺直型河网的河流曲度在 1～<1.3 之间，而 1.3～<1.5 为低曲度河流，1.5～<2 为中曲度河流，大于等于 2 的为高曲度河流（赵军等，2011）。平原河网区的河流水系，大多呈网格状、棋盘状，河流曲度小，大部分属于顺直型河流。对上海的河网水系形态分析得出，上海所有的河网中，85.40% 的河网的河流曲度小于 1.30，为顺直型河流，而其中，河流曲度小于 1.10 的占 70.57%，河流几乎呈直线型，河网曲度小（赵军等，2011）。近半个世纪以来，苏州的河网水系，就河流曲度来看，最小仅为 1.06，最大也仅为 1.11。河流曲度小，则洪峰来临时，河网的削峰作用相对弱，河道汇流时间短，导致洪峰容易

产生叠加效应,从而加大洪涝灾害的风险。

当城市化率为80％时,河流曲度至少为1.08,而就苏州近半个世纪以来的水系河流曲度值及其发展趋势分析,该值不会超过1.12,也就是说,苏州河流曲度阈值区间为[1.08,1.12]。

综上所述,苏州河网密度、水面率及支流发育系数应当在当前水平上略微提高,以适应城镇化的发展需要。而河流曲度需要维持在当前水平,当面对河流可"填埋、挤占"以及"裁弯取直"时,需要考虑与城镇化的协调可持续发展,维护河网水系的河网密度、水面率及支流的发育,并保护当前自然曲度不受破坏,以适度让利于苏州河网水系为佳。近来,"河长制"在长三角以及其他地方的推行,有利于保护河网水系,维护水系与城市的协调发展。

（5）河网可调蓄能力的取值范围

城市化率与河网水系有显著相关性,河网水系变迁演变直接影响河网调蓄能力,所以以下分析在城镇化与河网水系耦合阈值研究的基础上,探究河网可调蓄能力相应的阈值区间。河网水系的拓宽疏浚、新河道的开挖,使得苏州河网的调蓄能力得到提升。此处采用灰色关联度分析方法,在长三角典型区对河网形态结构参数(D_d、W_p、R_{AL}和D)与河网调蓄能力指标(S、AS、CS、CAS)的关联度研究中,得出调蓄能力与河网水系的水面率关联性最强(0.87,关联性极强),耦合性最佳,其次为河网密度(0.62)。

通过河网密度、水面率与河网可调蓄能力皮尔森双侧相关分析得到,河网可调蓄能力与河网密度、水面率在0.01显著性水平上,分别呈0.8和0.84显著相关关系。但水面率系数未通过检验,从而进一步将河网密度与河网调蓄能力建立曲线回归关系,结果表明(表8.6),两者存在二次曲线关系,调整后的R^2为0.71,通过0.01显著性水平上的F检验及系数的T检验。而一次线性及三次曲线关系不显著,不考虑。

表8.6 河流水系参数与河网可调蓄能力曲线拟合结果

项目	曲线	β_0	β_1	β_2	β_3	调整的R^2	F值	检验结论
	一次	69 105*	− 7 598	—	—	0.69	121.723*	系数未通过
CAS	二次	202 703*	− 84 423*	11 028*	—	0.71	104 823*	通过
	三次	202 703*	− 84 423*	11 028*	0	0.71	104 823*	不存在

注：* 表示通过0.05显著性水平检验。

由此得到河网密度与河网可调蓄能力的回归关系：

$$CAS = 11\ 028 \cdot D_d^2 - 84\ 423 \cdot D_d + 202\ 703 \tag{8.10}$$

式中,根据上文分析可知在城市化率达到80％时,河网密度(D_d)的耦合阈值为

3.14 km/km²,与此对应的河网可调蓄能力为 46 346 m³/km²。而目前,苏州河网的单位面积可调蓄容量约为 46 217 m³/km²,即当前河网的可调蓄能力要适应 2020 年城市化率为 80% 时的情形,还需要提高 129 m³/km² 河网的可调蓄能力。

8.2　改善水系连通与防洪减灾

上述内容分析了平原河网区水系的合理阈值,如何通过改善水系特征,从而保证区域防洪安全,还有待进一步探讨。太湖腹部平原地区在快速城镇化进程中,沿江口门和城市防洪工程的调度方式缺乏协同性,导致洪涝外排能力不足、骨干河道承受防洪压力过大等问题较为突出。同时,区域防洪工程的建设会扰乱甚至阻断水力联系,致使水循环动力不足,水环境承载能力降低,引发河流健康问题。在这样的情况下,水利片区、部分区域和城市地区之间的防洪相互影响更为显著,故有效协调水利片区—区域—城市防洪有利于构建均衡的防洪格局、改善水文连通,对保障不同层面上的防洪与水生态环境安全具有重要的支撑作用。

鉴于当前河网连通与区域防洪不相协调的情况,选择长三角太湖腹部武澄锡虞片区作为典型,以增大流域水利片区外排、减少城市外排为基本思路,在水利片区和城市层面上设计优化调度方案。首先通过比较各优化方案下洪水特征与水文连通的变化,初步分析不同调度方式对防洪协调性的影响。其次引入 TOPSIS 协调性综合评价模型,将各优化调度方案下水利片区、典型区域和城市地区的洪水特征和水文连通作为评价指标体系,对各方案的协调性程度开展定量评价。最后提出兼顾水文连通改善与防洪协调性强化的水利工程调度规则,以实现区域水文连通的优化。

8.2.1　防洪协调性评估方法

利用 TOPSIS 协调性综合评价模型(Technique for Order Preference by Similarity to an Ideal Solution,TOPSIS)对不同调度方案的协调性程度开展定量评价 (Behzadian et al.,2012)。TOPSIS 综合评价模型于 20 世纪 80 年代被提出,常用于解决多评价对象、多属性目标的决策问题。该模型的评价依据是方案与最优解和最劣解的相对距离,距离最优解最近的方案被认为是最优方案(杜挺等,2014)。

1)洪水特征指数

水文曲线的实际形状可以直观地表征水位在时间上的变化。水位历时曲线坡度、水位上升指数和洪水波动指数是 3 个常用的洪水特征指数,分别从洪水过程的整体变化幅度、涨水速率以及过程波动性,定量描述洪水过程在防洪工程调控下的变化。因此,本节除了洪峰水位、峰现时间等常用指标之外,还利用这三个洪水特征指数,探讨防洪工程影响不同水网连通方式的洪水过程变化。

（1）水位历时曲线坡度

水位历时曲线坡度（Slope of Flow Duration Curve,SFDC）是由水位过程的第33和第66百分位的水位值计算而得。水位历时曲线坡度主要表征流域（区域）的产流能力（Ghotbi et al.,2020）。公式如下:

$$SFDC = \frac{\ln(W33\%) - \ln(W66\%)}{0.66 - 0.33} \tag{8.11}$$

式中,$W33\%$ 和 $W66\%$ 分别为水位过程的第33与第66分位数。$SFDC$ 值越高,对应的洪水过程整体数值越高;其值越低,对应的洪水过程整体数值越低。

（2）水位上升指数

水位上升指数（Rising Climb Index,RCI）是指起涨水位与峰值水位之差与两者出现时间差的比值。水位上升指数主要表征洪水过程的涨水段变化,该指标在防洪规划与预警中十分重要（Painter et al.,2018）。公式如下:

$$RCI = \frac{w_p - w_0}{\Delta t} \tag{8.12}$$

式中,w_p 为水文过程的峰值水位;w_0 为起涨水位;Δt 为起涨水位到峰值水位的间隔时间。RCI 值越大,说明该水位过程涨水越快,越易形成洪水。

（3）洪水波动指数

洪水波动指数（Flashness Index,FI）是指洪水过程随时间的波动程度（Deelstra et al.,2008）。公式如下:

$$FI = \frac{\sum_{i=1}^{n} |w_i - w_{i-1}|}{\sum_{i=1}^{n} w_i} \tag{8.13}$$

式中,w_i 为第 i 时刻的水位。FI 值越大,说明该洪水过程的波动幅度越大;其值越小,说明该洪水过程的水位变化越小。

2）**方法与原理**

设置多属性的决策方案集为 $D = \{d_1, d_2, \cdots, d_m\}$,衡量方案属性优劣的变量为 $x_1, x_2, \cdots, x_n$,$[a_{i1}, \cdots, a_{in}]$ 由方案集 D 内的 n 个属性构成,可认为是 n 维空间的一个点,代表了该方案。设决策矩阵为 $A = (a_{ij})_{m \times n}$,因为决策属性类型、属性量纲和属性值大小的不同,会影响决策与评价结果,所以需要在决策时进行属性值的规范化,设规范化决策矩阵 $B = (b_{ij})_{m \times n}$,其中 $i = 1, 2, \cdots, m; j = 1, 2, \cdots, n$。

$$b_{ij} = \frac{a_{ij}}{\sqrt{\sum\limits_{i=1}^{m} a_{ij}^2}} \qquad (8.14)$$

构造加权的规范矩阵 $\boldsymbol{C} = (C_{ij})_{m \times n}$。设由熵权法得到的权重向量 $\boldsymbol{w} = [w_1, w_2, w_3, \cdots, w_n]^T$，则

$$C_{ij} = w_j b_{ij} \qquad (8.15)$$

其中，正理想解 C^* 和负理想解 C^0 的属性值分别为决策矩阵中的最优值和最劣值。S_i^* 和 S_i^0 分别为各方案到正、负理想解的距离，计算公式如下：

$$S_i^* = \sqrt{\sum\limits_{j=1}^{n} (C_{ij} - C_j^*)^2} \qquad (8.16)$$

$$S_i^0 = \sqrt{\sum\limits_{j=1}^{n} (C_{ij} - C_j^0)^2} \qquad (8.17)$$

在 n 维空间内，若方案距离正理想解更近，同时又距离负理想解较远，则该方案为最优方案，引用协调性系数 f_i^* 表征该性质：

$$f_i^* = \frac{S_i^0}{S_i^0 + S_i^*} \qquad (8.18)$$

f_i^* 较大的方案为最优方案。

3）协调性指标体系构建

指标体系的构建关键在于如何选取可以代表流域水利片区、典型区域及城市地区水位过程的站点（或断面）。在选取代表水利片区水位的站点或断面时，利用 Riasi 与 Yeghiazarian(2017)提出的识别河网水系控制节点的方法。该方法基于复杂网络并结合控制论，将建模水系概化成图模型，通过状态变量的时间演变控制方程，在考虑河网节点中心度的基础上，识别整个区域内重要的水系节点。利用该方法，得到河网节点中心度如图 8.4(a)所示，从空间上看，区域东部常州地区的河网节点中心度较高，说明可以控制整个水利片区的水系节点多分布在该区域。控制整个水利片区水系的重要节点如图 8.4(b)所示。除此之外，表征城市地区水位的站点是指城市防洪大包围工程内外的水位站点（或断面）。表征区域地区水位的站点是指区域代表站的水位站点（如石堰、青旸、陈墅及洛社）。最终，选取分别表征水利片区、区域及城市地区洪水特征的水系控制断面如图 8.4(c)所示。下面将从模型模拟结果中提取这些控制断面的水位过程，将计算得到的洪水特征指数作为防洪协调定量评价的指标。

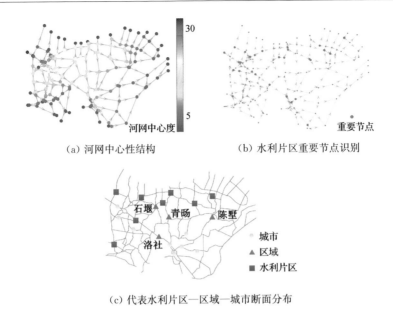

（a）河网中心性结构　　　　（b）水利片区重要节点识别

（c）代表水利片区—区域—城市断面分布

图8.4　防洪协调性评估指标体系构建

8.2.2　基于防洪协调性的平原圩垸河网防洪优化分析

1）河网优化调度方案设置

在流域水利片区和城市层面，以增大流域片区外排、减少城市外排为基本思路，对调度方案进行优化调整。其中，水利片区调度方案的优化主要是通过合理降低片区外排控制水位来增大外排水量；城市调度方案的优化则是通过适当抬高城内控制水位来发挥城市内部水量调蓄能力，即通过让城市适当分担洪涝风险来缓解外部洪涝压力。

不同优化调度方案规则如表8.7所示。

表8.7　不同优化调度方案规则

方案	沿江闸门排水规则		城市防洪大包围运行规则
S0	魏村枢纽、澡港闸	常州（三）>4.00 m	常州（三堡街）>4.3 m
	新沟河	无锡（大）>3.6 m	
	定波闸、白屈港、新夏港	青旸>3.7 m	无锡（南门）>3.8 m
	十一圩、张家港、走马塘	无锡（大）>3.6 m	
S1	魏村枢纽、澡港闸	常州（三）>4.00 m	常州（三堡街）>4.43 m
	新沟河	无锡（大）>3.6 m	
	定波闸、白屈港、新夏港	青旸>3.7 m	无锡（南门）>4.0 m
	十一圩、张家港、走马塘	无锡（大）>3.6 m	

方案	沿江闸门排水规则		城市防洪大包围运行规则
S2	魏村枢纽、澡港闸	常州(三)＞4.00 m	常州(三堡街)＞4.57 m
	新沟河	无锡(大)＞3.6 m	
	定波闸、白屈港、新夏港	青旸＞3.7 m	无锡(南门)＞4.2 m
	十一圩、张家港、走马塘	无锡(大)＞3.6 m	
S3	魏村枢纽、澡港闸	常州(三)＞3.87 m	常州(三堡街)＞4.3 m
	新沟河	无锡(大)＞3.4 m	
	定波闸、白屈港、新夏港	青旸＞3.53 m	无锡(南门)＞3.8 m
	十一圩、张家港、走马塘	无锡(大)＞3.4 m	
S4	魏村枢纽、澡港闸	常州(三)＞3.73 m	常州(三堡街)＞4.3 m
	新沟河	无锡(大)＞3.2 m	
	定波闸、白屈港、新夏港	青旸＞3.35 m	无锡(南门)＞3.8 m
	十一圩、张家港、走马塘	无锡(大)＞3.2 m	
S5	魏村枢纽、澡港闸	常州(三)＞3.87 m	常州(三堡街)＞4.43 m
	新沟河	无锡(大)＞3.4 m	
	定波闸、白屈港、新夏港	青旸＞3.53 m	无锡(南门)＞4.0 m
	十一圩、张家港、走马塘	无锡(大)＞3.4 m	
S6	魏村枢纽、澡港闸	常州(三)＞3.73 m	常州(三堡街)＞4.43 m
	新沟河	无锡(大)＞3.2 m	
	定波闸、白屈港、新夏港	青旸＞3.35 m	无锡(南门)＞4.0 m
	十一圩、张家港、走马塘	无锡(大)＞3.2 m	
S7	魏村枢纽、澡港闸	常州(三)＞3.87 m	常州(三堡街)＞4.57 m
	新沟河	无锡(大)＞3.4 m	
	定波闸、白屈港、新夏港	青旸＞3.53 m	无锡(南门)＞4.2 m
	十一圩、张家港、走马塘	无锡(大)＞3.4 m	
S8	魏村枢纽、澡港闸	常州(三)＞3.73 m	常州(三堡街)＞4.57 m
	新沟河	无锡(大)＞3.2 m	
	定波闸、白屈港、新夏港	青旸＞3.35 m	无锡(南门)＞4.2 m
	十一圩、张家港、走马塘	无锡(大)＞3.2 m	

（1）方案 S0 为基础方案，该方案采用现状调度方案。

（2）方案 S1、方案 S2 为城市优化调度方案：以 2000 年为界，统计城镇化前后城内水位上涨幅度，以上涨水位的 50% 和 100% 作为城市大包围内部控制水位的抬高值，产生 2 套城市防洪工程优化调度方案（减少城市外排）。这 2 套方案主要考察城市防洪工程控制水位变化对不同层面防洪协调性的影响。

（3）方案 S3、方案 S4 为流域水利片区优化调度方案：以 2000 年为界，统计城镇化前后整个武澄锡虞区代表站平均水位涨幅，以上涨水位的 50% 和 100% 作为水利片区引排控制水位的降低值，产生 2 套流域水利片区优化调度方案（增加水利片区外排）。这 2 套方案主要考察沿江口门引排控制水位变化对防洪协调性的影响。

（4）方案 S5、方案 S6、方案 S7 及方案 S8 为城市、水利片区同时优化调度方案：这 4 套方案是水利片区和城市组合优化调度的效果。具体来讲，方案 S5 为增加水利片区外排 50% 能力及减少城市外排 50% 能力；方案 S6 为增加水利片区外排 100% 能力及减少城市外排 50% 能力；方案 S7 为增加水利片区外排 50% 能力及减少城市外排 100% 能力；方案 S8 为增加水利片区外排 100% 能力及减少城市外排 100% 能力。

2）河网洪水过程变化

在 100 年一遇的暴雨条件下，通过构建的 MIKE 11 模型模拟了不同调度方案下的洪水过程，并从城市内外水位差及洪水特征指数，探讨不同调度规则下洪水过程变化。以常州、无锡为典型城市，分析了其防洪大包围的内外水位差。常州与无锡城市防洪大包围工程在 9 种调度方案下内外水位差的箱线图见图 8.5。相比于基础方案 S0，方案 S2、S7 及 S8 均可明显降低城区内外水位差的均值和最大值；其他方案对城区内外水位差的影响总体较小。方案 S2 为城市优化调度方案，S7 与 S8 为城市与水利片区同时优化调度方案，这 3 套方案都降低了城市外排能力。

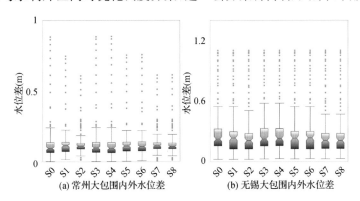

图 8.5　不同调度方案下城市防洪大包围内外水位差箱线图

不同调度规则下模拟的洪水过程的 3 个洪水指数如图 8.6 所示，整体上不同调度规则下的洪水过程变化不大。从洪水指数来看，方案 S3、S5 及 S7 的最高水位上升指数有所下降；方案 S1、S5 及 S6 会明显降低水位历时曲线坡度的最高值；不同调度规则下的洪水波动指数变化不大。

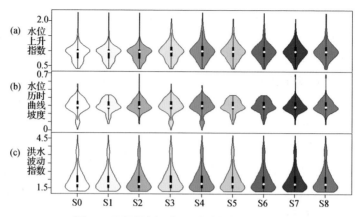

图 8.6　不同调度规则下洪水过程的洪水指数图

综上,不同调度规则对洪水过程的影响包括两方面:一是城市优化调度方案可缩小城区内外水位差,水利片区优化调度方案对城区内外水位差影响较小;二是调度优化方案对洪水波动指数影响较小,城市优化调度方案与水利片区优化调度方案会分别增大防洪大包围内部与外部的水位上升指数与水位历时曲线坡度;城市与水利片区同时优化调度方案对洪水过程的影响更大,其影响效果由城市、水利片区优化程度决定。

3）水文连通变化

根据第 4 章所构建的平原河网水文连通评价方法,探讨水文连通程度在不同调度规则下的变化。现状方案 S0 的平均水文连通为 0.56,其他优化调度方案下的平均水文连通程度都有所增加,其中方案 S8 的平均水文连通最高为 0.60,则城市与水利片区同时优化调度方案改善水文连通效果较好。通过统计水文连通转好的格网占比(表 8.8),城市与水利片区同时优化调度(S5 至 S8)对水文连通的影响较大,使其转好的格网占比达到 26％,其次是水利片区优化调度(S3 与 S4),使得水文连通转好的格网占比达到 26％,城市优化调度(S1 与 S2)使得水文连通转好的格网占比达到 22％。因此,随着城市外排减少与水利片区外排增加的优化能力的提高,即调度规则中的调度水位变化幅度变大,相应地水文连通变化也增大。

表 8.8　不同调度方案下水文连通变化

项　目	S1	S2	S3	S4	S5	S6	S7	S8
连通转好	11.52％	21.85％	26.42％	11.52％	21.85％	26.42％	26.42％	26.42％
连通降低	0.20％	0.10％	0.10％	0.70％	0.60％	0.60％	0.60％	0.60％
连通不变	88.28％	78.05％	73.49％	87.79％	77.56％	72.99％	72.99％	72.99％

　　总体上,不同调度规则优化都会出现水文连通转好的情况。相比城市优化调度方案,以增加流域水利片区外排为主的片区优化调度方案改善水文连通效果更好。随着城市外排减少与水利片区外排增加的优化程度的加大,水文连通变化程度也越大。这是因为沿江水闸的调度规则中,将原先开闸泄洪水位降低,使得开闸时间有所提前,水文连通的持续时间延长,连通程度会变好。受到长江潮位顶托作用的影响,会出现洪水难以排泄的情况,此时会关闭闸门,利用泵站进行抽水。由于抽水方向与泄洪方向同样,故将这类操作与开闸泄洪同样看待。同样,对于城市防洪大包围,将大包围枢纽的关闸开泵调度水位提升,降低了城市外排能力,会延长水文连通的持续时间,水文连通程度也会变好。S6 至 S8 调度规则下,洪水强度并没有明显增加,甚至在有些区域有所下降。因此,在保障区域防洪安全的前提下,保持一定河流水系之间的水力联系,增强水系间的水文连通,降低人为调控对自然环境的干扰,有益于改善区域生态环境、恢复河道系统功能。

8.2.3　面向水文连通改善的防洪协调性研究

1) 防洪协调性评价指标体系及其权重

　　针对水利片区—区域、水利片区—城市、区域—城市等不同层面,以各优化调度方案下流域水利片区、典型区域和城市地区的洪水特征指数和水文连通程度作为评价指标体系,采用 TOPSIS 综合评价模型评价各方案下的防洪协调性。

　　水利片区—区域防洪协调性:当前水利片区—区域防洪协调性问题主要是流域水利片区外排工程能力不足导致防洪压力较大,内部部分区域防洪能力不足导致区域水位过高,以及人为调控对河流水系连通造成的干扰或控制较强,严重影响河流水系的水生态环境。

　　故水利片区—区域防洪协调性包含 3 个方面:(1) 在水利片区层面,水利片区重点驱动节点的水位越低,水利片区整体防洪压力越小,相应水利片区—区域防洪协调性越好;(2) 在区域层面,各分区代表性水位越低可缓解区域防洪压力,对水利片区—区域协调性越有利;(3) 在水利片区—区域防洪保障的前提下,应尽可能减弱人为调控对河流水系系统造成的干扰或控制,实现防洪减灾与恢复河流水系连通的协调性。

　　以各优化调度方案下水利片区和典型区域的洪水特征指数和水文连通程度作为评价指标体系,其中,评价体系中指标的权重由熵权赋值法确定,在对其赋予相应权重的同时指定了指标因子的正负性(正向代表越大协调性越好,负向代表越小协调性越好)。水利片区—区域防洪协调性指标体系具体如表 8.9 所示。

表 8.9　水利片区—区域防洪协调性评价指标因子赋权

指标	层面	权重	方向	各指标归一化值								
				S0	S1	S2	S3	S4	S5	S6	S7	S8
RCI	水利片区	0.19	−	0.08	0.08	0.10	0.10	0.08	0.10	0.10	0.10	0.10
	区域	0.05	−	0.09	0.10	0.09	0.09	0.10	0.12	0.09	0.09	0.09
SFDC	水利片区	0.14	−	0.23	0.24	0.22	0.24	0.26	0.22	0.26	0.24	0.26
	区域	0.12	−	0.25	0.26	0.24	0.26	0.27	0.25	0.27	0.26	0.27
FI	水利片区	0.10	−	2.27	2.24	2.26	2.24	2.22	2.28	2.24	2.27	2.24
	区域	0.11	−	1.93	1.89	1.92	1.90	1.87	1.93	1.88	1.91	1.91
水文连通	水利片区	0.13	+	0.56	0.56	0.57	0.57	0.57	0.59	0.59	0.59	0.58
	区域	0.15	+	0.52	0.52	0.53	0.53	0.52	0.54	0.54	0.54	0.53

水利片区—城市防洪协调性:现状水利片区—城市防洪协调性问题主要是城市外排水量过多导致城市外围(或江南运河)防洪压力过大,以及人为调控对河流水系造成的干扰或控制较强,严重影响河流水系的水生态环境。

故水利片区—城市防洪协调性包含 3 个方面:① 在水利片区层面,水利片区重点驱动节点的水位越低,水利片区整体防洪压力越小,相应水利片区—城市防洪协调性越好;② 在城市层面,城市防洪大包围内外特征水位越低越能保障城市防洪安全,对水利片区—城市协调性越有利;③ 在水利片区—城市防洪保障的前提下,应尽可能减弱人为调控对河流水系系统造成的干扰或控制,真正实现防洪减灾与恢复河流水系连通的协调性。以各优化调度方案下水利片区和城市地区的洪水特征指数和水文连通程度,构建水利片区—城市防洪协调性评价指标体系,如表 8.10 所示。

表 8.10　水利片区—城市防洪协调性评价指标因子赋权

指标	层面	权重	方向	各指标归一化值								
				S0	S1	S2	S3	S4	S5	S6	S7	S8
RCI	水利片区	0.20	−	0.08	0.08	0.10	0.10	0.08	0.10	0.10	0.10	0.10
	城市	0.09	−	0.08	0.08	0.09	0.10	0.09	0.10	0.10	0.10	0.09
SFDC	水利片区	0.15	−	0.23	0.24	0.22	0.24	0.22	0.26	0.24	0.26	
	城市	0.13	−	0.29	0.28	0.29	0.28	0.27	0.29	0.28	0.28	0.28
FI	水利片区	0.11	−	2.27	2.24	2.26	2.24	2.22	2.28	2.24	2.27	2.24
	城市	0.07	−	1.67	1.68	1.69	1.70	1.69	1.69	1.70	1.73	1.75
水文连通	水利片区	0.13	+	0.56	0.56	0.57	0.57	0.57	0.59	0.59	0.59	0.58
	城市	0.13	+	0.61	0.61	0.62	0.63	0.61	0.64	0.65	0.65	0.63

区域—城市防洪协调性:现状区域—城市防洪协调性问题主要是城市外排水量过多导致城市外围区域防洪压力较大。因此在区域—城市协调性评价指标体系中应考虑典型区域与城市防洪大包围内外水位与水文连通特征。各指标正负属性如下:区域特征水位越低,城市内外特征水位越低,同时区域、城市的平均水文连通程度越好,则防洪协调性越好。以各优化调度方案下典型区域和城市地区的洪水特征指数和水文连通程度,构建区域—城市防洪协调性评价指标体系,如表8.11所示。

表 8.11   区域—城市防洪协调性评价指标因子赋权

指标	层面	权重	方向	各指标归一化值								
				S0	S1	S2	S3	S4	S5	S6	S7	S8
RCI	区域	0.06	—	0.09	0.10	0.09	0.09	0.10	0.12	0.09	0.09	0.09
	城市	0.10	—	0.08	0.08	0.09	0.10	0.09	0.10	0.10	0.10	0.09
SFDC	区域	0.15	—	0.25	0.26	0.24	0.26	0.27	0.25	0.27	0.26	0.27
	城市	0.14	—	0.29	0.28	0.29	0.28	0.27	0.29	0.28	0.28	0.28
FI	区域	0.14	—	1.93	1.89	1.92	1.90	1.87	1.93	1.88	1.91	1.91
	城市	0.08	—	1.67	1.68	1.69	1.70	1.69	1.69	1.70	1.73	1.75
水文连通	区域	0.18	+	0.52	0.52	0.52	0.53	0.52	0.54	0.54	0.54	0.53
	城市	0.15	+	0.61	0.61	0.62	0.63	0.61	0.64	0.65	0.65	0.63

2) 协调性评价结果

基于建立的协调性评价指标体系,确定9套调度方案中水利片区、区域及城市的洪水特征指标能够达到的最优数值(此处洪水特征最低值为最优),以及水文连通能够达到的最优数值(此处最大连通值为最优),并将这些数值的组合作为最优解。然后计算现有各方案距离最优解和最劣解的相对距离,即将9套调度方案的协调性系数,作为协调性评价依据。图8.7分别为水利片区—区域、水利片区—城市、区域—城市防洪目标下不同优化调度方案的协调性系数柱状图。

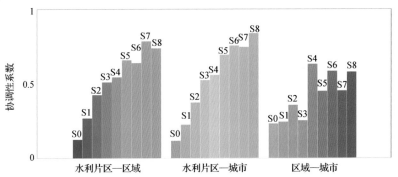

图 8.7   水利片区—区域、水利片区—城市、区域—城市防洪协调性系数

对于水利片区—区域协调性,城市与水利片区同时优化调度方案(S7)的协调度达到0.79,该优化调度方案的实施可较明显地提升水利片区—区域防洪协调性(幅度达0.66)。在S7方案中,城市优化强度要高于水利片区优化强度。对于水利片区—城市协调性,城市与水利片区同时优化调度方案(S8)的协调度达到0.84,该优化方案的实施可较明显地提升水利片区—城市协调性,幅度达0.72。S8方案为增加水利片区外排100%能力及减少城市外排100%能力,对城市与水利片区都进行了很大程度的优化。对于区域—城市协调性,水利片区优化调度方案(S4)的协调度达到0.63,该优化方案的实施可较明显地提升区域—城市协调性,幅度达0.40。强化不同层面防洪协调性的优化调度方案具体见表8.12。

表 8.12 基于不同层面防洪协调性的优化调度方案

项 目		沿江闸门排水规则		城市大包围排水规则
区域—城市协调性	S4 水利片区优化调度	魏村枢纽、澡港闸	常州(三)>3.73 m	常州(三堡街)>4.3 m
		新沟河	无锡(大)>3.2 m	
		定波闸、白屈港、新夏港	青旸>3.35 m	无锡(南门)>3.8 m
		十一圩、张家港、走马塘	无锡(大)>3.2 m	
水利片区—城市协调性	S8 同时优化调度	魏村枢纽、澡港闸	常州(三)>3.73 m	常州(三堡街)>4.57 m
		新沟河	无锡(大)>3.2 m	
		定波闸、白屈港、新夏港	青旸>3.35 m	无锡(南门)>4.2 m
		十一圩、张家港、走马塘	无锡(大)>3.2 m	
水利片区—区域协调性	S7 同时优化调度	魏村枢纽、澡港闸	常州(三)>3.87 m	常州(三堡街)>4.57 m
		新沟河	无锡(大)>3.4 m	
		定波闸、白屈港、新夏港	青旸>3.53 m	无锡(南门)>4.2 m
		十一圩、张家港、走马塘	无锡(大)>3.4 m	

总体上,不同优化调度方案对不同层面协调性的提升效果有所差异。对于水利片区—区域与水利片区—城市防洪协调性,城市与水利片区同时优化调度对协调性的提升效果最好,水利片区优化调度方案次之,城市优化调度方案提升效果较弱。对于区域—城市防洪协调性,水利片区优化调度方案对协调性的提升效果最好,城市与水利片区同时优化调度次之,城市优化调度方案提升效果也较弱。因此,实施减少城市外排、提高水利片区外排能力的调度措施,是强化防洪协调性、增加整体防洪效益、改善水文连通的最佳组合措施。

3) 防洪协调目标下水文连通优化

在水利片区—区域—城市防洪协调性的优化方案的基础上,进行适应不同层面防洪协调性的区域水文连通优化。从改善水文连通的效果来看(表8.13),在加

强水利片区—区域防洪协调性下,在对城市与水利片区同时优化后,水文连通低值
区(其值小于 0.4)的格网数下降了 4.4% 左右,转为水文连通高值区(其值大于
0.4)。在加强水利片区—城市防洪协调性下,城市与水利片区同时优化使得 6%
格网的水文连通低值区转为水文连通高值区。在加强区域—城市防洪协调性下,
水利片区优化使得 5.7% 格网的水文连通低值区转为高值区。因此,在加强水利
片区—城市防洪协调性方案下,改善水文连通效果最好。

表 8.13　基于水利片区—区域—城市防洪协调性改善水文连通程度的效果(SLCI)

连通分级	现状调度	区域—城市	水利片区—城市	水利片区—区域	改善程度		
					区域—城市	水利片区—城市	水利片区—区域
0～<0.2	20.98%	19.46%	19.46%	19.86%	−1.52%	−1.52%	−1.12%
0.2～<0.4	12.46%	8.24%	7.94%	9.14%	−4.22%	−4.52%	−3.33%
0.4～<0.6	21.73%	23.14%	22.74%	23.54%	1.41%	1.01%	1.80%
0.6～<0.8	16.41%	17.87%	18.37%	17.58%	1.46%	1.96%	1.16%
0.8～1	29.74%	31.28%	31.48%	29.89%	1.54%	1.74%	0.15%

　　根据不同防洪协调性需求,面向加强水利片区—区域、水利片区—城市以及区
域—城市的协调性方案,可以识别满足防洪标准的不同单元连通指数。行政单元
连通指数有利于区域行政部门进行管理,如图 8.8 所示。

图 8.8　水文连通适应不同防洪协调性需求的行政单元尺度

　　对于水利片区—区域协调性,在行政单元尺度上,各个行政区域在保障防洪安
全的基础上,应保持的水文连通指数范围在 0.39～0.69 之间;对于水利片区—城
市协调性,在行政单元尺度上,各个行政区域在保障防洪安全的基础上,应保持的
水文连通指数范围在 0.43～0.72 之间;对于区域—城市协调性,各个行政区域在
保障防洪安全的基础上,应保持的水文连通指数范围在 0.42～0.71 之间,具体连
通指数见表 8.14。

表 8.14　行政单元尺度下水文连通适应不同防洪协调性需求的阈值

行政单元	区域—城市	水利片区—城市	水利片区—区域
常熟	0.53	0.53	0.53
常州市辖区	0.59	0.60	0.58
江阴	0.56	0.57	0.56
张家港	0.57	0.57	0.56
无锡市辖区	0.64	0.65	0.61
武进区	0.42	0.43	0.39
锡山区	0.71	0.72	0.69

不同调度方案下降低城市外排确实会改善水文连通程度。这种做法虽然在一定程度上抬高了城市内部的水位,但是在城市内部洪水位可控的情况下,改善水文连通仍十分必要。防洪减灾始终是保障人民生命财产安全的首要任务。水文连通与结构连通不同,结构连通的阈值是指为了实现某个目标,水系结构应保持在一定的水平,如干支流比等。而水文连通的阈值虽然是在0~1的范围,但其实际的物理意义却难以解释。以往研究也表明水文连通是不能直接被测量的自然要素,它需要借助其他自然要素的变化来反映。因此,本书提出的水文连通应维持的阈值,可用以区分在整个空间范围内水文连通的大小。目前国内外对该方面的研究较少,对水文连通特征与机制的研究还有待深入。

8.3　平原河网区水系改善与防洪减灾

河流系统结构复杂,各个部分有它们各自的功能,又相互发生着作用。自然界的变动和人类活动都会改变河流的结构状态,由此影响着河流系统的发展演变。河流系统在演变过程中,河流功能也在不断地发挥作用。从广义上讲,河流功能从大的方面包括自然功能和服务功能两类。由于河流是地球演化过程中的产物,其自然功能是地球环境系统不可或缺的,河流的自然功能总体上就是它的环境功能,主要包括水文功能、地质功能和生态功能。改善区域河流水系结构与连通,可以较好地保障区域河流功能,从而提高区域洪涝安全管理能力。

8.3.1　改善水系结构与连通

针对水系密布的武澄锡虞区,通过合理的人工调控措施,从改善水文连通与防洪减灾两个方面,系统评价了调度方式变化对防洪协调性的影响,提出强化防洪协调性的调度措施建议,恢复和增强河流水系的连通,实现在降低洪水风险的同时,改善河湖水体水动力条件,以满足城市防洪需求以及对河流水资源的可持续利用及管理需求。

城镇化对于水系格局变化趋势的影响分析表明:河网密度、盒维数、支流发育系数与城镇化率均呈现出倒U型曲线关系特征。对于苏州而言,水系形态结构的转折点出现在20世纪80年代中前期。在此之前,河网水系表现出良性发展的积极状态。在此之后,河网水系随着城镇化率的快速提高,而剧烈衰减。近50多年的研究发现河网水系与城镇化的倒U型曲线关系特征呈现出"先松弛,后紧密"的特点,处于"自然发展和拮抗"阶段。高度城镇化的苏州,水系变化的"拟自然"状态初露端倪。未来城镇化与河网水系的相互关系将过渡到"磨合和高水平协调"阶段。通过城市化率指标,探求河网水系的阈值区间,分析表明当城镇化率达到80%时,典型区苏州河网密度阈值区间为[3.14,3.28],水面率为[12.49,16.03],支流发育系数阈值区间为[2.54,2.65],河流曲度为[1.07,1.12]。当2020年城镇化率至少达到80%时,苏州河网密度、水面率及支流发育系数应当在当前水平上略微提高,而河流曲度应维持在当前水平,当面对河流可"填埋、挤占"以及"裁弯取直"时,需要考虑与城镇化的协调可持续发展,以适度让利于苏州河网水系为佳。

从防洪协调性的角度出发,兼顾洪水防控与连通增强,对区域内防洪工程的调度规则进行了优化,不同优化调度方案对协调性的提升效果有所不同。对于水利片区—区域与水利片区—城市防洪协调性,城市与水利片区同时优化调度对协调性的提升效果最好,水利片区优化调度方案次之,城市优化调度方案提升效果较弱。对于区域—城市防洪协调性,水利片区优化调度方案对协调性的提升效果最好,城市与水利片区同时优化调度次之,城市优化调度方案提升效果也较弱。因此,实施减少城市外排、提高水利片区外排能力的调度措施,是强化防洪协调性、增加整体防洪效益、改善水文连通的最佳组合措施。在加强水利片区—城市防洪协调性方案下,改善水文连通效果最好。

根据以上协调性方案,可以识别出适应不同防洪协调性的连通指数。对于水利片区—区域协调性,在保障防洪安全的基础上,各个行政单元应保持的连通指数范围在0.39~0.69之间。对于水利片区—城市协调性,各个行政单元在保障防洪安全的基础上,应保持的连通指数范围在0.43~0.72之间。对于区域—城市协调性,在保障防洪安全的基础上,各个行政单元应保持的连通指数范围在0.42~0.71之间。

在河流功能保障方面,改变河湖水系结构及连通状况,确保河流水系在合理阈值区间,疏通行洪通道,维系洪水蓄滞空间,提高防洪能力,降低灾害风险。通过改变河湖水系连通情况,加强水系疏通、排引功效,保证河湖的蓄泄能力,可以较好地提高区域水系整体的水旱灾害防御能力(包括防洪抗旱)。

8.3.2　改善区域洪涝的措施

通过构建河湖水系连通供水网络体系和水源应急通道,疏浚航道,提高水资源统筹调配能力和供水保证程度,改善河湖功能。对于改善供水功能措施来讲,从水量上,可通过水库等工程的调度,保证枯水时段取到水;从水质上,应控制污染物的排放量,保证水质。也即通过流域或区域间的水网建设构建水资源配置网络,加强水资源的流通、输送和补给,提高水资源调度配置能力,解决缺水地区的用水问题,改善供水功能。包括:① 城市供水。通过河湖与城市之间的供水管网构建,调引水资源丰富地区的水补给缺水城市,提高城市供水保证率,解决城市缺水问题。② 农业灌溉。通过河流与灌区之间的渠系构建,调引水资源丰富地区的水进行农业灌溉,保障农业发展、解决粮食问题。③ 应急供水。通过构建以应急供水通道为主的水系网络,从水库、湖泊、地下水等水资源储存体中调取水资源,缓解用水临时剧增、供水工程失效、地震、战争等原因造成的突发性缺水困境。

随着城市化发展,洪涝灾害已成为威胁平原河网区经济发展的最主要自然灾害。从目前情况来看,人类还不可能完全消除洪涝灾害,因此要树立人与洪水和谐相处的思想,避免出现经济发展越快,洪涝损失越大的现象。基于对暴雨洪水和洪涝风险的分析研究,针对快速城市化的平原河网区洪涝现状及防洪减灾提出以下建议:

保持现状水系,优化骨干河网结构。平原河网区的河道众多,尤其是大量细小河道对洪水有一定存蓄和调节作用。因此,在今后城市发展过程中,应充分考虑河湖水系的蓄洪功能,维持城区现有的水面率不降低,提高城市的洪涝蓄滞与消纳能力,将水系保护工作纳入各层次的城市规划中,形成一套保护水系的长效管理机制。同时,还应注重优化骨干河网的空间结构,充分发挥其内蓄外排的功能,在区域现有向东和向南排泄通道的基础上,加强北排通道建设。

统筹城市圩垸防洪工程的建设与调度。在城市防洪规划过程中,应该充分考虑区域与城市防洪的协调,科学确定防洪保护范围和排涝能力,尽可能减少城市排涝对周边地区防洪的影响。此外,面对不断提升的城市防洪标准和排涝强度,应统筹协调城市排涝需求与区域防洪能力的关系,深入探讨城市防洪大包围运行与区域防洪的适配性,合理控制圩内河道水位与外河水位的关系,进一步提高城市防洪工程调度与管理水平。

加快洪涝灾害损失补偿机制的建立。随着平原河网区城市圩垸防洪能力的不断提高,势必会进一步加剧地区间排涝利益的冲突,激发社会矛盾。应尽快建立一套"风险分担、利益共享"的防洪管理模式,城市圩垸内部等重要区域可以通过"资金补偿"方式来履行分担风险的义务。同时,应尽快组织专业人员开展相关的走访、调查和研究,在政府部门统筹下,建立一套补偿机制,这种补偿可以是城区向郊区或圩内向圩外地区的,并建立一套相对定量化的补偿标准。

后　记

　　平原区河网水系结构与连通状况受自然与人类活动的双重影响,在尊重水系自然演化规律的背景下人类社会如何对其加以改造利用,使其更好地为人类服务,发挥其最大功能效益,是城市化发展下平原水系保护与修复中的一个重要议题。

　　针对平原河网区快速城市化下水系衰减、功能退化以及由此导致的洪涝与水环境问题,本书主要以我国高度城镇化长三角地区为例,采用多学科综合研究方法,将宏观和微观相结合,时间和空间尺度相结合,野外观测试验与模型计算相结合,地理统计与数值模拟相结合,开展水系结构与连通变化及其对洪涝与水环境的影响研究。本书不仅揭示了城镇化背景下人类活动对水系结构及连通性的影响程度,而且深入探究了水系结构与连通性变化对区域水循环过程以及洪涝与水环境的影响机制。在此基础上,探讨了区域水系结构连通性改善的途径与对策,为平原地区水系变化对水文循环及水环境的影响研究提供新思路。同时,本书的研究成果也将服务于城市发展规划、水系保护与城市防洪减灾。

　　本书前述表明,城市化对流域下垫面与河流水系产生了较大影响,而城市化下水系结构变化必然导致河流连通的变化。同时,高强度的人类活动和流域下垫面的变化,使得快速城市化地区水文循环和水文过程的物理机制发生了变化,对暴雨洪水的产汇流特性产生了明显的影响。而高度城市化地区多集中在地形平坦、水系众多、土壤肥沃的平原地区,这也决定了该区域的降水—产汇流—下渗—蒸发等水文过程必将受到人类活动的剧烈干扰,并由此导致洪涝与水环境过程发生改变,最终影响到人类社会的持续发展。

　　目前关于河网水系形态结构和连通的时空演变特征、河网调蓄能力以及城市化水文效应的研究虽取得了一些成果,但由于城市化下平原河流变化影响因素错综复杂,同时高度城市化下河网水系演变引发的水文特性、自净能力与调蓄功能的变化具有其独特性,为此平原区河流水系保护及其与洪涝、水环境关系仍有许多科学问题亟待进一步深入探讨。

　　正如平原区河流水系在其所处的自然环境下,保持何种程度的河网密度、水面率等水系结构与形态特征,如何保持水系的物理连通以及河道水流水文连通是维持河流正常功能发挥、保持河流健康的重要前提。如何确定在城市化不同时期河流结构与连通的阈值区间,是实现城市可持续发展、发挥河流最大功能效益的关键议题。同时在不同气候带条件下,不同区域河流、不同水流特性、外围潮汐影响程度以及水利工程控制程度均对该阈值有较大影响,不同地区有不同阈值区间,为此对不同地区要做具体分析,这样研究才更有实际指导价值。具体在以下方面还有待深入研究探讨。

(1) 城市化与河流水系协调耦合关系研究。要进一步开展城市化对河流水系影响机理的研究,探讨城市化与河流水系之间相互协调与耦合的关系,探寻不同城市化水平下应保持的河流水系阈值区间,制定水系保护对策措施。目前主要通过河网密度、水面率等指标参数来定量分析平原河网的水系格局,并基于这些指标分析人类活动对水系的影响。未来微观上可根据河流输水、排涝、净化等功能对河道进行分类,分析各类河流的变化;选择典型河流分析其长度、宽度、深度形态变化,沿岸不透水面与生态景观变化及其对上述功能的影响等。宏观上可探讨水系格局对城市化持续发展的约束程度,探讨自然系统与社会系统双重影响下城市化与河网水系之间相互耦合与协调的关系。

(2) 水系结构与连通变化对调蓄能力与洪涝风险影响研究。在分析平原区水系变化对水文过程影响的基础上,基于所处的气候区与下垫面特性,探讨水系格局与连通变化对水循环的影响,分析河流调蓄能力的变化。鉴于调蓄能力变化对洪涝的影响程度受降雨类型、潮位类型、前期雨量及河网初始水位等多种因素的影响,可进一步分析不同洪潮组合条件下,不同水系连通格局下,河网调蓄能力对洪涝过程的影响。

(3) 河流生态与水环境保护对策研究。城市化下河流水系衰减对河流自净能力与生态环境的影响错综复杂,可进一步加强其成因机理研究,并加强水系修复对策措施探讨。对因水系格局被阻断而造成水质恶化的水域,可通过河道疏浚与整治恢复河湖水系原有的水流通道,改善河流健康状况;对洪涝灾害较为频繁的地区,可以将洪水排泄至具有一定蓄洪能力的河湖及湿地等,从而恢复与河流邻近的滩地、湿地以及蓄滞洪区等水体的连通性,并有利于水质净化。此外,保持河道一定的生态流量,使河流生态系统朝着有利于水质改善、生物演替以及适应河流生态因子需求的方向发展。

(4) 城市河流功能优化与水系复育研究。如何尊重河流演变规律,保持河流的自然特性是当前河流保护与修复中需要考虑的重点问题。天然河流的形状与结构是自然水文过程长期作用的结果,具有调节水质水量、维护生态环境的重要作用。即使是河漫滩、湿地以及自然河岸等,因其透水性较强,也为调节水量、保持生物群落多样性创造了条件。因而,在水系格局与连通的改善过程中,应尊重河流的自然演变规律,保留一定的自然地域,维持河流的弯曲性及河流断面形态的多样性,充分发挥河流缓解旱涝、改善水质、维持生物多样性及提供河流生态系统服务的作用,促进城市化下社会进步与河流水系相互协调发展,既保护河流自然特性,又使其长期更好地服务于人类发展。

参考文献

安介生,2006.历史时期江南地区水域景观体系的构成与变迁:基于嘉兴地区史志资料的探讨[J].中国历史地理论丛,21(4):17-29.

蔡建楠,潘伟斌,曹英姿,等,2010.广州城市河流形态对河流自净能力的影响[J].水资源保护,26(5):16-19.

陈昆仑,王旭,李丹,等,2013.1990—2010年广州城市河流水体形态演化研究[J].地理科学,33(2):223-230.

陈雷,2012.推进水利跨越式发展中规划计划工作应着力把握的几个问题:在全国水利规划计划工作会议上的讲话[J].中国水利(4):1-7.

陈森林,毛玉鑫,李丹,等,2021.基于逻辑规范的水系连通定义及分类[J].水科学进展,32(6):890-902.

陈吟,王延贵,陈康,2020.水系连通的类型及连通模式[J].泥沙研究,45(3):53-60.

陈泳,2002.古代苏州城市形态演化研究[J].城市规划汇刊(5):55-60.

陈云霞,许有鹏,付维军,2007.浙东沿海城镇化对河网水系的影响[J].水科学进展,18(1):68-73.

陈中原,洪雪晴,李山,等,1997.太湖地区环境考古[J].地理学报,52(2):131-137.

程江,杨凯,赵军,等,2007.上海中心城区河流水系百年变化及影响因素分析[J].地理科学,27(1):85-91.

程锐辉,2019.上海地区河网水系脆弱性及热环境效应研究[D].上海:华东师范大学.

褚绍唐,1980.历史时期太湖流域主要水系的变迁[J].复旦学报(社会科学版),22(S1):43-52.

崔保山,蔡燕子,谢湉,等,2016.湿地水文连通的生态效应研究进展及发展趋势[J].北京师范大学学报(自然科学版),52(6):738-746.

崔国韬,左其亭,2011.生态调度研究现状与展望[J].南水北调与水利科技,9(6):90-97.

崔国韬,左其亭,窦明,2011.国内外河湖水系连通发展沿革与影响[J].南水北调与水利科技,9(4):73-76.

单玉书,蔡文婷,薛宣,等,2018.环太湖城市群防洪大包围建设影响及对策[J].中国防汛抗旱,28(2):56-59.

邓晓军,许有鹏,韩龙飞,等,2016.城市化背景下嘉兴市河流水系的时空变化[J].地理学报,71(1):75-85.

邓洋,2014.平原圩区的水文特征分析与水量交换计算[D].南京:南京师范大学.

董增川,2004.对长江三角洲地区城市化进程水问题及对策思考[J].中国水利(10):14-15.

窦明,靳梦,张彦,等,2015.基于城市水功能需求的水系连通指标阈值研究[J].水利学报,46(9):1809-1096.

杜挺,谢贤健,梁海艳,等,2014. 基于熵权 TOPSIS 和 GIS 的重庆市县域经济综合评价及空间分析[J]. 经济地理,34(6):40-47.

段学军,邹辉,陈维肖,等,2019. 长江经济带形成演变的地理基础[J]. 地理科学进展,38(8):1217-1226.

方创琳,杨玉梅,2006. 城市化与生态环境交互耦合系统的基本定律[J]. 干旱区地理,29(1):1-8.

方创琳,周成虎,顾朝林,等,2016. 特大城市群地区城镇化与生态环境交互耦合效应解析的理论框架及技术路径[J]. 地理学报,71(4):531-550.

方佳佳,王烜,孙涛,等,2018. 河流连通性及其对生态水文过程影响研究进展[J]. 水资源与水工程学报,29(2):19-26.

冯平,冯焱,1997. 河流形态特征的分维计算方法[J]. 地理学报,52(4):324-330.

高常军,高晓翠,贾朋,2017. 水文连通性研究进展[J]. 应用与环境生物学报,23(3):586-594.

高俊峰,韩昌来,1999. 太湖地区的圩及其对洪涝的影响[J]. 湖泊科学,11(2):105-109.

高俊峰,闻余华,2002. 太湖流域土地利用变化对流域产水量的影响[J]. 地理学报,57(2):194-200.

高照良,冯兴平,丛怀军,2005. 城市化对洪水的影响研究:以深圳市对深圳河设计洪水的影响为例[J]. 中国农学通报,21(8):380-383.

韩本毅,2011. 中国城市化发展进程及展望[J]. 西安交通大学学报(社会科学版),31(3):18-22.

韩昌来,毛锐,1997. 太湖水系结构特点及其功能的变化[J]. 湖泊科学,9(4):300-306.

韩龙飞,许有鹏,杨柳,等,2015. 近 50 年长三角地区水系时空变化及其驱动机制[J]. 地理学报,70(5):819-827.

何嘉辉,潘伟斌,刘方照,2015. 河流线型对河流自净能力的影响[J]. 环境保护科学,41(2):43-47.

何隆华,赵宏,1996. 水系的分形维数及其含义[J]. 地理科学,16(2):124-128.

胡庆芳,张建云,王银堂,等,2018. 城市化对降水影响的研究综述[J]. 水科学进展,29(1):138-150.

胡晓张,谢华浪,宋利祥,等,2020. 基于水系联通的珠三角典型联围闸泵群调度方案研究[J]. 人民珠江,41(5):101-107.

黄草,陈叶华,李志威,等,2019. 洞庭湖区水系格局及连通性优化[J]. 水科学进展,30(5):661-672.

黄国如,黄维,张灵敏,等,2015. 基于 GIS 和 SWMM 模型的城市暴雨积水模拟[J]. 水资源与水工程学报,26(4):1-6.

黄兴,1993. 太湖地区河湖环境变迁与洪涝灾害[D]. 南京:中国科学院南京地理与湖泊研究所.

黄奕龙,王仰麟,刘珍环,等,2008. 快速城市化地区水系结构变化特征:以深圳市为例[J]. 地理研究,27(5):1212-1220.

姜彤,许朋柱,1997. 荷兰的实时洪水管理:1993 年和 1995 年洪水的比较研究[J]. 自然灾害学报,6(1):97-103.

蒋金珠,1992. 工程水文及水利计算[M]. 北京:水利电力出版社.

蒋祺,郑伯红,2019. 城市用地扩展对长沙市水系变化的影响[J]. 自然资源学报,34(7):1429-1439.

蒋小欣,顾明,2005. 古代太湖流域治水思想的探讨[J]. 水资源保护,21(2):65-68.

焦创,季益柱,胡孜军,等,2015.平原河网地区设计暴雨下的洪水计算:以苏州地区为例[J].水利水电技术,46(1):17－20.

焦飞宇,白玉川,周潮洪,2013.裁弯取直工程对河流健康的影响研究[C]//2013城市防洪国际论坛论文专集.上海:99－102.

雷超桂,许有鹏,张倩玉,等,2016.流域土地利用变化对不同重现期洪水的影响:以奉化江皎口水库流域为例[J].生态学报,36(16):5017－5026.

李春晖,郑小康,崔嵬,等,2008.衡水湖流域生态系统健康评价[J].地理研究,27(3):565－573.

李聪颖,马荣园,王玉萍,等,2011.城市慢行交通网络特性与结构分析[J].交通运输工程学报,11(2):72－78.

李国英,2005.维持河流健康生命:以黄河为例[J].人民黄河,27(11):1－4.

李红艳,章光新,孙广志,2012.基于水量-水质耦合模型的扎龙湿地水质净化功能模拟与评估[J].中国科学:技术科学,42(10):1163－1171.

李远平,杨太保,包训成,2014.大别山北坡典型区域暴雨洪涝风险评价研究:以安徽省六安市为例[J].长江流域资源与环境,23(4):582－587.

李宗礼,李原园,王中根,等,2011.河湖水系连通研究:概念框架[J].自然资源学报,26(3):513－522.

林波,刘琪璟,尚鹤,等,2014.MIKE 11/NAM 模型在挠力河流域的应用[J].北京林业大学学报,36(5):99－108.

林立清,2014.近50年来上海地区不透水面变化的水文效应及水环境阈值效应研究[D].上海:上海大学.

刘昌明,李宗礼,王中根,等,2021.河湖水系连通的关键科学问题与研究方向[J].地理学报,76(3):505－512.

刘晗,王坤,候云寒,等,2019.基于 MIKE11 的山丘区小流域洪水演进模拟与分析[J].中国农村水利水电(1):63－69.

刘怀湘,王兆印,2007.典型河网形态特征与分布[J].水利学报,38(11):1354－1357.

刘珍环,李猷,彭建,2011.城市不透水表面的水环境效应研究进展[J].地理科学进展,30(3):275－281.

罗定贵,郭青,王学军,2003.地表水质评价的径向基神经网络模型设计[J].地理与地理信息科学,19(5):77－81.

满志敏,1997.黄浦江水系形成原因述要[J].复旦学报(社会科学版),39(6):54－59.

明庆忠,潘保田,苏怀,等,2013.山区河谷-水系演化及环境效应研究:以金沙江为例[J].云南师范大学学报(自然科学版),33(2):1－10.

缪启愉,1982.太湖地区塘浦圩田的形成和发展[J].中国农史,1(1):12－32.

倪晋仁,高晓薇,2011.河流综合分类及其生态特征分析Ⅰ:方法[J].水利学报,42(9):1009－1016.

欧阳志云,赵同谦,王效科,等,2004.水生态服务功能分析及其间接价值评价[J].生态学报,24(10):2091－2099.

潘保柱,王海军,梁小民,等,2008.长江故道底栖动物群落特征及资源衰退原因分析[J].湖泊科

　　学,20(6):806-813.

齐胜达,董印,张新运,2017.古代宁波水系与城市发展规律研究[C]//中国城市科学研究会.
　　2017城市发展与规划论文集.北京:中国城市出版社:834-839.

齐爽,2014.英国城市化发展研究[D].长春:吉林大学.

钱正英,陈家琦,冯杰,2006.人与河流和谐发展[J].河海大学学报(自然科学版),34(1):1-5.

邵磊,周孝德,杨方廷,等,2010.基于自由搜索的投影寻踪水质综合评价方法[J].中国环境科
　　学,30(12):1708-1714.

沈玉昌,叶青超,贾亚非,1986.黄河下游河床纵剖面的调整[J].地理研究,5(2):105.

宋晓猛,张建云,孔凡哲,2018.基于极值理论的北京市极端降水概率分布研究[J].中国科学:技
　　术科学,48(6):639-650.

苏伟忠,汝静静,杨桂山,2019.流域尺度土地利用调蓄视角的雨洪管理探析[J].地理学报,74
　　(5):948-961.

苏伟忠,杨桂山,2008.太湖流域南河水系无尺度结构[J].湖泊科学,20(4):514-519.

苏州市水利史志编纂委员会,1997.苏州水利志[M].上海:上海社会科学院出版社,1997.

孙金华,2006.太湖流域人类活动对水资源影响及其调控研究[D].南京:河海大学.

孙顺才,伍贻范,1987.太湖形成演变与现代沉积作用[J].中国科学(B辑 化学 生物学 农学 医学
　　地学),17(12):1329-1339.

孙延伟,许有鹏,高斌,等,2021.城镇化下流域不透水面扩张对洪峰的影响:以南京秦淮河为例
　　[J].湖泊科学,33(5):1574-1583.

唐传利,2011.关于开展河湖连通研究有关问题的探讨[J].中国水利(6):86-89.

王朝科,2009.基于河流承载力的人与自然之间的关系研究[J].山西财经大学学报,31(6):7-13.

王船海,王娟,程文辉,等,2007.平原区产汇流模拟[J].河海大学学报(自然科学版),35(6):627-
　　632.

王洪梅,卢文喜,辛光,等,2007.灰色聚类法在地表水水质评价中的应用[J].节水灌溉(5):20-22.

王华光,刘碧波,李小平,等,2012.滇池新运粮河水质季节变化及河岸带生态修复的影响[J].湖
　　泊科学,24(3):334-340.

王静,李娜,程晓陶,2010.城市洪涝仿真模型的改进与应用[J].水利学报,41(12):1393-1400.

王腊春,许有鹏,周寅康,等,1999.太湖水网地区河网调蓄能力分析[J].南京大学学报(自然科
　　学版),35(6):712-718.

王柳艳,许有鹏,余铭婧,2012.城镇化对太湖平原河网的影响:以太湖流域武澄锡虞区为例[J].
　　长江流域资源与环境,21(2):151-156.

王强,许有鹏,高斌,等,2017.西苕溪流域径流对土地利用变化的空间响应分析[J].自然资源学
　　报,32(4):632-641.

王淑英,王浩,高永胜,等,2011.河流健康状况诊断指标和标准[J].自然资源学报,26(4):591-598.

王维,纪枚,苏亚楠,2012.水质评价研究进展及水质评价方法综述[J].科技情报开发与经济,22
　　(13):129-131.

王昕,王张华,徐浩,2008.近1500年来吴淞江水系演变及其淤塞原因探讨[J].上海地质(1):1-4.

王跃峰,2019.城市化地区圩垸防洪影响下的暴雨洪水演变与洪涝风险变化研究[D].南京:南京大学.

魏嵩山,1979.太湖水系的历史变迁[J].复旦学报(社会科学版)(2):58-64.

魏鎣鎣,李一平,翁晟琳,等,2020.太湖流域城市化对平原河网水系结构与连通性影响[J].湖泊科学,32(2):553-563.

吴雷,许有鹏,徐羽,等,2018.平原水网地区快速城市化对河流水系的影响[J].地理学报,73(1):104-114.

吴永祥,王高旭,伍永年,等,2011.河流功能区划方法及实例研究[J].水科学进展,22(6):741-749.

吴玉琴,邱春琦,徐嘉仪,等,2021.苏北平原灌区小水利工程对沟渠水文连通结构的影响[J].应用生态学报,32(5):1653-1662.

吴跃明,张子珩,郎东锋,1996.新型环境经济协调度预测模型及应用[J].南京大学学报(自然科学版),32(3):466-473.

夏军,高扬,左其亭,等,2012.河湖水系连通特征及其利弊[J].地理科学进展,31(1):26-31.

信忠保,谢志仁,2006.长江三角洲地貌演变模拟模型的构建[J].地理学报,61(5):549-560.

刑忠,陈诚,2007.河流水系与城市空间结构[J].城市发展研究,14(1):27-32.

徐光来,2012.太湖平原水系结构与连通变化及其对水文过程影响研究[D].南京:南京大学.

徐光来,许有鹏,2016.城镇化背景下平原水系变化及其水文效应[M].武汉:武汉大学出版社.

徐祖信,卢士强,2003.平原感潮河网水动力模型研究[J].水动力学研究与进展(A辑),18(2):176-181.

许迪,1994.平原地区明渠排涝流量的两种计算方法[J].水利水电技术,25(11):52-55.

许炯心,2007.人类活动对黄河河川径流的影响[J].水科学进展,18(5):648-655.

许有鹏,2012.长江三角洲地区城市化对流域水系与水文过程的影响[M].北京:科学出版社.

颜文涛,贵体进,赵敏华,等,2018.成都城市形态与河流水系的关系变迁:适应性智慧及启示[J].现代城市研究,33(7):14-19.

杨帆,周钰林,范子武,等,2020.苏南运河沿线精细化水文-水动力模型构建及验证[J].水利水运工程学报(1):16-24.

杨凯,袁雯,赵军,等,2004.感潮河网地区水系结构特征及城市化响应[J].地理学报,59(4):557-564.

杨柳,许有鹏,田亚平,等,2019.高度城镇化背景下水系演变及其响应[J].水科学进展,30(2):166-174.

杨明楠,许有鹏,邓晓军,等,2014.平原河网地区城市中心区河流水系变化特征[J].水土保持通报,34(5):263-266.

杨卫,张利平,李宗礼,等,2018.基于水环境改善的城市湖泊群河湖连通方案研究[J].地理学报,73(1):115-128.

余健,房莉,仓定帮,等,2012.熵权模糊物元模型在土地生态安全评价中的应用[J].农业工程学报,28(5):260-266.

余炯,孙毛明,曹颖,等,2009.基于生态功能的河流等级划分及应用:以浙江省河流为例[J].地理研究,28(4):1115-1127.

袁甲,2021. 城市化背景下太湖平原地区暴雨洪水演变规律及驱动机制研究[D]. 南京:南京大学.

袁雯,杨凯,唐敏,等,2005. 平原河网地区河流结构特征及其对调蓄能力的影响[J]. 地理研究,24(5):717-724.

袁雯,杨凯,吴建平,2007. 城市化进程中平原河网地区河流结构特征及其分类方法探讨[J]. 地理科学,27(3):401-407.

袁玉,高玉琴,吴锡,2015. 基于 HECHMS 水文模型的秦淮河流域圩垸式防洪模式洪水模拟[J]. 三峡大学学报(自然科学版),37(5):34-39.

张凤,陈彦光,刘鹏,2020. 京津冀城镇体系与水系结构的时空关系研究[J]. 地理科学进展,39(3):377-388.

张洪波,王义民,黄强,等,2008. 基于 RVA 的水库工程对河流水文条件的影响评价[J]. 西安理工大学学报,24(3):262-267.

张建云,宋晓猛,王国庆,等,2014. 变化环境下城市水文学的发展与挑战:I. 城市水文效应[J]. 水科学进展,25(4):594-605.

张晶,董哲仁,孙东亚,等,2010. 基于主导生态功能分区的河流健康评价全指标体系[J]. 水利学报,41(8):883-892.

张晶尧,徐明德,张君杰,等,2015. 熵权物元可拓模型在河流黑臭评价中的应用[J]. 人民黄河,37(2):85-88.

张培,刘曙光,钟桂辉,等,2018. 嘉兴地区联圩分级调度对圩区排涝及太浦河的影响分析[J]. 中国农村水利水电(5):78-83.

张青年,2006. 顾及密度差异的河系简化[J]. 测绘学报,35(2):191-196.

张诗阳,王向荣,2017. 宁绍平原河网水系的形成、演变与当代风景园林实践[J]. 风景园林(7):89-99.

张夏林,翁正平,田宜平,2006. 基于 DEM 模型的河道槽蓄量计算方法与结果可视化[J]. 长江科学院院报,23(2):13-16.

张修桂,2009. 太湖演变的历史过程[J]. 中国历史地理论丛,24(1):5-12.

张子刚,吴婧,2011. 基于图论河系树的河网综合[J]. 兰州工业高等专科学校学报,18(6):17-20.

赵霏,黄迪,郭逍宇,等,2014. 北京市北运河水系河道水质变化及其对河岸带土地利用的响应[J]. 湿地科学,12(3):380-387.

赵进勇,董哲仁,翟正丽,等,2011. 基于图论的河道-滩区系统的连通性评价方法[J]. 水利学报,32(5):537-543.

赵军,单福征,杨凯,等,2011. 平原河网地区河流曲度及城市化响应[J]. 水科学进展,22(5):631-637.

赵军,杨凯,邰俊,等,2012. 河网城市不透水面的河流水质响应阈值与尺度效应研究[J]. 水利学报,43(2):136-142.

郑恩才,佘礼晔,张亚男,2016. 秦淮河的历史变迁[J]. 江苏水利(5):60-62.

郑雄伟,周芬,侯云青,等,2012.城镇圩区排涝模数与合理水面率研究[J].水利水电技术,43(9):90-94.

中国科学技术协会,2011.首届中国湖泊论坛论文集[M].南京:东南大学出版社.

周峰,2013.城镇化下河流水系变化对流域调蓄及洪涝影响研究[D].南京:南京大学.

周峰,吕慧华,许有鹏,2015.城镇化平原河网区下垫面特征变化及洪涝影响研究[J].长江流域资源与环境,24(12):2094-2099.

周洪建,史培军,王静爱,等,2008.近30年来深圳河网变化及其生态效应分析[J].地理学报,63(9):969-980.

周洪建,王静爱,岳耀杰,等,2006.基于河网水系变化的水灾危险性评价:以永定河流域京津段为例[J].自然灾害学报,15(6):45-49.

周吉,陈黎明,白宁明,等,2013.江苏无锡市中心城区河网最高水位分析[J].中国防汛抗旱,23(3):56-59.

周文,刘茂松,徐驰,等,2012.太湖流域河流水质状况对景观背景的响应[J].生态学报,32(16):5043-5053.

朱明南,1984.太湖水系的历史变迁给当代治理的借鉴[J].江苏水利(3):55-57.

朱秀迪,张强,孙鹏,2018.北京市快速城市化对短时间尺度降水时空特征影响及成因[J].地理学报,73(11):2086-2104.

朱永澍,向龙,曹飞凤,等,2016.极端条件下联圩区外河网洪水安全研究[J].水资源保护,32(2):62-66.

朱岳明,刘立军,2005.从排涝角度论平原河网地区水域调蓄能力的重要性[J].浙江水利科技(5):26-27.

左其亭,崔国韬,2020.人类活动对河湖水系连通的影响评估[J].地理学报,75(7):1483-1493.

Abbott M B, Ionescu F, 1967. On the numerical computation of nearly horizontal flows [J]. Journal of Hydraulic Research, 5(2): 97-117.

Bayazit M, Önöz B, 2007. To prewhiten or not to prewhiten in trend analysis? [J]. Hydrological Sciences Journal, 52(4): 611-624.

Behzadian M, Khanmohammadi O S, Yazdani M, et al, 2012. A state-of the-art survey of TOPSIS applications[J]. Expert Systems with Applications, 39(17):13051-13069.

Belletti B, Garcia de L C, Jones J, et al, 2020. More than one million barriers fragment Europe's rivers[J]. Nature, 588(7838):436-441.

Boix D, García-Berthou E, Gascón S, et al, 2010. Response of community structure to sustained drought in Mediterranean rivers [J]. Journal of Hydrology, 383(1/2):135-146.

Bracken L J, Croke J, 2007. The concept of hydrological connectivity and its contribution to understanding runoff-dominated geomorphic systems [J]. Hydrological Processes, 21(13): 1749-1763.

Bracken L J, Wainwright J, Ali G A, et al, 2013. Concepts of hydrological connectivity: research approaches, pathways and future agendas[J]. Earth-Science Reviews, 119:17-34.

Brun S E, Band L E, 2000. Simulating runoff behavior in an urbanizing watershed[J]. Computers, Environment and Urban Systems, 24(1): 5 – 22.

Callicott J B,1995. The value of ecosystem health[J]. Environmental Values, 4(4):345 – 361.

Chin A,2006. Urban transformation of river landscapes in a global context[J]. Geomorphology, 79(3/4):460 – 487.

Costanza R, D'Arge R, De Groot R, et al, 1997. The value of the world's ecosystem services and natural capital [J]. Nature, 387(6630): 253 – 260.

Cote D, Kehler D G, Bourne C, et al, 2009. A new measure of longitudinal connectivity for stream networks[J]. Landscape Ecology, 24(1):101 – 113.

Cui B S, Wang C F, Tao W D, et al, 2009. River channel network design for drought and flood control: a case study of Xiaoqinghe River basin, Jinan City, China[J]. Journal of Environmental Management, 90(11): 3675 – 3686.

Deelstra J, Iital A, 2008. The use of the flashiness index as a possible indicator for nutrient loss prediction in agricultural catchments[J]. Boreal Environment Research, 13(3):209 – 221.

Deng X J, Xu Y P, et al, 2018. Degrading flood regulation function of river systems in the urbanization process[J]. Science of the Total Environment,622 – 623:1379 – 1390.

Fiener P, Auerswald K, 2005. Measurement and modeling of concentrate runoff in grassed water ways[J]. Journal of Hydrology, 301(1 – 4):198 – 215.

Gao Y Q, Yu Y, Wang H Z, et al, 2017. Examining the effects of urban agglomeration polders on flood events in Qinhuai River basin, China with HEC-HMS model[J]. Water Science and Technology, 75(9):2130 – 2138.

Garson G D, 1991. Interpreting neural network connection weights[J]. Artificial Intelligence Expert, 6(4): 47 – 51.

Gascuel-Odoux C, Aurousseau P, Doray T, et al, 2011. Incorporating landscape features to obtain an object-oriented landscape drainage network representing the connectivity of surface flow pathways over rural catchments[J]. Hydrological Processes, 25(23):3625 – 3636.

Getis A, Ord J K, 1992. The analysis of spatial association by use of distance statistics [J]. Geographical analysis, 24(3): 189 – 206.

Ghotbi S, Wang D B, Singh A, et al, 2020. Climate and landscape controls of regional patterns of flow duration curves across the continental United States: statistical approach[J]. Water Resources Research, 56(11):1 – 22.

Glock W S, 1932. Available relief as a factor of control in the profile of a land form[J]. Journal of Geology, 40(1):74 – 83.

Gregory K J,2006. The human role in changing river channels[J]. Geomorphology, 79(3/4): 172 – 191.

Grill G, Dallaire C O, Chouinard E F, et al, 2014. Development of new indicators to evaluate river fragmentation and flow regulation at large scales: a case study for the Mekong River Basin [J]. Ecological Indicators, 45: 148 – 159.

Guan M F, Nora S, Harri K, 2016. Storm runoff response to rainfall pattern, magnitude and urbanization in a developing urban catchment[J]. Hydrological Processes, 30:543 - 557.

Haggett P, Chorley R J, 1969. Network analysis in geography [M]. London: Edward Arnold.

Hamed K H, 2008. To prewhiten or not to prewhiten in trend analysis? [J]. Hydrological Sciences Journal, 53(3): 667 - 668.

Harvey J, Gomez-Velez J, Schmadel N, et al, 2019. How hydrologic connectivity regulates water quality in river corridors[J]. JAWRA Journal of the American Water Resources Association, 55(2):369 - 381.

Heckmann T, Schwanghart W, Phillips J D, 2015. Graph theory: recent developments of its application in geomorphology[J]. Geomorphology, 243:130 - 146.

Hollis G E, 1975. The effect of urbanization on floods of different recurrence interval[J]. Water Resource Research,11(3):431 - 435.

Hooke J M, 2006. Human impacts on fluvial systems in the Mediterranean region[J]. Geomorphology, 79(3 - 4): 311 - 335.

Hooke J, 2003. Coarse sediment connectivity in river channel systems: a conceptual framework and methodology [J]. Geomorphology, 56(1 - 2): 79 - 94.

Horton R E, 1945. Erosional development of streams and their drainage basins: hydrophysical approach to quantitative morphology [J]. Geological Society of America Bulletin, 56(3): 275 - 370.

Huang J C, Mitsch W J, Zhang L, 2009. Ecological restoration design of a stream on a college campus in central Ohio[J]. Ecological Engineering, 35(2):329 - 340.

Ip W C, Hu B Q, Wong H, et al, 2009. Applications of grey relational method to river environment quality evaluation in China [J]. Journal of Hydrology, 379(3 - 4): 284 - 290.

Jaeger K L, Olden J D, Pelland N A, 2014. Climate change poised to threaten hydrologic connectivity and endemic fishes in dryland streams [J]. Proceedings of the National Academy of Sciences, 111(38): 13894 - 13899.

James L A, Marcus W A, 2006. The 2006 Binghamton Geomorphology Symposium on The Human Role in Changing Fluvial Systems[J]. Geomorphology, 79(3 - 4):144 - 147.

Kaller M D, Keim R F, Edwards B L, et al, 2015. Aquatic vegetation mediates the relationship between hydrologic connectivity and water quality in a managed floodplain[J]. Hydrobiologia, 760(1):29 - 41.

Kanno Y, Russ W T, Sutherland C J, et al, 2012. Prioritizing aquatic conservation areas using spatial patterns and partitioning of fish community diversity in a near-natural temperate basin [J]. Aquatic Conservation: Marine and Freshwater Ecosystems, 22(6): 799 - 812.

Karim F, Kinsey-Henderson A, Wallace J, et al, 2012. Modelling wetland connectivity during overbank flooding in a tropical floodplain in North Queensland, Australia [J]. Hydrological Processes, 26(18): 2710 - 2723.

Karr J R, 1981. Assessment of biotic integrity using fish communities [J]. Fisheries, 6(6):21 -27.

Kaspersen P S, Ravn N H, Arnbjerg-Nielsen K, et al, 2015. Influence of urban land cover changes and climate change for the exposure of European cities to flooding during high-intensity precipitation [J]. Proceedings of the International Association of Hydrological Sciences, 370: 21 - 27.

Kijima M, Nishide K, Ohyama A, 2010. Economic models for the environmental kuznets curve: a survey[J]. Journal of Economic Dynamics and Control, 34(7): 1187 - 1201.

Kindlmann P, Burel F, 2008. Connectivity measures: a review [J]. Landscape Ecology, 23(8): 879 - 890.

Leopold L B, Wolman M G, Miller J P, 2012. Fluvial processes in geomorphology[M]. Courier Corporation.

Lesack L F W, Marsh P, 2010. River-to-lake connectivities, water renewal, and aquatic habitat diversity in the Mackenzie River Delta[J]. Water Resources Research, 46(12):439 - 445.

Li Y F, Li Y, Zhou Y, et al, 2012. Investigation of a coupling model of coordination between urbanization and the environment[J]. Journal of Environmental Management, 98: 127 - 133.

Lu M, Xu Y P, Shan N, et al, 2019. Effect of urbanization on extreme precipitation based on nonstationary models in the Yangtze River Delta metropolitan region[J]. Science of The Total Environment, 673:64 - 73.

Madsen H, 2000. Automatic calibration of a conceptual rainfall-runoff model using multiple objectives[J]. Journal of Hydrology, 235(3 - 4): 276 - 288.

Meerkerk A L, van Wesemael B, Bellin N, 2009. Application of connectivity theory to model the impact of terrace failure on runoff in semi-arid catchments [J]. Hydrological Processes, 23 (19): 2792 - 2803.

Moran P A P, 1950. Notes on continuous stochastic phenomena [J]. Biometrika, 37(1 - 2): 17 -23.

Moya N, Hughes R M, Domínguez E, et al, 2011. Macroinvertebrate-based multimetric predictive models for evaluating the human impact on biotic condition of Bolivian streams [J]. Ecological Indicators, 11(3): 840 - 847.

Mutz M, Elosegi A, Piégay H, 2013. Preface: physical template and river ecosystem functioning: interdisciplinary feedbacks for improving rivers [J]. Hydrobiologia, 712(1):1 - 4.

Napieralski J A, Welsh E S, 2016. A century of stream burial in Michigan (USA) cities[J]. Journal of Maps, 12(sup1):300 - 303.

Nayak P C, Venkatesh B, Krishn B, et al, 2013. Rainfall-runoff modeling using conceptual, data driven, and wavelet based computing approach [J]. Journal of Hydrology, 493: 57 - 67.

Oberholster P J, Botha A M, Cloete T E, 2005. Using a battery of bioassays, benthic phytoplankton and the AUSRIVAS method to monitor long-term coal tar contaminated sediment in the Cache la Poudre River, Colorad [J]. Water Research, 39(20):4913 - 4924.

Onyutha C, 2016a. Identification of sub-trends from hydro-meteorological series [J]. Stochastic

Environment Research and Rish Assessment，30(1)：189 - 205.

Onyutha C，2016b. Statistical uncertainty in hydrometeorological trend analyses [J]. Advances in Meteorology，2016；21 - 26.

Painter T H，Skiles M K，Deems J S，et al，2018. Variation in rising limb of colorado river snowmelt runoff hydrograph controlled by dust radiative forcing in snow[J]. Geophysical Research Letters(45)：797 - 808.

Peters N E，2009. Effects of urbanization on stream water quality in the city of atlanta，georgia，USA[J]. Hydrological Processes，23(20)：2860 - 2878.

Petersen R C，1992. The RCE：a riparian，channel，and environmental inventory for small streams in the agricultural landscape [J]. Freshwater Biology，27(2)：295 - 306.

Phillips R W，Spence C，Pomeroy J W，2011. Connectivity and runoff dynamics in heterogeneous basins[J]. Hydrological Processes，25(19)：3061 - 3075.

Porta S，Crucitti P，Latora V，2006. The network analysis of urban streets：a primal approach [J]. Environment and Planning B：Planning and Design，33(5)：705 - 725.

Pringle C，2003. What is hydrologic connectivity and why is it ecologically important? [J]. Hydrological Processes，17(13)：2685 - 2689.

Quinton W L，Carey S K，2008. Towards an energy-based runoff generation theory for tundra landscapes[J]. Hydrological Processes，22(23)：4649 - 4653.

Raven P J，Holmes N T H，Dawson F H，et al，1998. River habitat quality：the physical character of rivers and streams in the UK and Isle of Man [M]. Environment Agency.

Reuter H I，Nelson A N，Jarvis A，2007. An evaluation of void-filling interpolation methods for SRTM data [J]. International journal of geographical information science，21(9)：983 - 1008.

Riasi M S，Yeghiazarian L，2017. Controllability of surface water network[J]. Water Resources Research，153(12)：10450 - 10464.

Riasi M S，Yeghiazarian L，2017. Controllability of Surface Water Networks[J]. Water Resources Research，53(12)：10464 - 10450.

Rowntree P R，Lean J，1994. Validation of hydrological schemes for climate models against catchment data[J]. Journal of Hydrology，155(3/4)：301 - 323.

Saleh F，Ducharne A，Flipo N，et al，2013. Impact of river bed morphology on discharge and water levels simulated by a 1D Saint-Venant hydraulic model at regional scale [J]. Journal of Hydrology，476：169 - 177.

Schuller D J，Rao A R，Jeong G D，2001. Fractal characteristics of dense stream networks[J]. Journal of Hydrology，243(1/2)：1 - 16.

Schumm S A，Parker R S，1973. Implications of complex response of drainage systems for quaternary alluvial stratigraphy[J]. Nature Physical Science，243(128)：99 - 100.

Sen P K，1968. Estimates of the regression coefficient based on Kendall's tau[J]. Journal of the American Statistical Association，63 (324)：1379 - 1389.

Shreve R L, 1966. Statistical law of stream numbers [J]. The Journal of Geology, 74(1): 17 - 37.

Simeonov V, Stratis J A, Samara C, et al, 2003. Assessment of the surface water quality in Northern Greece [J]. Water Research, 37(17): 4119 - 4124.

Strahler A N, 1952. Hypsometric (area-altitude) analysis of erosional topography [J]. Geological Society of America Bulletin, 63(11): 1117 - 1142.

Sun S, Barraud S, Branger F, et al, 2017. Urban hydrologic trend analysis based on rainfall and runoff data analysis and conceptual model calibration [J]. Hydrological Processes, 31 (6): 1349 - 1359.

Suren A M, 1994. Macroinvertebrate communities of streams in Western Nepal: effects of altitude and land-use[J]. Freshwater Biology, 32(2): 323 - 336.

Tetzlaff D, McNamara J P, Carey S K, 2011. Measurements and modelling of storage dynamics across scales [J]. Hydrological Processes, 25(25): 3831 - 3835.

Theil H, 1950. A rank-invariant method of linear and polynomial regression analysis[J]. Proceedings of Koninklijke Nederlandse Akademie van Wetenschappen, 53:386 - 392.

Turnbull L, Wainwright J, Brazier R E, 2008. A conceptual framework for understanding semi-arid land degradation: ecohydrological interactions across multiple-space and time scales [J]. Ecohydrology, 1(1): 23 - 34.

Vörösmarty C J, McIntyre P B, Gessner M O, et al, 2010. Global threats to human water security and river biodiversity [J]. Nature, 467(7315):555 - 561.

Wang L, 2006. Investigating impacts of natural and human-induced environmental changes on hydrological processes and flood hazards using a GIS-based hydrological/hydraulic model and remote sensing data[D]. Texas A&M University.

Wang S, Xu Y, Wang D, et al, 2020. Effects of industry structures on water quality in different urbanized regions using an improved entropy-weighted matter-element methodology[J]. Environmental Science and Pollution Research, 27(7):7549 - 7558.

Ward J V, 1998. Riverine landscapes: biodiversity patterns, disturbance regimes, and aquatic conservation [J]. Biological Conservation, 83(3): 269 - 278.

Wolman M G, 1967. A cycle of sedimentation and erosion in urban river channels [J]. Geografiska Annaler: Series A, Physical Geography, 49(2/3/4):385 - 395.

Wright J F,Sutcliffe D W,Furse M T, 2000. Assessing the biological quality of fresh waters: RIVPACS and other techniques [M]. Ambleside:The Freshwater Biological Association.

Xu Y, Xu Y P, Wang Q, 2020. Evolution of trends in water levels and their causes in the Taihu Basin, China[J]. Hydrological Sciences Journal-Journal des Sciences Hydrologiques, 65(13): 2296 - 2308.

Yang L, Xu Y P, Han L F ,et al. , 2016. River networks system changes and its impact on storage and flood control capacity under rapid urbanization[J]. Hydrological Processes, 30(13): 2401 - 2412.

Yin Z Y, Walcott S, Kaplan B, et al, 2005. An analysis of the relationship between spatial patterns of water quality and urban development in Shanghai, China[J]. Computers, Environment and Urban Systems, 29(2): 197 - 221.

Yu G M, Wu L, Yu Q W. Scale dependence of landscape indices based on the analysis of land use database[J]. Open Transactions on Geosciences, 2014, 2014(2): 34 - 49.

Yue S, Pilon P, Phinney B, et al, 2002. The influence of autocorrelation on the ability to detect trend in hydrological series [J]. Hydrological Process, 16(9): 1807 - 1829.

Zehe E, Sivapalan M, 2009. Threshold behaviour in hydrological systems as (human) geo-eco-systems: manifestations, controls, implications [J]. Hydrology and Earth System Sciences, 13 (7):1273 - 1297.

Zhang S X, Guo Y K, Wang Z, 2015. Correlation between flood frequency and geomorphologic complexity of rivers network-a case study of Hangzhou China[J]. Journal of Hydrology, 527: 113 - 118.

Zhang X Q, Wang C B, Li E K, et al, 2014. Assessment model of ecoenvironmental vulnerability based on improved entropy weight method[J]. The Scientific World Journal, 2014:797 - 814.

Zhao G J, Gao J F, Tian P, et al. Spatial-temporal characteristics of surface water quality in the Taihu Basin, China [J]. Environmental Earth Sciences, 2011, 64(3): 809 - 819.